鸿蒙HarmonyOS

移动开发指南

张益珲 编著

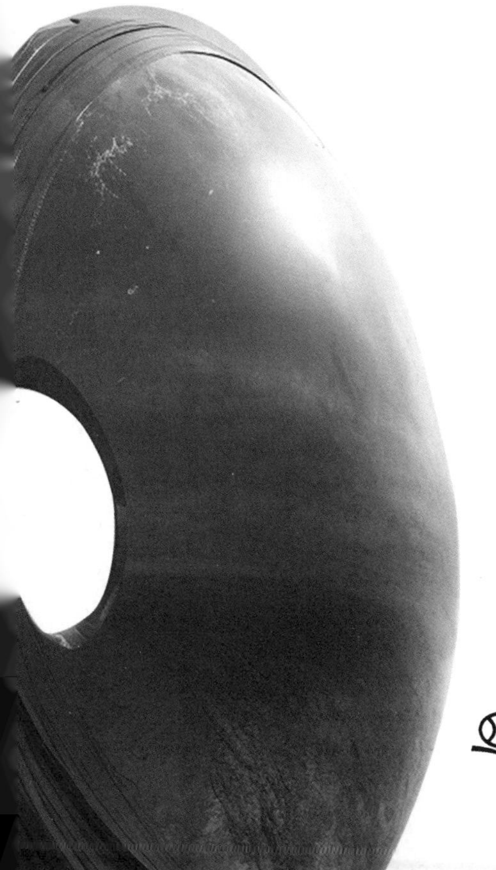

中国水利水电出版社
www.waterpub.com.cn
· 北京 ·

内 容 提 要

随着互联网技术的发展，移动应用普及生活的方方面面。能够自主掌握移动端操作系统核心技术，对国家的信息技术发展非常重要。让人欣喜的是，目前市面上主要的移动端操作系统除了iOS和Android外，HarmonyOS已经成为第三大移动端操作系统，并且在物联网方面，HarmonyOS有着更显著的优势和更可观的发展前景。目前，学习HarmonyOS不仅能满足市场上很多实际工作岗位的需求，也能够为HarmonyOS社区的发展、系统生态环境的完善提供支持。

本书系统介绍了HarmonyOS移动端应用的开发流程和方法，完整地讲解了移动开发中涉及的组件使用、布局、网络、数据持久化、多媒体、传感器等技术，并通过范例、实战编码等方式帮助读者熟悉HarmonyOS应用开发。力求通过完成本书的学习，使读者具备直接上手开发商业应用的能力。

本书适合计算机相关专业的学生、讲师或其他编程爱好者学习使用，同时也适合想要了解和体验 HarmonyOS 开发的其他编程工作人员参阅。

图书在版编目（CIP）数据

鸿蒙 HarmonyOS 移动开发指南 / 张益珲编著 . -- 北京 : 中国水利水电出版社 , 2024.3

ISBN 978-7-5226-2256-9

Ⅰ . ①鸿… Ⅱ . ①张… Ⅲ . ①移动终端 – 操作系统 – 程序设计 – 指南 Ⅳ . ① TP929.53-62

中国国家版本馆 CIP 数据核字（2024）第 021203 号

书　　名	鸿蒙 HarmonyOS 移动开发指南 HONGMENG HarmonyOS YIDONG KAIFA ZHINAN
作　　者	张益珲　编著
出版发行	中国水利水电出版社 （北京市海淀区玉渊潭南路 1 号 D 座 100038） 网址：www.waterpub.com.cn E-mail：zhiboshangshu@163.com 电话：（010）62572966-2205/2266/2201（营销中心）
经　　售	北京科水图书销售有限公司 电话：（010）68545874、63202643 全国各地新华书店和相关出版物销售网点
排　　版	北京智博尚书文化传媒有限公司
印　　刷	河北文福旺印刷有限公司
规　　格	190mm×235mm　16 开本　25.5 印张　504 千字
版　　次	2024 年 3 月第 1 版　2024 年 3 月第 1 次印刷
印　　数	0001—3000 册
定　　价	79.80 元

前　言

本书的写作初衷

笔者是互联网行业的一名从业人员，从事编程工作已经9年有余，其间接触过网页开发、数据库和后端服务开发、游戏开发以及移动端开发等各种技术领域。在工作过程中，笔者深深切体悟到在编程领域能够自主研发并大量应用的系统和框架并不多，这并非由于我国相关领域的学者稀缺，也并非由于从业人员的能力欠佳，而是因为在互联网产品市场化的体系下，一个新的系统要想得到广泛应用，除了需要非常完善的功能外，还需要有非常大的应用市场和非常活跃的社区生态。在应用这方面，华为公司因为有硬件产品的支持，其硬件产品在世界上占据着不小的市场，这种得天独厚的优势是支持其自主研发操作系统的基础。

在HarmonyOS尚未发布第一个商业版本时，笔者有幸受邀参与了HarmonyOS移动端系统的闭门培训，成为一名“HarmonyOS系统课程开发者”。当看到HarmonyOS的设计理念、核心功能以及应用场景时，笔者内心非常激动，预见HarmonyOS未来一定会成为和iOS、Android平分秋色的国产操作系统。将HarmonyOS推广给更多的学生和开发者，让更多的国内外软件从业人员了解HarmonyOS、使用HarmonyOS就是笔者构思本书的最初想法。

2022年，HarmonyOS服务平台正式发布，目前搭载HarmonyOS操作系统的设备已经数以万计。HarmonyOS的发展速度令人震惊，同时有越来越多的公司、企业开始专门为HarmonyOS系统设计应用软件，也有越来越多的相关岗位出现。笔者希望，本书不仅能够帮助读者了解HarmonyOS，还能让读者切实掌握HarmonyOS的应用开发，为自己的职业选择提供更多可能。

本书特色

1. 从基础到应用，由浅入深

本书的大纲是为编程初学者专门设计的。在基础部分规划了大量的篇幅，并在基础之上提供了很多实践任务和小型实战项目。通过本书可以真正实现初学者从0到1开发

HarmonyOS 应用。

2. 提供完整代码，边学边练

书中涉及的代码示例、实战项目都会提供完整的源代码。学习编程最重要的一点就是不断地进行编码练习。读者在使用本书进行学习时，可以方便地跟着本书内容进行代码编写，并能够对照源代码进行修改和排错。

3. 配合问答模块，举一反三

在本书的编程技术讲解部分，几乎每个章节都提供了章节总结和问题思考。通过问题思考，读者能够举一反三地对相应章节的内容进行回顾和思维扩展。

4. 完整项目练习，活学活用

本书的最后一章准备了一个相对完整的练手应用。对于以找工作为目的的读者，拥有一个相对完整的项目经验是很重要的。并且通过该项目，读者也可以将书中前面章节所介绍的内容进行综合运用，真正做到理解和会用。

5. 提供技术支持，长久受益

计算机技术的发展日新月异，在学习编程的道路上，笔者也是一个学生。笔者衷心地希望和各位志同道合的友人一起进步，共同探讨和学习新技术。读者可以通过添加笔者的 QQ：316045346 或通过邮箱：316045346@qq.com 与笔者取得联系。在本书的使用过程中，有任何技术问题或日常工作生活中有任何技术想法都可以与笔者交流。

本书的知识体系大纲

本书共 12 章，大致分为 3 部分。第 1 部分主要介绍 HarmonyOS 系统的特性，以及在移动端上的基础开发知识。第 2 部分介绍 HarmonyOS 的高级编程能力，如多媒体与传感器、服务卡片和可穿戴设备的开发等。第 3 部分是实战部分，通过一个相对完整的项目来综合运用本书所介绍的内容。

第 1 章

第 1 章是本书的准备章节，主要介绍 HarmonyOS 的演进历史、HarmonyOS 的显著特点及其与其他主流操作系统的主要差异等。本章也将向读者介绍如何安装和配置开发 HarmonyOS 应用的工具，并且带领读者体验自己编写的第一个 HarmonyOS 应用。

第 2 章

第 2 章介绍 HarmonyOS 应用的基础，主要是对 Ability 的概念进行介绍，帮助读者理解 HarmonyOS 应用的基础结构和运行方式。本章会介绍如页面跳转、数据传递、事件发布和监听、多线程等基础开发知识。

第 3 章

第 3 章将介绍应用页面开发中需要用到的基础组件，如文本组件、按钮组件、图片组件和选择器组件等。在移动端应用开发中，页面开发至关重要，这些组件是组成页面的基础元素。

第 4 章

第 4 章的内容与页面开发相关，主要介绍在页面开发中用到的一些高级组件，如可滚动的容器组件、列表组件和网页视图组件等。通过这些组件可以开发出结构复杂、功能强大的应用页面。

第 5 章

第 5 章主要介绍页面布局技术，在第 3 章和第 4 章的基础上，通过布局组件的应用，开发者可以随心所欲地定义页面的展示样式，熟练掌握布局技术可以高度实现设计师的想法，给应用使用者优异的交互体验。

第 6 章

第 6 章主要介绍自定义组件和动画技术。自定义组件是页面开发部分的高级技术，当系统内置的组件无法满足需求时，可以尝试通过自定义组件来实现。动画也是提高应用使用体验的重要方式。

第 7 章

第 7 章主要介绍与数据处理相关的技术。对于一款完整的应用来说，页面只是个外壳，数据才是真正的内容承载者。本章将介绍 HarmonyOS 中的数据持久化技术和网络技术，包括如何使用数据库、如何进行网络数据请求等。

第 8 章

第 8 章主要介绍多媒体与传感器的相关内容。多媒体主要指音视频的播放和控制。HarmonyOS 有着很强的扩展性，因此传感器模块的设计也非常灵活。本章将通过一些简单示例介绍如何调用传感器来实现特定需求。

第 9 章

第 9 章主要介绍 HarmonyOS 中的一种特色功能——服务卡片。服务卡片允许开发者将应用的某一模块的功能显示在设备桌面上，以提高用户使用效率。

第 10 章

第 10 章主要介绍 HarmonyOS 与用户安全相关的特性以及提供的 AI 能力。用户安全是成熟的操作系统必须保障的，HarmonyOS 作为一个非常新的操作系统，非常重视应用安全。AI 也是近些年发展突飞猛进的技术，HarmonyOS 中集成了一些人工智能的能力，开发者可以非常低成本地进行使用。

第 11 章

华为除了有手机产品外，还有很多物联网设备，其中可穿戴设备也非常成熟。本章主要介绍 HarmonyOS 在可穿戴设备上应用的开发技术。

第 12 章

第 12 章是实战章节，将通过和读者一起完成一款咖啡点餐应用来巩固读者的学习成果，帮助读者对前面各章的知识进行综合运用。

本书的资源获取方式和技术支持

（1）本书所涉及的源代码，在如下 Git 仓库中下载：

https://gitee.com/jaki/harmonyos_code

（2）笔者 QQ：316045346。

（3）笔者邮箱：316045346@qq.com。

（4）扫描下方二维码，加入本书专属读者在线服务交流圈，在置顶的动态中获取资源下载链接，然后将此链接复制到计算机浏览器的地址栏中，根据提示下载即可。同时，本书的勘误情况会在此圈中发布。此外，读者可以在此圈中分享心得，提出对本书的建议，以及咨询笔者问题等。

读者在线服务交流圈

适合阅读本书的读者

（1）计算机相关专业学生和讲师。

（2）有编程经验的其他领域开发者，想要转行 HarmonyOS 应用开发的开发者。

（3）对编程领域新技术感兴趣的任何编程爱好者。

阅读本书的建议

（1）虽然本书适合零基础的读者使用，但是也需要读者对基本的编程语言有所掌握，主要是 Java 语言。

（2）本书中提供了大量的代码范例，在学习时，要做到边学边练，通过实际代码操作来验证所学习的内容。

致谢

HarmonyOS 本身就是一个非常新、更新迭代非常快的操作系统，因此在本书的写作过程中，笔者深感压力巨大。本书能够顺利出版，要感谢笔者家人对笔者写作的支持，家人们为笔者承担了大部分的家庭生活责任，才使得笔者有充足的时间来编写本书。同样，本书的出版也离不开编辑和校对人员的辛苦工作，尤其需要感谢小朱编辑的全程支持，从本书的选题到完稿，小朱编辑为笔者提供了很大的帮助。最后，更要感谢阅读本书的读者，感谢读者对笔者的信任，能够选择本书进行 HarmonyOS 应用开发的学习。有愧的是，笔者能力有限，HarmonyOS 又在不断地更新与变化，书中可能会有疏漏和错误之处，如果读者发现，可随时与笔者联系交流。

目　录

前言

第 1 章　从混沌到统一——鸿蒙时代 1

1.1　HarmonyOS简介 2

1.1.1　HarmonyOS的发展史 2

1.1.2　HarmonyOS的核心特性 3

1.1.3　HarmonyOS的分布式特性 3

1.1.4　HarmonyOS的设计理念 4

1.2　HarmonyOS开发初体验 5

1.2.1　开发环境的安装 6

1.2.2　DevEco Studio简介 8

1.3　HarmonyOS的Hello World程序 10

1.3.1　模拟器的使用 10

1.3.2　HarmonyOS工程结构 12

1.3.3　修改Hello World项目的功能 15

1.4　内容回顾 18

第 2 章　应用程序的骨架——认识Ability框架 19

2.1　Ability基础 20

2.1.1　关于Page Ability 20

2.1.2　Page Ability的生命周期 23

2.1.3　页面间导航与传值 27

2.1.4　关于Service Ability 35

2.1.5　Service Ability的生命周期和保持后台运行 38

2.1.6　关于Data Ability 41

2.2　公共事件的发布和订阅 45

2.2.1　订阅公共事件 46

2.2.2　发布自定义公共事件 47

2.3　线程管理 48

2.3.1　使用任务分发器 48

2.3.2　任务分发器示例 50

2.4　剪贴板的使用 51

2.5　配置文件详解 52

2.5.1　app配置项 52

2.5.2　deviceConfig配置项 53

2.5.3　module配置项 54

2.6　内容回顾 55

第 3 章　人靠衣装马靠鞍——UI组件基础 57

3.1　在页面显示文字与图片 58

3.1.1　UI组件的基类Component 58

3.1.2 用来渲染文本的Text组件....62
3.1.3 用来显示图片的Image组件...65
3.2 基础的用户交互组件：按钮与文本输入框....68
3.2.1 按钮Button组件....68
3.2.2 文本输入框TextField组件....70
3.3 选择器组件的应用....72
3.3.1 通用选择器Picker组件....72
3.3.2 用于日期选择的DatePicker组件....76
3.3.3 用于时间选择的TimePicker组件....79
3.4 开关与选择按钮....82
3.4.1 Switch开关按钮组件....82
3.4.2 单选按钮组件....84
3.4.3 多选按钮组件....88
3.5 进度条组件....90
3.5.1 直线样式的进度条组件....90
3.5.2 圆形进度条组件....94
3.6 弹窗相关组件....95
3.6.1 ToastDialog组件....95
3.6.2 PopupDialog组件....96
3.6.3 CommonDialog组件....98
3.7 实践：调研表单页面实践....100
3.8 内容回顾....107

第4章 UI组件中的高级玩意儿——高级UI组件....109

4.1 展示更多内容的ScrollView组件...110
4.1.1 ScrollView组件初试....110
4.1.2 ScrollView组件中封装的常用方法....112
4.2 列表组件ListContainer的应用....113
4.2.1 创建列表视图....114
4.2.2 ListContainer组件的更多用法....118
4.2.3 关于ListContainer组件的性能优化....120
4.3 页签栏TabList组件的应用....121
4.3.1 使用TabList页签栏组件...121
4.3.2 TabList与Tab组件的一些配置接口....123
4.4 分页组件PageSlider的应用....126
4.4.1 PageSlider组件的简单使用....126
4.4.2 PageSlider组件的更多配置与常用方法....130
4.4.3 PageSlider组件与TabList组件的结合使用....132
4.5 网页视图WebView组件的使用...137
4.5.1 WebView组件使用示例...137
4.5.2 WebView组件常用方法解析....140
4.6 实践：简易社交软件页面搭建....142
4.6.1 搭建主框架....142
4.6.2 实现会话列表和联系人列表....145
4.7 内容回顾....155

第5章 做页面结构的魔法师——页面布局技术....156

5.1 定向布局组件....157
5.1.1 尝试使用DirectionalLayout组件....157

5.1.2 DirectionalLayout组件的对齐方式与内容组件权重 159
5.2 约束布局组件 164
5.2.1 DependentLayout组件简介 164
5.2.2 DependentLayout组件布局示例 166
5.3 堆叠布局组件 169
5.4 表格布局组件 170
5.4.1 体验TableLayout组件 170
5.4.2 关于TableLayout组件中子组件的行列控制属性 172
5.5 定位布局组件 173
5.6 弹性盒模型布局 174
5.7 内容回顾 177

第6章 绚丽多彩的用户体验——自定义组件与动画 178

6.1 自定义组件 179
6.1.1 实现一个自定义的圆形进度条组件 179
6.1.2 为自定义组件添加XML支持 186
6.1.3 为自定义组件添加用户交互支持 188
6.2 自定义布局 190
6.3 使用动画技术 199
6.3.1 使用帧动画 199
6.3.2 使用数值动画 201
6.3.3 数值动画过程的监听 203
6.4 属性动画的应用 204
6.4.1 使用属性动画 204
6.4.2 AnimatorProperty属性动画详解 206
6.4.3 动画集合 207
6.5 内容回顾 209

第7章 数据信息的搬运工——数据持久化与网络技术 211

7.1 轻量级数据存储 212
7.1.1 轻量级数据存储的含义 ... 212
7.1.2 Preferences使用示例 212
7.1.3 Preferences功能详解 214
7.2 关系型数据库存储 217
7.2.1 使用关系型数据库 217
7.2.2 打开数据库 220
7.2.3 新增与修改数据 221
7.2.4 查询数据 222
7.2.5 处理查询结果 225
7.2.6 数据库的其他操作 227
7.3 数据模型映射数据库技术 228
7.3.1 将数据模型与数据库做映射 228
7.3.2 数据库表映射类的高级配置 233
7.3.3 关于OrmContext与OrmPredicates类 234
7.4 分布式数据服务 237
7.4.1 分布式数据服务简介 237
7.4.2 分布式数据库的简单应用 ... 237
7.5 网络技术 240
7.5.1 使用网络接口获取互联网上的数据 241
7.5.2 使用互联网上的API服务 ... 246

7.5.3 封装通用的网络请求类 ... 249

7.6 实战：开发一款小巧的天气预报程序 ... 254

7.6.1 用户页面搭建 ... 255

7.6.2 数据解析与渲染 ... 262

7.7 内容回顾 ... 265

第 8 章 程序中的感官世界——多媒体与传感器的应用 ... 267

8.1 音视频开发 ... 268

8.1.1 音频播放 ... 268

8.1.2 视频播放 ... 270

8.2 传感器的开发 ... 277

8.2.1 传感器概述 ... 277

8.2.2 传感器的应用 ... 278

8.3 地理位置信息 ... 283

8.3.1 获取设备位置信息 ... 283

8.3.2 与位置服务相关的几个重要的类 ... 286

8.4 LED灯与振动器 ... 288

8.4.1 LED灯开发 ... 288

8.4.2 振动器开发 ... 289

8.5 内容回顾 ... 290

第 9 章 精致美观的小组件——服务卡片开发 ... 291

9.1 认识服务卡片 ... 292

9.1.1 服务卡片简介 ... 292

9.1.2 体验服务卡片 ... 293

9.2 开发服务卡片 ... 296

9.2.1 服务卡片的配置 ... 296

9.2.2 创建服务卡片 ... 298

9.2.3 服务卡片的更新与删除 ... 303

9.2.4 服务卡片的跳转 ... 305

9.3 内容回顾 ... 308

第 10 章 应用安全与AI能力 ... 309

10.1 应用安全 ... 310

10.1.1 了解权限系统 ... 310

10.1.2 权限的申请与定义 ... 311

10.1.3 系统预定义的权限 ... 315

10.1.4 生物特征识别验证 ... 317

10.2 HarmonyOS中的AI能力 ... 322

10.2.1 生成二维码 ... 322

10.2.2 文字识别能力 ... 325

10.3 内容回顾 ... 328

第 11 章 从互联到物联——穿戴设备开发 ... 329

11.1 体验智能手表应用 ... 330

11.1.1 创建跨平台的应用程序 ... 330

11.1.2 为应用添加智能穿戴模块 ... 332

11.2 使用通知 ... 333

11.2.1 发出系统通知 ... 333

11.2.2 系统通知的配置与控制 ... 336

11.3 内容回顾 ... 340

第 12 章 实战：咖啡点餐应用实战 ... 341

12.1 项目搭建与首页开发 ... 342

12.1.1 需求分析与项目搭建 ... 342

12.1.2 项目搭建 ... 343

12.2 首页开发 ... 344

12.2.1 页面整体框架搭建 344
12.2.2 餐品类别列表与餐品列表开发 348
12.2.3 列表联动 357
12.3 店铺列表和搜索页面开发 361
12.3.1 店铺列表开发 361
12.3.2 搜索页面开发 370
12.4 餐品详情页与订单页面开发 374
12.4.1 餐品详情页开发 374
12.4.2 订单详情页开发 384
12.5 内容回顾 391

第1章

从混沌到统一——鸿蒙时代

“鸿蒙”是中国神话中的一个名词，通常指远古时代，那时的世界一片混沌，直到盘古开天辟地，才有了天地日月、草木万物。当下，“鸿蒙”有了新的含义，就是华为自主研发的国产操作系统的名字。在“鸿蒙”问世之前，国产操作系统几乎成了国内开发者难以启齿的伤痛，中国的互联网用户数在世界上名列前茅，也有着最大的移动互联网产品市场，可是却没有一款完整、流行且自主研发的操作系统。因此，以“鸿蒙”为名，大概是研发者们想借中国神话中的“开天辟地”来表达对该操作系统的美好期望，同时也表达了该操作系统的核心思想：将所有物联网设备的操作系统进行统一，结束操作系统的混沌时代！

通过本章，将学习以下知识点：

- HarmonyOS 的演进历史。
- HarmonyOS 操作系统的特点。
- HarmonyOS 的设计理念。
- 安装完成开发环境并体验 HarmonyOS 开发的 Hello World 程序。

1

1.1 HarmonyOS 简介

HarmonyOS（“鸿蒙”操作系统），由华为公司开发并在 2019 年举行的华为开发者大会上发布。HarmonyOS 是首个影响力较大且大规模应用的国产操作系统，因此获得了广泛的关注，很快聚拢了大批开发者在 HarmonyOS 上构建应用。本节就来对 HarmonyOS 进行全面的介绍。

1.1.1 HarmonyOS 的发展史

2019 年 8 月，在华为开发者大会上，HarmonyOS 首次亮相，并通过开源的方式邀请广大开发者共同参与构建。其实，早在 2012 年，华为就开始规划自主研发的操作系统“鸿蒙”。基于华为的硬件产品优势，HarmonyOS 一经发布，就在其硬件产品中进行了广泛的应用。2020 年 8 月，在华为智慧屏、华为手表上已全面使用 HarmonyOS 操作系统。

2020 年 9 月，HarmonyOS 2.0 发布。在美的、九阳电器等智能家电中进行搭载。同年 12 月，华为发布了 HarmonyOS 2.0 的手机开发版本。

2021 年 4 月，HarmonyOS 应用开发体验网站上线，开发者可以初步体验 HarmonyOS 应用开发的整体流程。同年 5 月，魅族宣布成为首个接入 HarmonyOS 系统的手机厂商。6 月，华为正式发布了多款搭载 HarmonyOS 的新产品，从此，以 HarmonyOS 为操作系统的手机成为市场上的正式产品。7 月，市场上使用 HarmonyOS 的用户已经突破 4000 万。9 月，HarmonyOS 的升级用户突破 1.2 亿，其增长速度之快令人震惊。11 月，HarmonyOS 开源了大量的应用组件，如网络、文件、动画、音视频等，借助活跃的开源社区来助力 HarmonyOS 的快速发展。12 月，HarmonyOS 用户已超过 1.5 亿，即将成为继 iOS、Android 之后的第三大操作系统。

2022 年，HarmonyOS 服务平台正式发布，HarmonyOS 的整体生态更加完善，同年 6 月，HarmonyOS 也迎来了更新的 3.0 版本。

HarmonyOS 1.0 是第一个成熟的可用版本，其定位为全场景分布式操作系统，对应不同的设备弹性部署，按需扩展，具有延迟低的显著特点，主要应用场景为物联网。HarmonyOS 分为三层架构，第一层为内核层，第二层为基础服务层，第三层为程序框架层。

HarmonyOS 2.0 主要针对分布式软总线、分布式数据管理、分布式安全等方面进行了升级，为开发者提供了完整的分布式设备与应用开发生态，并在手机设备上实现了应用。

HarmonyOS 3.0 在之前版本的基础上进行了优化升级，在系统安全方面进一步进行了增强。

1.1.2　HarmonyOS 的核心特性

从定位上看，HarmonyOS 和 iOS、Android 有显著的差别，HarmonyOS 是一款面向万物互联时代的、分布式的操作系统。所谓万物互联，是物联网时代的主要特征，日常所用的家电，如手机、电脑、平板、智慧屏、空调甚至冰箱、洗衣机、耳机、电灯、音响等设备都会接入互联网，这就需要各个设备间的无缝低延迟通信，这也是设计 HarmonyOS 时的初衷。

从操作系统特性上看，HarmonyOS 主要有三大特征。

1. 统一系统底层

对用户来说，HarmonyOS 将生活中的各种终端设备进行互联，共享资源，互相交互。这要求各个设备的操作系统在底层架构上是一致的，HarmonyOS 即是使用统一的抽象内核层，在其上提供不同的系统服务层供各种终端设备选用。

2. 一次开发，多端部署

对应用开发者来说，终端设备的差异会导致相同逻辑代码可能需要多次开发，HarmonyOS 采用多种分布式技术，使应用程序与终端形态无关，可让开发者聚焦于核心的业务逻辑，提高开发效率。

3. 统一 OS，弹性部署

这一特性主要是针对终端硬件开发者而言，HarmonyOS 采用的组件化设计方案，可以根据设备的资源能力和业务特征进行裁剪，一套系统按需部署在不同的设备上。

HarmonyOS 之所以拥有以上三个核心特性，与其整体架构方式是分不开的。大的方向上框架分为三层，分别为内核层、基础服务层和应用层。其中，内核层主要与硬件进行交互，HarmonyOS 进行了接口抽象，屏蔽了不同硬件间的差异。基础服务层又分为系统服务层和框架层。系统服务层主要提供了核心的基础能力，如分布式任务调度、分布式数据管理和分布式总线等；框架层提供了开发应用程序所需要的基础框架，如 UI 框架、事件框架、位置服务框架等。应用层包含了系统自带的应用或第三方开发的应用。本书所介绍的 HarmonyOS 的移动端开发，主要就是介绍应用层的开发，同时也会涉及框架层的内容。

1.1.3　HarmonyOS 的分布式特性

1.1.1 小节中提到 HarmonyOS 是一个分布式的操作系统，那么究竟什么是分布式呢？HarmonyOS 的分布式特性又有什么用呢？

首先是分布式软总线。了解过计算机原理的读者对总线的概念应该不会陌生，在计算机中，总线可以理解为一个通信通道，连通计算机的各个功能部件，如 CPU、内存、输入输出设备等。如果将老式 PC 机的主机打开，应该还可以看到有一排很宽的导线，这就是计算机中的总线。分布式总线，顾名思义，是一种总线，是用来进行数据通信的，和传统意义上的总线不同的是，它不是作用在一个设备内部的各部件间，而是作用在各个不同的设备间，所以称它为分布式的。另外，它是一种“软”总线，即并非真正地使用导线将各个设备连接，而是使用物联网通信技术，如蓝牙、WIFI、移动网络等手段来实现连接。对于开发者来说，具体的通信协议和通信方式是透明的，只需要聚焦业务逻辑进行设备间通信即可。那么分布式软总线有什么用呢？想象一下，未来的家庭生活中，智能设备可能越来越多，例如，将手机观看的新闻随时转移到智慧屏上分享给家人观看，回家前使用手机控制空调和热水器预先打开，睡觉时使用手机控制关闭窗帘和电灯等。

分布式设备虚拟化也是 HarmonyOS 分布式的一种体现。不同形态的设备聚焦的功能点并不一样，例如，智慧屏类设备会有很大的屏幕，很强的图形渲染能力，手机类设备则会具有通信功能。HarmonyOS 通过分布式设备虚拟化技术，将智慧屏作为手机的屏幕使用，这极大地增强了视频通话的体验。再如，手机设备通常会有重力传感器、加速传感器等硬件功能，可将其虚拟为一个游戏手柄，在智慧屏上进行体感游戏。总之，通过分布式的设备虚拟化，可以让业务应用连续不断地在不同设备间流转，充分发挥各种设备的硬件优势。对用户来说，家里的各种终端设备好像融合成了一个完整的超级虚拟终端。

基于分布式软总线的能力，HarmonyOS 通过分布式的数据库提供分布式数据管理服务。也就是说用户的数据不再单一地绑定在某一个设备上。例如，手机拍摄的照片随时在智慧屏上观看，在 PC 上处理一半的文档随时切换到平板上继续工作。

最后，再简单介绍下分布式任务调度，它是指某一项具体的任务可能在多个设备间流转，共同完成。例如，在手机上设定了健身任务，其会自动地流转到手表上，在用户健身时提醒用户任务进度、完成状态等。

这些分布式功能构成了 HarmonyOS 的分布式特性。

1.1.4 HarmonyOS 的设计理念

本书讨论的是 HarmonyOS 移动端应用的开发，移动端应用是直接面向用户的。既然面向用户，那么对于开发者来说，除了要保障基础的功能外，页面和交互的设计也是非常重要的。好的页面和交互设计可以让用户的使用体验更加顺畅，让用户的学习成本更低。本小节就来简单介绍 HarmonyOS 应用的一些设计理念。

HarmonyOS 支持多设备共享代码，因此组件的设计是响应式的，可在不同的设备上进行自动调整。对于开发者来说，应该更多地从用户的使用体验角度思考。

首先是一致性理念，在设计应用时，界面中的元素风格应尽量保持一致，整体色调保持一致，按钮的交互方式保持一致。一致性不仅可以给用户带来平滑的使用体验，还会减少用户的学习成本。

同时，在风格和交互上要尽量保持一致性，但是不同设备的页面设计也需要进行差异化处理。例如，平板和智慧屏设备屏幕较大，为了将更多的信息展示给用户，会进行水平分页。不过在手机设备上水平分页的页面设计不太合适，这是因为手机设备屏幕有限，用户更需要聚焦当前使用的功能，因此多采用单页面跳转的设计方式。

在应用的页面组织上，通常会采用导航结构。导航的作用是引导用户在应用中的各个页面间跳转。导航的使命是告诉用户当前身在何方，要退回哪里，以及要前往哪里。在 HarmonyOS 中，导航分为平级导航和层级导航。在平级导航中，页面属于同一层级，用户可以轻松地在同级页面间进行切换。层级导航则是通过父子关系组织页面，用户需要一层一层地访问页面。在实际开发中，不同的模块间通常采用平级导航，模块内部采用层级导航。

在页面设计中，动画与动效也是非常重要的一部分，好的动效可以起到引导用户的作用。HarmonyOS 中也提供了专门开发动效的相关框架。在设计动效时，要遵循自然流畅、简洁高效的原则，为做“动效”而添加“动效”是种愚蠢的行为。

最后要说一下在应用设计中最重要的两点：隐私和无障碍。这两块虽然和业务功能本身无关，但是对用户的尊重与保护。隐私是用户的基本权利，在用户使用应用时，应该告知用户要获取的用户数据有哪些，获得用户的允许后方可使用这些用户数据。同样，用户在使用过程中产生的数据也应该做最大能力的保护，防止泄露。无障碍功能是一个优秀的应用程序需要具备的基础能力，在设计应用时，应该考虑到残障人士的使用体验，如为视觉障碍者提供朗读功能等。

1.2　HarmonyOS 开发初体验

通过 1.1 节的介绍，读者应该已经对 HarmonyOS 有了初步的了解，是不是已经跃跃欲试了？软件开发技能的学习是一个循序渐进的过程，但是可以先体验下 HarmonyOS 应用代码运行的感觉。本节将介绍开发环境的安装，并在模拟器上运行第一个 HarmonyOS 应用。

1.2.1 开发环境的安装

开发软件前，就像做菜需要有各种厨具一样，也需要安装一些环境工具。HarmonyOS 应用开发需要使用 DevEco Studio 工具。

DevEco Studio 工具是一款面向全场景多设备的一站式 HarmonyOS 应用开发工具，提供了开发、调试、模拟、构建和发布等各个方面的功能。DevEco Studio 支持使用 eTS、JavaScript、C/C++ 和 Java 进行开发，支持手机、平板电脑、智慧屏、智能穿戴等设备的应用开发。

开发环境的安装操作步骤如下。

（1）安装 DevEco Studio 工具，在如下地址下载工具：

```
https://developer.harmonyos.com/cn/develop/deveco-studio#download
```

打开上面地址的网页，界面如图 1.1 所示。

图 1.1　DevEco Studio 官网

（2）单击其中的“立即下载”按钮，会跳转到下载页面，如图 1.2 所示。

图 1.2　下载 DevEco Studio 工具

下载最新的 Release 版本，DevEco Studio 提供了 Windows 和 Mac 双平台下载链接。根据自己的开发设备进行选择即可。

（3）下载安装完成后，打开 DevEco Studio。第一次打开时，可能需要安装 Node.js，根据提示进行安装即可。之后需要配置 HarmonyOS SDK 的路径，无须额外设置，直接进入下一步，如图 1.3 所示。

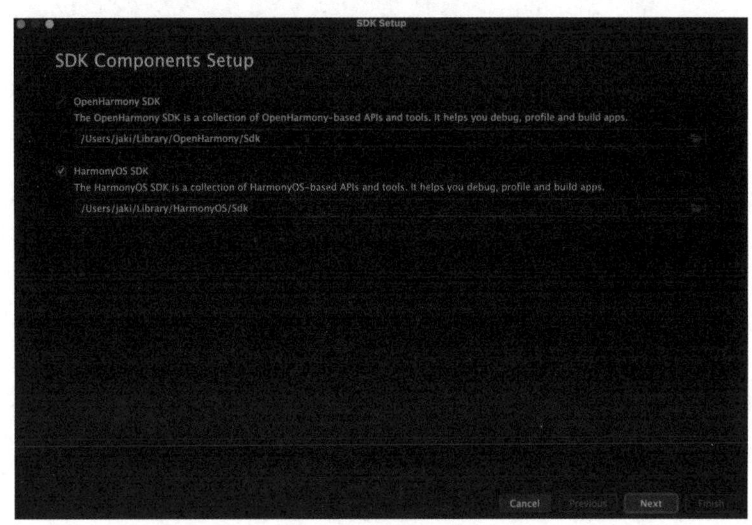

图 1.3　配置 HarmonyOS SDK 路径

（4）对许可证进行阅读并同意，如图 1.4 所示。

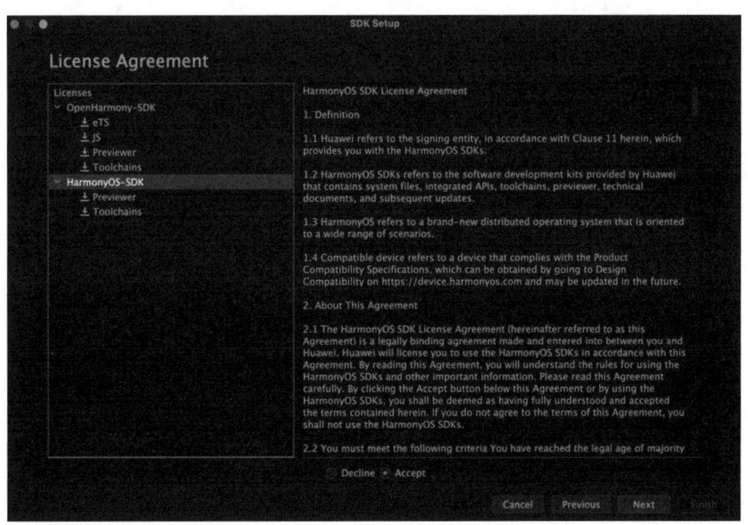

图 1.4　许可授权

之后工具会自动下载所需要的组件，只需要耐心等待即可。组件下载安装完成后，会进入 DevEco Studio 工具的启动页，如图 1.5 所示，表示已经开发工具安装完成。

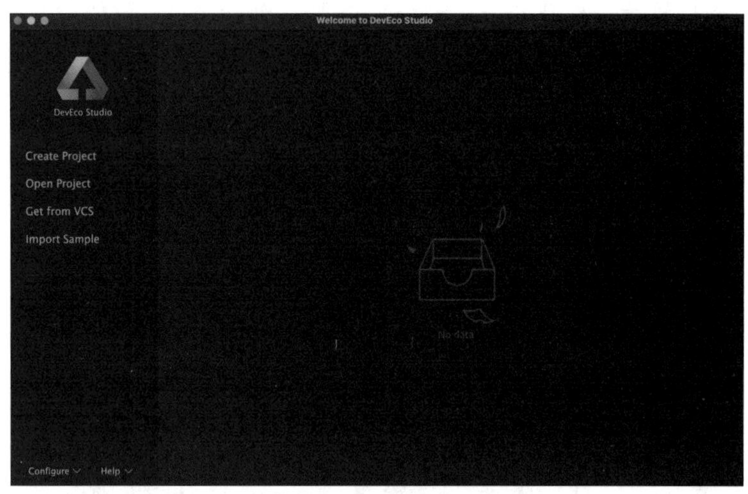

图 1.5　DevEco Studio 工具启动页

> **温馨提示：**在 SDK 的下载过程中，如果遇到 JS 或 eTS 的下载异常，则会是镜像源访问受限的问题，在终端执行如下指令来修改镜像源地址：
>
> ```
> npm config set registry https://registry.npm.taobao.org
> ```
>
> 之后，重新进行 SDK 的下载即可。

1.2.2　DevEco Studio 简介

DevEco Studio 是一个非常强大的开发集成环境工具，在之后的学习中，也会非常频繁地使用。安装完 DevEco Studio，对其功能进行简单的介绍，首先在开发工具的欢迎页面选择 Create Project 选项来创建一个新的工程项目。创建过程中需要设置工程名，选择要使用的 SDK 版本号以及开发语言等，如图 1.6 所示。

本书选择 Java 作为开发语言，创建完成后，开发工具界面大致布局如图 1.7 所示。

从图 1.7 中可以看到，开发工具的主要功能分为 4 部分，第 1 部分为导航窗口，用来展示工程文件结构，可以选中与搜索文件；第 2 部分为编码窗口，在开发应用程序时，主要在该窗口中进行代码的编写；第 3 部分为远程模拟器窗口，可以远程查看程序运行的效果，方便调试；第 4 部分为调试工具与 Log 窗口，这部分提供了断点、性能监控等核心调试功能，并用来输出 Log 信息。当然，目前的开发工具页面可能并不完全和图 1.7 一样，这些窗口也都可以方便地进行关闭、移动和替换，后面在使用时会具体介绍。

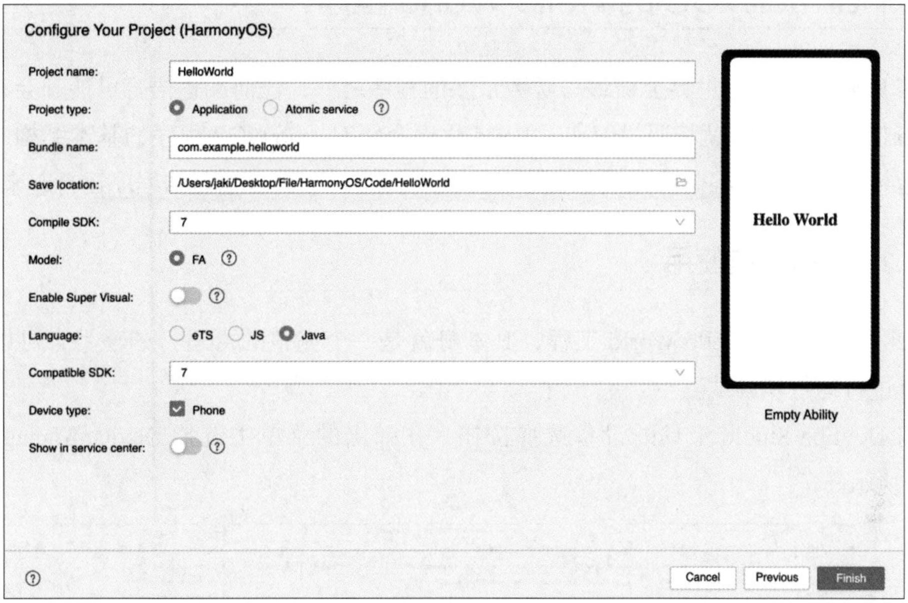

Configure Your Project (HarmonyOS)
Project name:
HelloWorld
Project type:
Application
Atomic service
Bundle name:
com.example.helloworld
Save location:
/Users/jaki/Desktop/File/HarmonyOS/Code/HelloWorld
Compile SDK:
7
Model:
FA
Enable Super Visual:
Language:
eTS
JS
Java
Compatible SDK:
7
Device type:
Phone
Show in service center:
Hello World
Empty Ability
Cancel
Previous
Finish

图 1.6　创建 HarmonyOS 应用工程

HelloWorld – MainAbilitySlice.java [entry]
1.导航窗口
2.编码窗口
3.远程模拟器窗口
4.调试工具与Log窗口
你好，世界
package com.example.helloworld.slice;
public class MainAbilitySlice extends AbilitySlice {
23:06 Gradle build finished in 349 ms
23:07 Gradle sync started
23:07 Gradle build finished in 5 s 302 ms

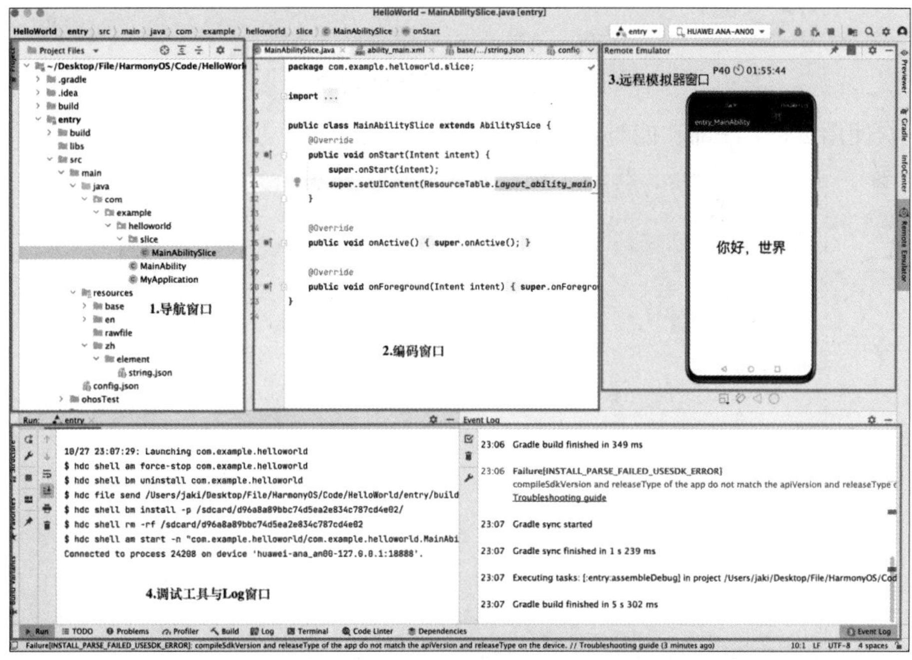

图 1.7　DevEco Studio 整体页面布局

1.3 HarmonyOS 的 Hello World 程序

相信 Hello World 是世界上被编写次数最多的程序之一，任何编程语言可能都会有自己的 Hello World 程序。本节就将通过 Hello World 程序介绍 HarmonyOS 程序的基本结构以及如何编译与运行，最终也将略微修改模板程序，让读者体验一下自己编写的程序运行起来的乐趣。

1.3.1 模拟器的使用

1.2.2 小节创建的 Hello World 工程，其本身就是一个完整的可运行的项目，可以在模拟器上对其进行运行和调试。

单击 DevEco Studio 工具的设备选择按钮，在弹出的菜单中选择 Device Manager 选项，如图 1.8 所示。

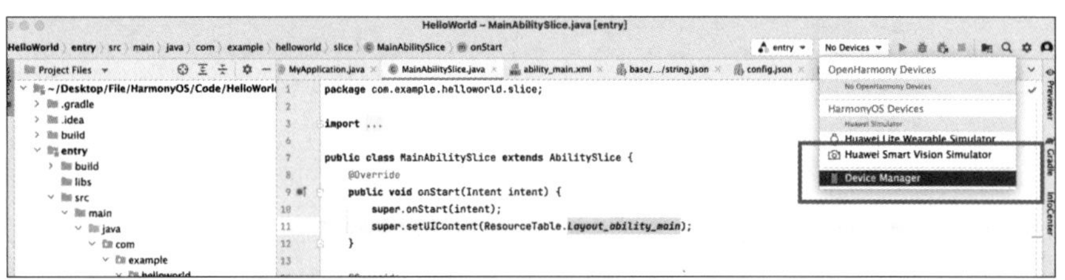

图 1.8　选择设备管理器功能

第一次使用设备管理器功能时会要求使用华为开发者账号进行登录，如图 1.9 所示。

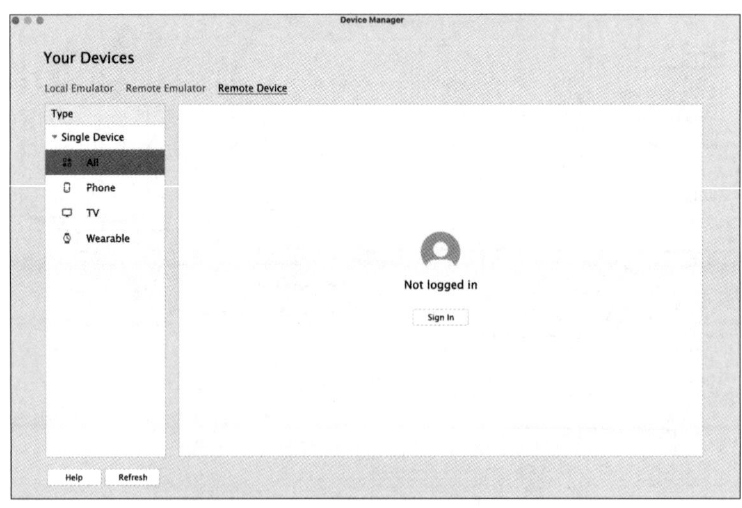

图 1.9　设备管理器界面

登录过程是通过网页授权完成的，如果之前没有华为开发者账号，则按照网页的提示步骤进行注册即可。登录完成后，即可在设备管理器中查看本地模拟器、远程模拟器和远程设备，如图 1.10 所示。

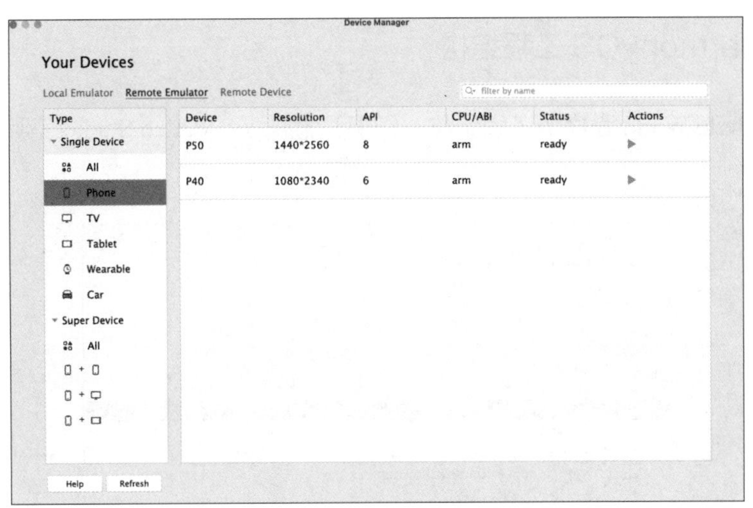

图 1.10　远程模拟器列表

对于远程模拟器和远程设备来说，可以直接单击模拟器右侧的运行按钮来启动，但更多的时候，会使用本地的模拟器。第一次使用时也需要新建一个本地模拟器，在 Local Emulator 页面单击 New Emulator 按钮后，根据提示创建即可。运行起来的本地模拟器如图 1.11 所示，在开发过程中，建议使用真机或本地模拟器，它会比使用远程模拟器或远程设备的效率高很多。

下面，尝试在本地模拟器上运行 Hello World 程序，在开发工具的设备选择菜单中选择已经启动的本地模拟器，单击右侧的运行按钮即可。最终效果如图 1.12 所示。

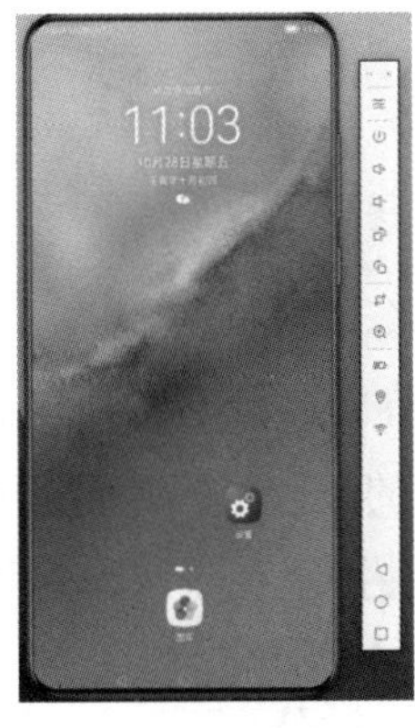

图 1.11　本地模拟器

图 1.12　Hello World 程序运行效果

现在，已经了解如何创建本地模拟器，并在本地模拟器上运行了编写的程序。虽然示例的 Hello World 程序非常简单，但麻雀虽小而五脏俱全。1.3.2 小节将介绍 HarmonyOS 工程的基本架构。现在，享受一下第一个 HarmonyOS 程序运行起来的快乐吧。

1.3.2 HarmonyOS 工程结构

再次观察 Hello World 程序的工程结构，需要注意的是 DevEco Studio 工具的文件导航区，如图 1.13 所示。

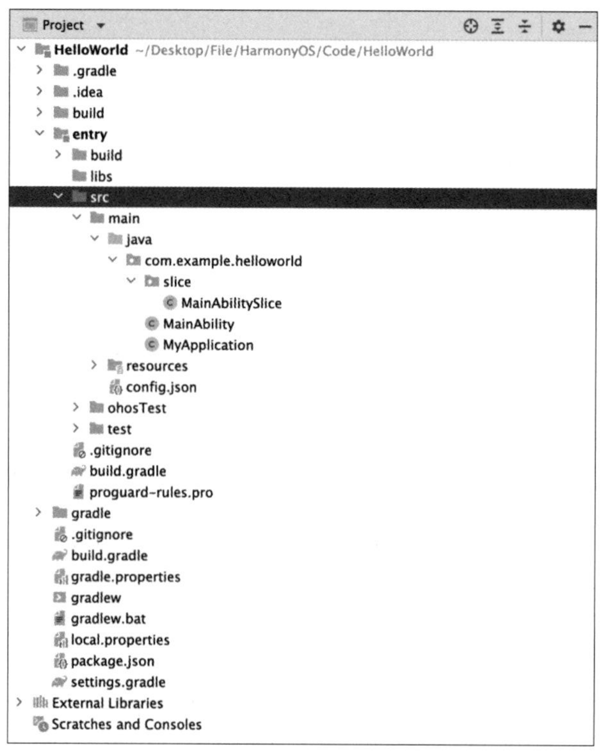

图 1.13　HarmonyOS 工程结构

整个 HarmonyOS 工程分为两大部分：工程源码部分与外部库部分。工程源码中的 .gradle 文件和 gradle 文件夹内的文件都是用来进行编译配置的，包括所使用的 SDK 的版本号、依赖的外部库等。图 1.13 中 build 文件夹用来存放工程的编译产物，包括最终的可执行文件等。开发过程中，主要关注 src 文件夹下的内容，此文件夹用来存放源代码和资源文件等。

在 src 文件夹下，java 文件夹用来存放核心源代码（当然，如果使用其他的编程语言，这个文件夹的名字可能会不同），resources 文件夹用来存放布局文件、多媒体文件和国际化语言文件等。在 HarmonyOS 中，有一个很重要的概念，那就是 Hap（HarmonyOS Ability Package）。简单来说，Hap 可理解为一个独立的可安装或可调用的功能模块。Hap 有 Entry 和 Feature 两种类型。Entry 类型的 Hap 是主应用模块，独立安装运行；Feature 类型的 Hap 是独立的功能模块，一个应用程序可以包含多个 Feature 类型的 Hap，当然也可以不包含。以 Hello World 项目为例，它就是一个不包含 Feature 类型的 Hap，直接安装在 HarmonyOS 系统的手机上。工程中的 entry 文件夹下存放的是当前 Hap 的主要逻辑代码。

工程中有一个名为 MainAbility 的文件，Ability 理解为一种功能或一种能力。在 HarmonyOS 应用中，Ability 又分为 Feature Ability（简称 FA）和 Particle Ability（简称 PA），FA 用来实现具体的用户功能，会有 UI 界面；PA 用来提供服务和处理数据，没有 UI 界面。一个 Ability 通常包含一个或多个 Slice，Slice 表示一个具体的子功能逻辑或子页面。

回到 Hello World 工程，其 MainAbility 是整个应用的入口文件，入口文件的配置在 config.json 文件中，如下：

```
"mainAbility": "com.example.helloworld.MainAbility"
```

MainAbility 文件中的代码如下：

```
// 包名
package com.example.helloworld;
// 导入模块
import com.example.helloworld.slice.MainAbilitySlice;
import ohos.aafwk.ability.Ability;
import ohos.aafwk.content.Intent;
// 继承于 Ability 的应用主入口
public class MainAbility extends Ability {
    // 覆写父类的 onStart 方法
    @Override
    public void onStart(Intent intent) {
        super.onStart(intent);
        // 设置主路由
        super.setMainRoute(MainAbilitySlice.class.getName());
    }
}
```

将 MainAbilitySlice 设置为应用的第一个页面内容。MainAbilitySlice 文件的内容如下：

```
package com.example.helloworld.slice;
```

```
import com.example.helloworld.ResourceTable;
import ohos.aafwk.ability.AbilitySlice;
import ohos.aafwk.content.Intent;
// 需要继承于 AbilitySlice 类
public class MainAbilitySlice extends AbilitySlice {
    @Override
    public void onStart(Intent intent) {
        super.onStart(intent);
        // 设置页面内容
        super.setUIContent(ResourceTable.Layout_ability_main);
    }
    @Override
    public void onActive() {
        super.onActive();
    }
    @Override
    public void onForeground(Intent intent) {
        super.onForeground(intent);
    }
}
```

最核心的代码为 setUIContent，调用此方法来设置页面的内容，具体的页面在 ability_main 布局文件中编写。此文件放在 resources 文件夹下的 layout 文件夹下，内容如下：

```
<?xml version="1.0" encoding="utf-8"?>
<!-- 最外层为竖直方向的布局容器 -->
<DirectionalLayout
    xmlns:ohos="http://schemas.huawei.com/res/ohos"
    ohos:height="match_parent"
    ohos:width="match_parent"
    ohos:alignment="center"
    ohos:orientation="vertical">
    <!-- 文本组件 -->
    <Text
        ohos:id="$+id:text_helloworld"
        ohos:height="match_content"
```

```
        ohos:width="match_content"
        ohos:background_element="$graphic:background_ability_main"
        ohos:layout_alignment="horizontal_center"
        ohos:text="$string:mainability_HelloWorld"
        ohos:text_size="40vp"
        />
</DirectionalLayout>
```

具体的布局与 UI 功能组件在后面的章节中会再做详细的介绍，这里只需要知道 ability_main 布局文件中确定了页面的整体布局是一个竖直布局，其中包含一个文本组件，文本组件的内容是支持国际化的“Hello World”。

> **温馨提示：** 关于国际化技术，当前无须过多了解，只需要知道它是根据用户所在的地区来使用不同的语言即可。

现在，相信读者对 HarmonyOS 应用工程的整体逻辑有了简单的了解，1.3.3 小节将尝试修改 MainAbilitySlice 的功能。

1.3.3　修改 Hello World 项目的功能

模板自动生成的 Hello World 工程非常简单，其中只展示了一个文本组件。本小节将简单地修改这个程序，实现一个单击按钮进行计数的功能。

首先修改 ability_main.xml 文件如下，在布局中增加一个按钮组件：

```
<?xml version="1.0" encoding="utf-8"?>
<!-- 最外层为竖直方向的布局容器 -->
<DirectionalLayout
    xmlns:ohos="http://schemas.huawei.com/res/ohos"
    ohos:height="match_parent"
    ohos:width="match_parent"
    ohos:alignment="center"
    ohos:orientation="vertical">
    <!-- 文本组件 -->
    <Text
        ohos:id="$+id:text_helloworld"
        ohos:height="match_content"
        ohos:width="match_content"
```

```
        ohos:background_element="$graphic:background_ability_main"
        ohos:layout_alignment="horizontal_center"
        ohos:text="$string:mainability_HelloWorld"
        ohos:text_size="40vp"
        />
    <!-- 按钮组件 -->
    <Button
        ohos:id="$+id:button"
        ohos:height="match_content"
        ohos:width="match_parent"
        ohos:text=" 单击 "
        ohos:text_size="40vp"
        ohos:top_margin="40vp"
        />
</DirectionalLayout>
```

其中，Button 用来创建按钮组件，通常每个布局文件中的组件都需要分配一个 id，通过此 id 在 Java 代码中获取组件实例。按钮的高度设置为 match_content，表示由组件的内容来决定高度；宽度设置为 match_parent，表示充满父容器组件；text 属性用来设置按钮的标题文字；text_size 属性用来设置按钮标题的字号；top_margin 属性用来设置按钮组件的上外边距。vp 是 HarmonyOS 中提供的一种特殊的像素单位，表示虚拟像素，使用该单位可以保证在不同分辨率的屏幕上显示为同样的效果。

修改完布局文件，还需要在 MainAbilitySlice.java 文件中编写计数逻辑，修改其中代码如下：

```
package com.example.helloworld.slice;
import com.example.helloworld.ResourceTable;
import ohos.aafwk.ability.AbilitySlice;
import ohos.aafwk.content.Intent;
import ohos.agp.components.Button;
import ohos.agp.components.Text;
import ohos.agp.components.Component;
public class MainAbilitySlice extends AbilitySlice {
    // 计数属性
    int clickCount = 0;
    @Override
```

```
    public void onStart(Intent intent) {
        super.onStart(intent);
        // 设置页面内容
        super.setUIContent(ResourceTable.Layout_ability_main);
        // 获取按钮组件实例
        Button button = (Button) findComponentById(ResourceTable.Id_button);
        // 获取文本组件实例
        Text text = (Text) findComponentById(ResourceTable.Id_text_helloworld);
        text.setText("单击" + clickCount + "次");
        // 为按钮的单击事件添加监听
        button.setClickedListener(new Component.ClickedListener() {
            @Override
            public void onClick(Component component) {
                // 单击后处理计数逻辑
                clickCount += 1;
                text.setText("单击" + clickCount + "次");
            }
        });
    }
}
```

上面的代码有详细的注释，核心逻辑是当用户单击按钮后，屏幕上将显示用户单击的次数，如图 1.14 所示。

图 1.14　计数器应用示例

相比模板生成的 Hello World 程序，修改后的程序不仅能够展示信息，还拥有简单的用户交互能力。其实移动端应用开发最终要实现的也是信息的展示和用户交互，很简单对吧！

1.4 内容回顾

本章是全书的起始章节，从宏观上介绍了 HarmonyOS 是什么，有着怎样的发展历史以及 HarmonyOS 的应用场景和区别于其他操作系统的显著特点。也完成了学习 HarmonyOS 开发之前的必备工作——开发环境的准备。最后，通过一个简单的 Hello World 程序演示了如何使用模拟器来运行 HarmonyOS 程序。在开始第 2 章的学习之前，先来回顾下本章的内容，思考一下下面的问题吧。

1. 与 iOS 和 Android 这类流行的操作系统相比，HarmonyOS 有着怎样的差异？定位有何不同？

> **温馨提示：**尝试从架构、应用场景、未来方向上思考。

2. HarmonyOS 的一大特点是分布式，这里的分布式指的是什么？

> **温馨提示：**从分布式软总线、分布式设备虚拟化、分布式数据库等方面思考。

3. 怎么理解 HarmonyOS 中的 Ability 和 AbilitySlice？

> **温馨提示：**Ability 理解为一个完整的功能或页面，AbilitySlice 理解为组成完整功能的子功能或组成完整页面的子页面。

第2章

应用程序的骨架——认识 Ability 框架

关于 Ability，前面有过简单的接触，Ability 可以理解为一个完整的功能单元，此功能单元是包含用户交互页面的 FA（Feature Ability），也可以是仅仅提供服务能力的 PA（Particle Ability）。Ability 是构成 HarmonyOS 应用程序的基础骨架。本章将深入学习有关 Ability 的内容。

通过本章，将学习以下知识点：

- Ability 的基本概念。
- 页面间的导航与数据传递。
- 公共事件的相关知识。
- 多线程技术的应用。
- 剪切板的应用。
- 使用配置文件。

2

2.1 Ability 基础

简单来说，Ability 是应用所提供功能的抽象，学习 HarmonyOS 应用开发，首先要掌握 Ability 的应用。FA 和 PA 的划分只是从宏观上对 Ability 进行了分类，Ability 是有具体的类型的。FA 支持的 Ability 只有一种，即 Page Ability；PA 支持的 Ability 有两种，分别为 Service Ability 和 Data Ability。下面将分别介绍这几种 Ability 的作用。

2.1.1 关于 Page Ability

Page Ability 是应用开发中使用最多的一种 Ability。移动应用直接和用户交互，避免不了要用 UI 界面做支撑。Ability 的具体类型是在工程的 config.json 文件中配置的，回顾下之前创建的 Hello World 项目，其运行后的首页就是一个 Page Ability，观察其 config.json 文件的配置，发现其中 abilities 项中配置了一个 Ability，其类型为 page。

Page Ability 由一个或多个 Ability Slice 构成。Ability Slice 理解为一个 UI 页面及其功能的综合。当然，一个功能模块有时不仅仅只有一个页面，例如，对于电商类的应用程序，商品的展示是一个 Page Ability，但是商品的展示又会分为商品列表页和商品详情页，这时就需要用多个 Ability Slice 来实现。由于 Page Ability 会包含多个 Ability Slice，因此会出现页面间的跳转行为。

首先创建一个名为 PageAbility 的工程，所使用的语言选择 Java。默认的模板帮助创建了一个 MainAbility，其中包含一个 MainAbilitySlice 用来展示主页内容。在工程的 com.example.pageability.slice 包下再新建一个命名为 DetailAbilitySlice 的 Java 文件，作为要跳转的详情页 Slice，编写代码如下：

```
// 包名
package com.example.pageability.slice;
// 引入模块
import com.example.pageability.ResourceTable;
import ohos.aafwk.ability.AbilitySlice;
import ohos.aafwk.content.Intent;
public class DetailAbilitySlice extends AbilitySlice {
    @Override
    protected void onStart(Intent intent) {
        super.onStart(intent);
```

```
        // 设置布局文件
        super.setUIContent(ResourceTable.Layout_ability_detail);
    }
}
```


相应地，在 resources 的 layout 目录下新建一个命名为 ability_detail.xml 的文件，编写代码如下：

```
<?xml version="1.0" encoding="utf-8"?>
<DirectionalLayout
    xmlns:ohos="http://schemas.huawei.com/res/ohos"
    ohos:height="match_parent"
    ohos:width="match_parent"
    ohos:alignment="center"
    ohos:orientation="vertical">
    <Text
        ohos:height="match_content"
        ohos:width="match_content"
        ohos:background_element="$graphic:background_ability_main"
        ohos:layout_alignment="horizontal_center"
        ohos:text=" 详情页 "
        ohos:text_size="40vp"
        />
</DirectionalLayout>
```

同属于一个 Page Ability 的 AbilitySlice 间的跳转非常简单，直接调用 AbilitySlice 的 present 方法即可，在 MainAbilitySlice 中添加一个按钮（参考第 1 章的 Hello World 示例工程代码）。实现按钮单击事件的代码如下：

```
// 主页的 AbilitySlice
public class MainAbilitySlice extends AbilitySlice {
    @Override
    public void onStart(Intent intent) {
        super.onStart(intent);
        super.setUIContent(ResourceTable.Layout_ability_main);
        // 获取按钮实例，需要注意这里的 Id_route_button 要与布局文件中的名称对应
        Button btn = (Button) findComponentById(ResourceTable.Id_route_button);
```

```
            // 用户单击按钮事件的监听
            btn.setClickedListener(new Component.ClickedListener() {
                @Override
                public void onClick(Component component) {
                    // 跳转到详情页的 AbilitySlice
                    present(new DetailAbilitySlice(), new Intent());
                }
            });
        }
    }
```

如果要跳转到其他 Page Ability，则通过 Inent 来实现。例如，再新建一个 Page Ability，直接使用 DevEco Studio 工具提供的 Ability 模板，如图 2.1 所示。

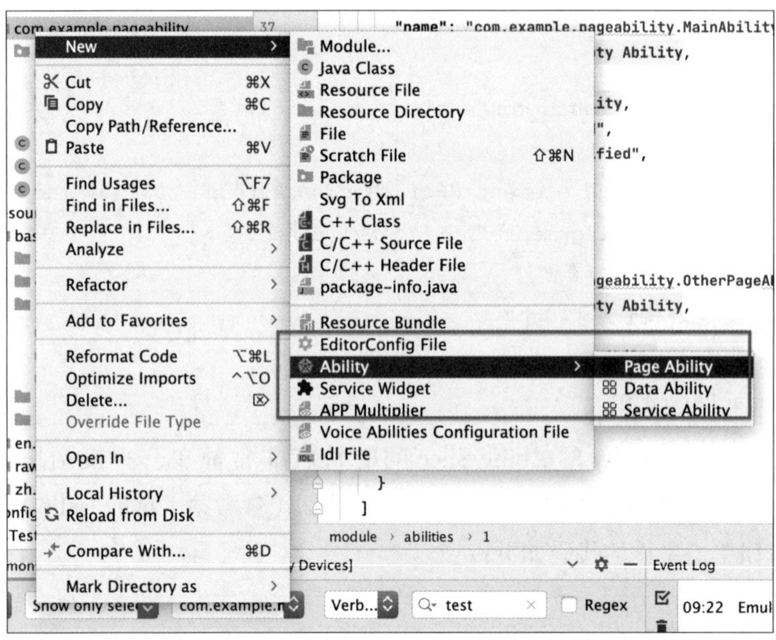

图 2.1　新建 Page Ability 模板

将新建的模板命名为 OtherPageAbility，模板会自动生成一个名为 OtherPageAbilitySlice 的页面类，无须对其中的代码进行修改。

在 ability_main.xml 文件中新增一个按钮，代码如下：

```
<Button
```

```
    ohos:id="$+id:route_button2"
    ohos:height="match_content"
    ohos:width="match_parent"
    ohos:text="跳转到其他 PageAbility 页面"
    ohos:text_size="40vp"
    ohos:top_margin="40vp"
/>
```

在 MainAbilitySlice 中添加此按钮的单击事件回调代码如下：

```
Button btn2 = (Button) findComponentById(ResourceTable.Id_route_button2);
                                                          // 获取按钮组件实例
btn2.setClickedListener(new Component.ClickedListener() {  // 添加事件监听
    @Override
    public void onClick(Component component) {            // 单击事件
        Intent i = new Intent();                          // 新建一个 Intent 对象
        Operation operation = new Intent.OperationBuilder()
                .withAbilityName(OtherPageAbility.class.getName())
                .withBundleName("com.example.pageability")
                .build();  // 新建一个 Operation 对象，设置要跳转的 Page Ability 名字
                           //和所在的包名
        i.setOperation(operation);                   // 为 Intent 设置 Operation
        startAbility(i);                             // 跳转到新的 Page Ability
    }
});
```

运行代码，观察 Page Ability 间的跳转效果。如果需要直接跳转到其他 Page Ability 的指定 Slice，则需要通过路由来实现，后续会详细介绍。

2.1.2　Page Ability 的生命周期

生命周期是面向对象编程中常见的一个概念。生命周期能够清晰地描述不同阶段对象的状态。Page Ability 是一种包含用户界面的功能模块，因此，当用户未使用此功能时，对应的 Page Ability 是不存在的，当使用时才被创建出来，那么当用户退出此功能模块时，对应的 Page Ability 对象也应该及时被销毁，回收内存以供其他功能模块使用。

HarmonyOS Developer 官方文档提供了一张示意图，如图 2.2 所示，该图很清晰地描述了

Page Ability 的生命周期流程和各种状态转换。

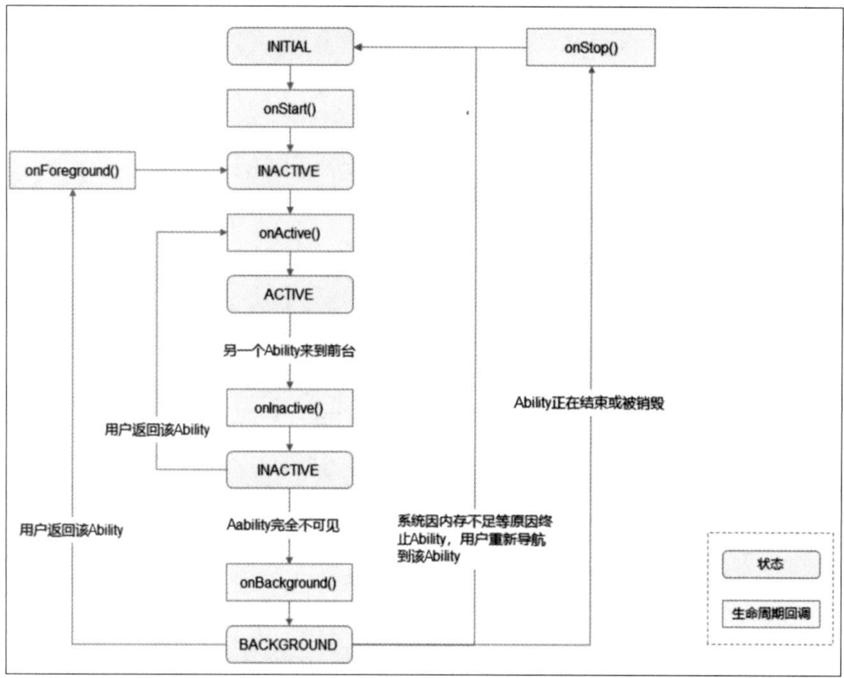

图 2.2　Page Ability 的生命周期

在创建的 OtherPageAbility 中重写如下生命周期方法：

```
package com.example.pageability;

import com.example.pageability.slice.OtherPageAbilitySlice;
import ohos.aafwk.ability.Ability;
import ohos.aafwk.content.Intent;
import ohos.hiviewdfx.HiLog;
import ohos.hiviewdfx.HiLogLabel;
public class OtherPageAbility extends Ability {
    // 用来进行 Log 输出
    static final HiLogLabel LABEL = new HiLogLabel(HiLog.LOG_APP, 0x0024, "MY_TAG");
    @Override
    public void onStart(Intent intent) {
        HiLog.info(LABEL, "onStart");
        super.onStart(intent);
```

```
        super.setMainRoute(OtherPageAbilitySlice.class.getName());
    }
    @Override
    protected void onActive() {
        HiLog.info(LABEL, "onActive");
        super.onActive();
    }
    @Override
    protected void onInactive() {
        HiLog.info(LABEL, "onInactive");
        super.onInactive();
    }
    @Override
    protected void onBackground() {
        HiLog.info(LABEL, "onBackground");
        super.onBackground();
    }
    @Override
    protected void onForeground(Intent intent) {
        HiLog.info(LABEL, "onForeground");
        super.onForeground(intent);
    }
    @Override
    protected void onStop() {
        HiLog.info(LABEL, "onForeground");
        super.onStop();
    }
}
```

运行过程，通过进入和退出 OtherPageAbility 模块，以及前后台的切换来观察控制台的输出信息，体会对应生命周期方法的执行时机。上面代码中，HiLog.info 是 SDK 提供的日志打印方法，其第 1 个参数为 HiLogLabel 类型的对象，用来对打印的信息进行标签标记。在控制台的筛选栏输入 24（代码中设置的 0x0024）来过滤掉其他无用的日志信息，如图 2.3 所示。

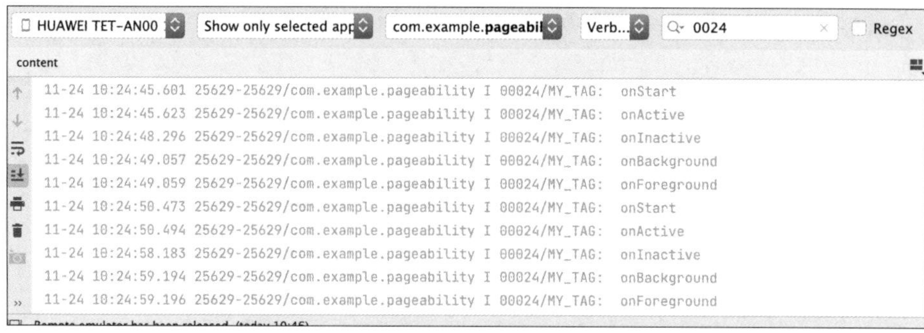

图 2.3 生命周期方法调用在控制台输出的信息

下面来详细介绍这几个生命周期方法的意义以及 Page Ability 对应的状态。

当一个 Page Ability 被创建时，首先会调用 onStart 方法，此方法触发后，Ability 会进入 INACTIVE 状态，通常需要重写此方法来设置要默认展示的 Ability Slice。INACTIVE 是一种短暂存在的状态，其表示正在激活中。

当 Page 激活完成后，会调用 onActive 方法，此方法的调用表明当前 Page 已经进入 ACTIVE 激活状态，此时 Page 已经准备好了和用户进行交互。

当 Page 失去焦点时，会调用 onInactive 方法，此方法与 onActive 方法是对应的。当用户单击返回键，导航到其他 Page，或者有系统事件打断当前应用时，会触发 Page 的失焦。

> **温馨提示：**系统事件是指由系统触发的中断行为，例如，有电话打进来时，系统就会将用户正在使用的应用中断，来处理优先级更高的电话事件。

还有两个非常重要的生命周期方法，onBackgrund 和 onForeground。如果 Page 即将不可见，会回调 onBackground 方法，之后 Page 将进入 Background 状态，即通常意义上的后台状态。因此，在 onBackground 方法中执行释放无用的资源、保存页面的状态等操作。处于 Background 状态的 Page 会被系统在内存中保留一段时间，如果用户在此段时间内重新导航到此 Page 或将应用启动到前台，则会调用 onForeground 方法，之后 Page 会经历 INACTIVE 状态而回到 ACTIVE 状态。onForeground 方法的调用表明用户即将使用当前 Page 提供的功能，在这个方法中将之前释放的资源重新加载，恢复之前的页面状态等。

最后，再来介绍 onStop 方法，此方法在 Page 即将被销毁时调用。用户手动关闭 Page，系统配置的变更以及长期处于 Background 状态的 Page 都会被销毁。

还有一点需要注意，Page Ability 中的具体页面是由 Ability Slice 实现的，Ability Slice 与 Page Ability 有着同样的生命周期方法，当 Page Ability 的生命周期变化时，Ability Slice 也会发生相应的变化。但是，当在同一个 Page Ability 中进行 Slice 的切换时，Page 的生命周期不会改变，但是 Slice 的生命周期会发生变化，其各个生命周期的回调时机与 Page 类似，这里不再赘述，读者可自行在示例工程中编写代码来验证。

2.1.3　页面间导航与传值

页面导航实际上是指页面间的跳转。在 2.1.1 小节中，简单介绍了页面跳转的方法。本小节将系统地学习页面导航，并了解如何在页面间进行数据传递。

在 HarmonyOS 中，页面的导航主要分为两种，即同一 Page Ability 内的 Slice 跳转和不同 Page Ability 间的 Slice 跳转。

1. 同一 Page Ability 内的 Slice 跳转

如果要导航到的页面与当前页面在同一 Page Ability 内，则跳转过程十分简单，直接调用 present 方法即可。以前面的代码为例，从首页跳转到 DetailAbilitySlice 页面：

```
present(new DetailAbilitySlice(), new Intent());
```

present 方法中，第 1 个参数为要跳转的 Ability Slice 实例。因此，如果要向后一个页面传递数据，最直接的方法是给后一个 Slice 实例的属性赋值。

例如，修改 ability_detail.xml 文件中的 Text 组件的代码，为其设置一个 id 值：

```
<Text
    ohos:id="$+id:detail_text"
    ohos:height="match_content"
    ohos:width="match_content"
    ohos:background_element="$graphic:background_ability_main"
    ohos:layout_alignment="horizontal_center"
    ohos:text=" 详情页 "
    ohos:text_size="40vp"
/>
```

在 DetailAbilitySlice 类中添加一个 title 属性，并使用此属性来设置文本组件显示的文案，示例代码如下：

```
public class DetailAbilitySlice extends AbilitySlice {
    String title = "";
    @Override
    protected void onStart(Intent intent) {
```

```
        super.onStart(intent);
        super.setUIContent(ResourceTable.Layout_ability_detail);
        Text text = (Text) findComponentById(ResourceTable.Id_detail_text);
        text.setText(title);
    }
}
```

在 MainAbilitySlice 中修改跳转方法如下：

```
DetailAbilitySlice slice = new DetailAbilitySlice();
slice.title = "传递的数据";
present(slice, new Intent());
```

运行代码，跳转到 DetailAbilitySlice 页面后，看到页面渲染的文案已经是上一个页面传递进来的，如图 2.4 所示。

图 2.4　页面间数据传递

除了直接对后一个页面实例的属性进行赋值外，也可以通过 Intent 实现数据的传递。相信读者也已经发现，present 方法还有第 2 个 Intent 参数，Intent 实例对象也携带参数，例如：

```
DetailAbilitySlice slice = new DetailAbilitySlice();
Intent i = new Intent();                    // 创建一个 Intent 实例
i.setParam("title", "传递数据");             // 添加一个名为 title 的参数，值为“传递数据”
present(slice, i);
```

在 DetailAbilitySlice 类的 onStart 生命周期方法中，会将此 Intent 参数传入，同时获取其携带的参数，代码如下：

```
public class DetailAbilitySlice extends AbilitySlice {
    String title = "";
    @Override
    protected void onStart(Intent intent) {
        super.onStart(intent);
        super.setUIContent(ResourceTable.Layout_ability_detail);
        this.title = intent.getStringParam("title");
                                                // 获取 Intent 对象中携带的参数
        Text text = (Text) findComponentById(ResourceTable.Id_detail_text);
        text.setText(title);                    // 对 Text 组件的文案进行设置
    }
}
```

再次运行代码，看到数据被顺利地传递到了下一个页面。

除了从前一个页面向后一个页面传递数据外，也可以调用 presentForResult 方法让后一个页面退出时向前一个页面传递数据。当后一个页面是有编辑功能的页面时，通常会使用这种反向传值技术。

首先，修改 MainAbilitySlice 类的部分代码，实现 onResult 方法，代码如下：

```
public class MainAbilitySlice extends AbilitySlice {
     Text text; // 定义 text 属性，绑定到页面的标签组件上
    // 此方法用来接收下一个页面关闭时传递的数据
    @Override
    protected void onResult(int requestCode, Intent resultIntent) {
        super.onResult(requestCode, resultIntent);
        // 其中 requestCode 参数与导航到下个页面时设置的 requestCode 对应
        if (requestCode == 0) {
            // 通过 Intent 实例来获取传递的数据
            text.setText(resultIntent.getStringParam("data"));
        }
    }
    @Override
    public void onStart(Intent intent) {
```

```
        super.onStart(intent);
        super.setUIContent(ResourceTable.Layout_ability_main);
        // 赋值 text 属性
        text = (Text) findComponentById(ResourceTable.Id_text_helloworld);
        Button btn = (Button) findComponentById(ResourceTable.Id_route_button);
        btn.setClickedListener(new Component.ClickedListener() {
            @Override
            public void onClick(Component component) {
                DetailAbilitySlice slice = new DetailAbilitySlice();
                Intent i = new Intent();
                i.setParam("title", " 传递数据 ");
                // 使用 presentForResult 方法跳转，第 3 个参数为 requestCode
                presentForResult(slice, i, 0);
            }
        });
    }
}
```

为 DetailAbilitySlice 中的文本标签组件添加单击事件监听，单击时让其关闭，返回到上一个页面，并传递数据，代码如下：

```
public class DetailAbilitySlice extends AbilitySlice {
    String title = "";
    @Override
    protected void onStart(Intent intent) {
        super.onStart(intent);
        super.setUIContent(ResourceTable.Layout_ability_detail);
        this.title = intent.getStringParam("title");
        Text text = (Text) findComponentById(ResourceTable.Id_detail_text);
        text.setText(title);
        // 为 text 组件添加用户单击事件监听
        text.setClickedListener(new Component.ClickedListener() {
            @Override
            public void onClick(Component component) {
                Intent i = new Intent();                         // 创建 Intent 实例
                i.setParam("data", " 反向传值的数据 ");          // 设置要传递的数据
```

```
                setResult(i);                    // 调用 setResult 方法来传递数据
                terminate();                     // 关闭当前 Slice
            }
        });
    }
}
```

运行代码，从 DetailAbilitySlice 返回时，看到首页已经获取到从 DetailAbilitySlice 传递回来的数据了。

2. 不同 Page Ability 间的 Slice 跳转

Slice 作为 Page Ability 的内部页面，通常不对外暴露。如果要跳转的 Slice 是某个 Page Ability 的主页，则直接调用 startAbility 来启动。例如，下面的代码将直接跳转到 OtherPageAbility 的主 Slice 页面。

```
Intent i = new Intent(); // 创建 Intent 实例
// 创建 Operation 实例
Operation operation = new Intent.OperationBuilder()
                      // 设置要跳转到的 Page Ability 的名字
                      .withAbilityName(OtherPageAbility.class.getName())
                      // 设置要跳转到的 Page Ability 所在的包名
                      .withBundleName("com.example.pageability")
                      .build();
i.setOperation(operation);
startAbility(i);
```

如果要向 OtherPageAbilitySlice 传递数据，则直接通过 Intent 携带参数，例如：

```
i.setParam("title", "title data");
```

在 OtherPageAbilitySlice 中直接接收 Intent 携带的参数：

```
public class OtherPageAbilitySlice extends AbilitySlice {
    Text text;
    @Override
    public void onStart(Intent intent) {
        super.onStart(intent);
        super.setUIContent(ResourceTable.Layout_ability_other);
```

```
        // 获取到 text 组件
        text = (Text) findComponentById(ResourceTable.Id_text_Hello World);
        // 通过 Intent 参数来赋值文案
        text.setText(intent.getStringParam("title"));
    }
}
```

从 OtherPageAbility 中将数据回传到 MainAbility 的步骤略微烦琐。首先在 MainAbilitySlice 中进行跳转时，需要使用 startAbilityForResult 方法，代码如下：

```
Intent i = new Intent();
Operation operation = new Intent.OperationBuilder()
        .withAbilityName(OtherPageAbility.class.getName())
        .withBundleName("com.example.pageability")
        .build();
i.setOperation(operation);
i.setParam("title", "title data");
startAbilityForResult(i,1);
```

注意，在 OtherPageAbilitySlice 中无须做任何处理，数据的传递需要在 Page Ability 中完成，而不是在 Slice 中完成。重写 OtherPageAbility 类的 onActive 方法如下：

```
@Override
protected void onActive() {
    HiLog.info(LABEL, "onActive");
    super.onActive();
    Intent i = new Intent();
    i.setParam("data", "OtherPage");
    setResult(1,i);
}
```

注意，此处调用的 setResult 方法的第 1 个参数为 requestCode，第 2 个参数为 Intent 实例。同样，当 OtherPageAbility 退出时，需要在 MainAbility 中接收回传的数据，而不是在 MainAbilitySlice 中接收，代码如下：

```
public class MainAbility extends Ability {
    @Override
    protected void onAbilityResult(int requestCode, int resultCode, Intent resultData) {
```

```
        super.onAbilityResult(requestCode, resultCode, resultData);
        if (requestCode == 1) {
            Text text = (Text) findComponentById(ResourceTable.Id_text_helloworld);
            text.setText(resultData.getStringParam("data"));
        }
    }
}
```

对此，要记住在不同 Page Ability 间进行回传数据时，是由 Page Ability 直接完成的，而不是 Ability Slice。

最后，再来介绍下如何跳转到另一个 Page Ability 的指定 Slice。其实非常简单，只需要通过路由的方式将此 Slice 暴露在外即可。首先新建一个名为 OtherPageAbilitySliceDetail 的 Java 类文件，编写如下代码：

```
// 所在包名
package com.example.pageability.slice;
// 导入模块
import com.example.pageability.ResourceTable;
import ohos.aafwk.ability.AbilitySlice;
import ohos.aafwk.content.Intent;
import ohos.agp.window.dialog.ToastDialog;
public class OtherPageAbilitySliceDetail extends AbilitySlice {
    @Override
    public void onStart(Intent intent) {
        super.onStart(intent);
        // 设置布局文件
        super.setUIContent(ResourceTable.Layout_ability_other_detail);
        // 将参数 toast 展示出来
        ToastDialog toast = new ToastDialog(this.getContext());
        toast.setText(intent.getStringParam("title"));
        toast.show();
    }
}
```

对应地，在 layout 文件夹中新建一个名为 ability_other_detail.xml 的布局文件，简单编写布局代码如下：

```
<?xml version="1.0" encoding="utf-8"?>
<DirectionalLayout
    xmlns:ohos="http://schemas.huawei.com/res/ohos"
    ohos:height="match_parent"
    ohos:width="match_parent"
    ohos:alignment="center"
    ohos:orientation="vertical">
    <Text
        ohos:id="$+id:text_detail"
        ohos:height="match_content"
        ohos:width="match_content"
        ohos:background_element="$graphic:background_ability_other"
        ohos:layout_alignment="horizontal_center"
        ohos:text="Other Detail"
        ohos:text_size="40vp"
        />
</DirectionalLayout>
```

若要支持从其他 Page Ability 直接跳转到此 Slice，需要在 OtherPageAbility 中对其进行路由注册，代码如下：

```
public class OtherPageAbility extends Ability {
    @Override
    public void onStart(Intent intent) {
        super.onStart(intent);
        super.setMainRoute(OtherPageAbilitySlice.class.getName());
        // 注册路由，名字为 action.other.detail
        addActionRoute("action.other.detail", OtherPageAbilitySliceDetail.
        class.getName());
    }
}
```

除此之外，还需要在 config.json 文件中进行路由配置，在 ability 配置选项下找到 OtherPageAbility 的配置项，在 skills 中新增一个 action 路由，代码如下：

```
{
"skills": [
```

```
  {
      "actions": [
        "action.other.detail"
      ]
  }
],
"name": "com.example.pageability.OtherPageAbility",
"description": "$string:otherpageability_description",
"icon": "$media:icon",
"label": "$string:entry_OtherPageAbility",
"launchType": "standard",
"orientation": "unspecified",
"visible": true,
"type": "page"
}
```

之后，便可以从其他 Page Ability 直接导航到 OtherPageAbility 的 OtherPageAbilitySliceDetail 页面，代码如下：

```
Intent i = new Intent();
Operation operation = new Intent.OperationBuilder()
        .withAbilityName(OtherPageAbility.class.getName())  // 指定 PageAbility 名
        .withBundleName("com.example.pageability")          // 指定所在包名
        .withAction("action.other.detail")              // 指定要跳转到的 Slice 路由
        .build();
i.setOperation(operation);
i.setParam("title", "title data");
startAbilityForResult(i,1);
```

这种导航场景下的传参与前面介绍的直接跳转到其他 Page Ability 的主页的方式一致，这里不再赘述。

2.1.4　关于 Service Ability

Service 的本意是服务，Service Ability 是 PA 的一种，用来处理某些任务，通常情况是处理后台任务，如播放音乐、下载文件等。Service Ability 没有交互界面，而是通过其他 Ability 进行启动，当任务执行完成后，其也自行结束。

Service Ability 是以单例的形式实现的，相同的 Service 最多只存在一个实例。首先来创建一个 Service Ability。

在工程文件导航区中与 MainAbility 同级的目录下右击，选择新建文件中的 Service Ability 模板，将新创建的文件命名为 ServiceAbility。创建完成后，config.json 文件夹中会自动配置好新建的 ServiceAbility 类，如下：

```
{
"name": "com.example.pageability.ServiceAbility",
"description": "$string:serviceability_description",
"type": "service",
"backgroundModes": [],
"icon": "$media:icon"
}
```

ServiceAbility 类中默认实现了一些方法，这些方法其实就是 Service Ability 的生命周期方法，添加一个 showToast 方法，通过弹框信息来观察 Service Ability 的任务执行情况，修改 ServiceAbility 类代码如下：

```
package com.example.pageability;                // 包名
// 引入模块
import ohos.aafwk.ability.Ability;
import ohos.aafwk.content.Intent;
import ohos.agp.window.dialog.ToastDialog;
import ohos.rpc.IRemoteObject;
import java.util.Timer;
import java.util.TimerTask;
public class ServiceAbility extends Ability {
    // 弹窗方法
    void showToast(String msg) {
        ToastDialog toastDialog = new ToastDialog(this.getContext());
        toastDialog.setText(msg);               // 设置弹窗文案
        toastDialog.show();                     // 弹出弹窗
    }
    @Override
    public void onStart(Intent intent) {        // 启动 Service 时的回调
        super.onStart(intent);
```

```
        showToast("onStart");
        // 设置一个延迟任务，延迟 2 秒后结束此 Service
        TimerTask task = new TimerTask() {
            @Override
            public void run() {
                terminateAbility();                 // 结束当前 Service
            }
        };
        Timer timer = new Timer();                  // 创建定时器实例
        timer.schedule(task, 2000);                 // 使用定时器执行延迟任务
    }
    @Override
    public void onBackground() {                    // Service 进入后台的回调
        super.onBackground();
        showToast("onBackground");
    }
    @Override
    public void onStop() {                          // Service 结束的回调
        super.onStop();
        showToast("onStop");
    }
    @Override
    public void onCommand(Intent intent, boolean restart, int startId) { // 启动后调用
        showToast("onCommand");
    }
    @Override
    public IRemoteObject onConnect(Intent intent) { // 建立连接时调用
        showToast("onConnect");
        return null;
    }
    @Override
    public void onDisconnect(Intent intent) {       // 断开连接时调用
        showToast("onDisconnect");
    }
}
```

关于这些生命周期方法的意义，之后再进行详细介绍。现在尝试启动此 Service Ability。在 ability_main.xml 文件中新增一个按钮组件，代码如下：

```
<Button
ohos:id="$+id:route_button4"
ohos:height="match_content"
ohos:width="match_parent"
ohos:text=" 启动 ServiceAbility"
ohos:text_size="40vp"
ohos:top_margin="40vp"
/>
```

在 MainAbilitySlice 类中实现此按钮的单击事件如下：

```
Button btn4 = (Button) findComponentById(ResourceTable.Id_route_button4);
btn4.setClickedListener(new Component.ClickedListener() {
    @Override
    public void onClick(Component component) {
        Intent i = new Intent();                  // 新建 Intent 实例
        Operation operation = new Intent.OperationBuilder()
                .withDeviceId("")                 // 设置设备 Id，当前设备可设置为空字符串
                .withAbilityName("com.example.pageability.ServiceAbility")
                // Ability 名
                .withBundleName("com.example.pageability")   // Ability 所在包名
                .build();
        i.setOperation(operation);
        i.setParam("data", "service data");
        startAbility(i);
    }
});
```

运行示例代码，单击页面上的“启动 ServiceAbility”按钮，通过页面的 Toast 查看 Service Ability 的工作流程。

2.1.5 Service Ability 的生命周期和保持后台运行

Service Ability 的生命周期方法主要包括 onStart、onCommand、onConnect、onDisconnect、onBackground 和 onStop。

其中，onStart 方法在创建 Service 时调用，用于 Service 初始化，在完整的 Service 生命周期中只会调用一次，当通过 Intent 来启动 Service 时，如果要启动的 Service 已经存在，则不会再调用此方法，而会直接调用 onCommand 进行启动。还有一点需要注意，此方法传入的 Intent 参数是空的。

onCommand 方法在 Service 创建完成后会被调用，且每次启动 Service 时，如果当前 Service 没有被销毁，则都会调用此方法。此方法的 Intent 参数获取外界传递进来的数据。在此方法中进行要执行的任务的初始化、开启任务等。

onConnect 和 onDisconnect 方法分别在其他 Ability 与 Service 连接和断开连接时调用。Service 不仅支持和当前设备的 Ability 进行连接，也支持和其他设备的 Ability 进行连接。

onBackground 方法会在 Service 进入后台时调用，onStop 方法在 Service 销毁时调用，在 Service Ability 中调用 terminateAbility 方法时应关闭当前 Service，关闭后的 Service 如果再次被启动，会重新调用 onStart 生命周期方法。

通常，Service Ability 都是在静默地执行后台任务，这时的 Service 优先级较低，当系统资源不足时，会对其进行回收。如果想让 Service 一直保持运行（如播放音乐时），可以通过调用 keepBackgroundRunning 方法保活，此方法绑定一个通知，在通知栏中显示当前正在执行的任务。

首先需要配置保持后台运行权限，在 config.json 中与 abilities 配置项同级的位置添加如下配置：

```
"reqPermissions": [
  {"name":"ohos.permission.KEEP_BACKGROUND_RUNNING"}
]
```

还需要修改对应的 Service Ability 的配置选项，添加支持的后台模式，如下：

```
{
"name": "com.example.pageability.ServiceAbility",
"description": "$string:serviceability_description",
"type": "service",
"backgroundModes": ["audioPlayback"],
"icon": "$media:icon"
}
```

其中，audioPlayback 表示音频输出业务。

下面，在 ServiceAbility 的 onStart 方法中来启动保持后台运行，代码如下：

```
@Override
public void onStart(Intent intent) {
    super.onStart(intent);
    showToast("onStart");
    // 创建通知请求，设置 id 为 1005
    NotificationRequest request = new NotificationRequest(1005);
    // 创建通知内容实例
    NotificationRequest.NotificationNormalContent content = new
    NotificationRequest.NotificationNormalContent();
    // 设置标题与内容文案
    content.setTitle(" 服务 ").setText(" 音乐播放 ");
    NotificationRequest.NotificationContent notificationContent = new
    NotificationRequest.NotificationContent(content);
    request.setContent(notificationContent);
    // 将当前 Service 绑定到对应通知
    keepBackgroundRunning(1005, request);
}
```

运行代码，启动 Service 后，会看到系统的通知栏会常驻一条通知，如图 2.5 所示。

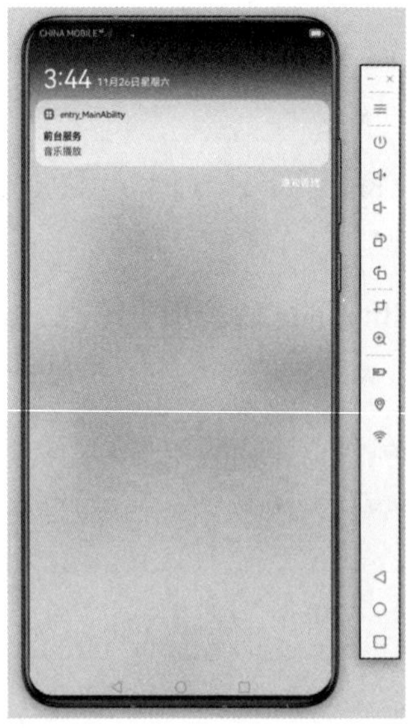

图 2.5　将 Service 与通知绑定

注意，对于保持后台运行的 Service，当任务结束后，需要手动调用 cancelBackgroundRunning

方法来结束后台运行，通常会在 onStop 回调方法中调用，代码如下：

```
@Override
public void onStop() {
    super.onStop();
    showToast("onStop");
    cancelBackgroundRunning();                  // 取消保持后台运行
}
```

2.1.6　关于 Data Ability

和 Service Ability 一样，Data Ability 也是 PA 的一种，其用来管理应用程序自身以及与其他应用程序间的数据访问。Data Ability 的访问是通过 URI 实现的，URI 可以理解为找到 Data Ability 的路径。一个完整的 URI 组成如下：

```
协议名 :// 设备 ID/ 路径 / 参数 / 子资源
```

注意，当访问的 Data Ability 为本地 Ability 时，设备 ID 为空，协议名后需要跟 3 个斜杠。

首先创建一个 Data Ability，DevEco Studio 工具中提供了对象的模板，在 com.example.pageability 包下进行创建，命名为 DataAbility。模板生成的代码如下，并添加一些 Toast 信息：

```
package com.example.pageability;                // 包名
// 引入模块
import ohos.aafwk.ability.Ability;
import ohos.aafwk.content.Intent;
import ohos.agp.window.dialog.ToastDialog;
import ohos.data.resultset.ResultSet;
import ohos.data.rdb.ValuesBucket;
import ohos.data.dataability.DataAbilityPredicates;
import ohos.utils.net.Uri;
import ohos.utils.PacMap;
import java.io.FileDescriptor;
public class DataAbility extends Ability {
    void showToast(String msg) {
        ToastDialog toastDialog = new ToastDialog(this.getContext());
        toastDialog.setText(msg);
        toastDialog.show();
```

```
}
// Ability创建时调用的方法
@Override
public void onStart(Intent intent) {
    super.onStart(intent);
    showToast("onStart");
}
// 数据查询
@Override
public ResultSet query(Uri uri, String[] columns, DataAbilityPredicates
predicates) {
    return null;
}
// 数据插入
@Override
public int insert(Uri uri, ValuesBucket value) {
    showToast("insert");
    return 999;
}
// 数据删除
@Override
public int delete(Uri uri, DataAbilityPredicates predicates) {
    showToast("delete");
    return 0;
}
// 数据更新
@Override
public int update(Uri uri, ValuesBucket value, DataAbilityPredicates
predicates) {
    showToast("update");
    return 0;
}
// 打开文件
@Override
public FileDescriptor openFile(Uri uri, String mode) {
```

```
        showToast("openFile");
        return null;
    }
    // 获取支持文件类型
    @Override
    public String[] getFileTypes(Uri uri, String mimeTypeFilter) {
        showToast("getFileTypes");
        return new String[0];
    }
    // 调用方法
    @Override
    public PacMap call(String method, String arg, PacMap extras) {
        showToast("call");
        return null;
    }
    // 根据 URI 获取资源类型
    @Override
    public String getType(Uri uri) {
        showToast("getType");
        return null;
    }
}
```

从代码中可以看到，模板中生成的是一套完整的访问数据的接口，具体的数据如何存储和访问实际上是由开发者自行实现的，既可以通过数据库来存储和处理数据，也可以通过文件来存储和处理数据，或者通过内存来存储和处理数据，数据的具体处理后面的章节会介绍。现在只需要理解，Data Ability 提供了统一的对外接口。

通过在 config.json 中进行简单的配置以访问 Data Ability，首先在 Abilities 项中新增一个 Ability 的配置，代码如下：

```
{
"name": "com.example.pageability.DataAbility",
"description": "$string:dataability_description",
"type": "data",
"uri": "dataability://com.example.pageability.DataAbility",
"icon": "$media:icon",
```

```
"permissions": [
  "com.example.pageability.DataAbility.DATA"
]
}
```

Data Ability 的独特之处在于，需要配置一个 uri，此 uri 即是用来访问当前 Ability 的路径。还需要配置一个 permissions，要访问 Data Ability 的应用都需要声明这个自定义权限。在 defPermissions 项中新增一个自定义权限，代码如下：

```
"defPermissions": [
  {
    "name": "com.example.pageability.DataAbility.DATA",
    "grantMode": "user_grant",
    "availableScope": []
  }
]
```

此外，还需要在 reqPermissions 项中新增一个数据访问权限，如下：

```
"reqPermissions": [
  {
    "name": "com.example.pageability.DataAbility.DATA"
  }
]
```

下面，在 ability_main.xml 布局文件中新增加一个按钮，用来测试 Data Ability 的访问：

```
<Button
    ohos:id="$+id:route_button5"
    ohos:height="match_content"
    ohos:width="match_parent"
    ohos:text=" 访问 DataAbility"
    ohos:text_size="40vp"
    ohos:top_margin="40vp"
/>
```

在 MainAbilitySlice 中实现按钮的单击事件，代码如下：

```
// 获取组件实例
Button btn5 = (Button) findComponentById(ResourceTable.Id_route_button5);
```

```
DataAbilityHelper helper = DataAbilityHelper.creator(this);
// 创建 DataAbilityHelper 实例
btn5.setClickedListener(new Component.ClickedListener() {
    @Override
    public void onClick(Component component) {               // 实现单击事件
        ValuesBucket valuesBucket = new ValuesBucket();      // 创建要插入的数据实例
        valuesBucket.putString("name", "张三");              // 设置要插入的数据信息
        valuesBucket.putInteger("age", 31);
        // 创建 URI 实例
        Uri uri = Uri.parse("dataability:///com.example.pageability.
        DataAbility");
        try {
            helper.insert(uri, valuesBucket);                // 插入数据
        } catch (Exception e){
        };
    }
});
```

运行代码，单击此按钮，通过 Toast 信息看到，DataAbility 对应执行了 insert 方法，并且在 insert 方法中获取了要插入的数据 ValuesBucket 实例。当然此处并没有真正实现数据插入，只是为了演示 Data Ability 的使用方式。

> **温馨提示：** 本节使用了很多关于权限的知识。在 HarmonyOS 中，权限是保证应用安全的重要方式，后面会专门系统地对权限的相关知识进行介绍。

2.2　公共事件的发布和订阅

在 App 应用运行过程中，会发生各种各样的系统事件，开发者可以对这些事件进行订阅，从而在这些事件发生时感知到。例如，用户锁屏事件、WIFI 连接状态变化事件等。除了这些系统事件外，有时根据业务逻辑的需要，开发者也需要发布一些自定义的公共事件。在 HarmonyOS 中，公共事件的订阅主要由 CommonEventSubscriber 和 CommonEventSubscribeInfo 类实现；公共事件的发布则主要由 CommonEventData 和 CommonEventPublishInfo 类实现。

2.2.1 订阅公共事件

先来实现公共事件的订阅，新建一个 HarmonyOS 模板工程，将其命名为 EventDemo；新建一个命名为 CommonSubscribe 的类，用来接收监听的事件。实现代码如下：

```
// 包名
package com.example.eventdemo;
// 模块引入
import ohos.event.commonevent.CommonEventData;
import ohos.event.commonevent.CommonEventSubscribeInfo;
import ohos.event.commonevent.CommonEventSubscriber;
import ohos.hiviewdfx.HiLog;
import ohos.hiviewdfx.HiLogLabel;
// 需要继承于 CommonEventSubscriber
public class CommonSubscribe extends CommonEventSubscriber {
    static final HiLogLabel LABEL = new HiLogLabel(HiLog.LOG_APP, 0x0024, "MY_TAG");
    public CommonSubscribe(CommonEventSubscribeInfo subscribeInfo) {
        super(subscribeInfo);
    }
    // 此方法当被监听的事件发生时会被调用
    @Override
    public void onReceiveEvent(CommonEventData commonEventData) {
        HiLog.debug(LABEL, " 接收到屏幕锁屏 ");
    }
}
```

CommonEventSubscriber 用来构造公共事件监听者，需要通过 CommonEventSubscribeInfo 来构造实例。在 MainAbilitySlice 类中编写如下方法：

```
private void addEventListener() {
    // 设置要监听的事件
    MatchingSkills matchingSkills = new MatchingSkills();
    // 监听屏幕熄灭事件
    matchingSkills.addEvent(CommonEventSupport.COMMON_EVENT_SCREEN_OFF);
    // 创建监听者实例
    CommonEventSubscribeInfo info = new CommonEventSubscribeInfo(matchingSkills);
    CommonSubscribe mySubscribe = new CommonSubscribe(info);
```

```
    try {
        CommonEventManager.subscribeCommonEvent(mySubscribe);
    } catch(RemoteException e) {
    }
}
```

在当前 AbilitySlice 类的 onStart 方法中对 addEventListener 方法进行调用，之后运行代码，按锁屏键息屏后，即会调用监听类内部的 onReceiveEvent 方法。

2.2.2　发布自定义公共事件

自定义公共事件的发布需要使用CommonEventManager类，发布时通过Intent来传递数据。首先在 ability_main.xml 中新增一个按钮组件，代码如下：

```
<Button
ohos:id="$+id:button"
ohos:height="match_content"
ohos:width="match_parent"
ohos:text="发布自定义公共事件"
ohos:text_size="40vp"
ohos:top_margin="40vp"
/>
```

在 MainAbilitySlice 类中获取此按钮组件实例，并添加单击交互方法来发布公共事件，代码如下：

```
Button button = (Button) findComponentById(ResourceTable.Id_button);
button.setClickedListener(new Component.ClickedListener() {
    @Override
    public void onClick(Component component) {
        try {
            // 创建 Intent 实例
            Intent intent = new Intent();
            // 创建 Operation 实例，action 需要设置为要发布的事件名
            Operation operation = new Intent.OperationBuilder().withAction
                                ("custom.event").build();
            intent.setOperation(operation);
            // 创建公共事件数据对象
```

```
                CommonEventData eventData = new CommonEventData(intent);
                // 发布自定义公共事件
                CommonEventManager.publishCommonEvent(eventData);
            } catch (RemoteException e) {}
        }
});
```

修改前面编写的监听事件的代码，为 MatchingSkills 新增一个监听事件，如下：

```
MatchingSkills matchingSkills = new MatchingSkills();
matchingSkills.addEvent("custom.event");
```

运行代码，单击屏幕中的按钮，即可收到发送的自定义公共事件。

最后，如果要退订公共事件的监听，方法如下：

```
CommonEventManager.unsubscribeCommonEvent(mySubscribe);
```

2.3 线程管理

当一个应用程序启动时，系统会自动为其创建一个进程。此进程会持续运行直到用户关闭应用，或当系统资源不足时，被系统回收。同时，创建每个应用进程时，系统会为其创建一个执行线程，此线程会随着应用创建或消失，是应用的核心线程，因此也被称为“主线程”。

通常大多数任务都会在应用主线程中执行，如 UI 界面的显示和更新、逻辑代码的执行等。但并非所有的操作都适合放在主线程，当某些任务明显会耗时过久时，一般会创建一个新的线程来执行它，如下载任务、数据查询任务等。本节将讨论在 HarmonyOS 中使用多线程技术。

2.3.1 使用任务分发器

虽然使用线程可以提高程序的执行效率，优化用户的体验，但是对线程的管理是非常烦琐的。幸运的是，HarmonyOS 提供了任务分发器来统一管理线程。在实际开发中，用户无须关心线程的创建和销毁，无须关心线程的依赖关系。

编写如下示例代码：

```
private void runGlobalTaskSync() {
    // 创建任务分发器
    TaskDispatcher globalTaskDispatcher =getGlobalTaskDispatcher(
                                            TaskPriority.DEFAULT);
```

```
    // 添加一个同步任务
    globalTaskDispatcher.syncDispatch(new Runnable() {
        @Override
        public void run() {
            HiLog.info(LABEL, "后台同步任务 1 执行");
        }
    });
     // 添加一个同步任务
    globalTaskDispatcher.syncDispatch(new Runnable() {
        @Override
        public void run() {
            HiLog.info(LABEL, "后台同步任务 2 执行");
        }
    });
     // 添加一个同步任务
    globalTaskDispatcher.syncDispatch(new Runnable() {
        @Override
        public void run() {
            HiLog.info(LABEL, "后台同步任务 3 执行");
        }
    });
    HiLog.info(LABEL, "主线程任务执行");
}
```

上面代码中，getGlobalTaskDispatcher 方法用来获取全局的任务分发器，其参数决定了分发器的优先级，见表 2.1。

表 2.1　分发器的优先级

优先级	意　义
HIGH	高优先级，通常用来执行实时性较高的任务
DEFAULT	默认优先级
LOW	低优先级

得到 TaskDispatcher 实例对象后，调用 syncDispatch 方法同步执行任务，所谓同步是指此任务的执行会阻塞当前线程（示例代码中即主线程），任务执行完成后主线程才能继续。运

行过程中，控制台输出信息如下：

```
1020-26154/com.example.eventdemo I 00024/MY_TAG:  后台同步任务 1 执行
11020-26155/com.example.eventdemo I 00024/MY_TAG:  后台同步任务 2 执行
11020-26156/com.example.eventdemo I 00024/MY_TAG:  后台同步任务 3 执行
11020-11020/com.example.eventdemo I 00024/MY_TAG:  主线程任务执行
```

TaskDispatcher 也提供了异步执行的方法，即不会阻塞当前线程，更多的时候会使用异步的方式执行任务，例如：

```
private void runGlobalTaskASync() {
    TaskDispatcher globalTaskDispatcher = getGlobalTaskDispatcher(
                                          TaskPriority.DEFAULT);
    globalTaskDispatcher.asyncDispatch(new Runnable() {
        @Override
        public void run() {
            HiLog.info(LABEL, "后台异步任务执行");
        }
    });
    HiLog.info(LABEL, "主线程任务执行");
}
```

运行代码，控制台输出信息如下：

```
11023-11023/com.example.eventdemo I 00024/MY_TAG:  主线程任务执行
11023-27355/com.example.eventdemo I 00024/MY_TAG:  后台异步任务执行
```

可以看到，后台任务的执行并不会阻塞当前线程中任务的执行。

2.3.2 任务分发器示例

2.3.1 小节介绍了 getGlobalTaskDispatcher 方法，此方法获取的任务分发器是全局的，整个应用运行过程中只有一个 GlobalTaskDispatcher，因此，放入太多的任务会严重影响此任务分发器的性能。更多的时候会将一些后台不重要的任务交给这个任务分发器处理。

除此之外，可以使用 createParallelTaskDispatcher 方法创建并行任务分发器 ParallelTaskDispatcher，并行是指交给这个任务分发器执行的任务是并行执行的，即没有先后顺序的依赖。对于大量无关联的任务，交给这个任务分发器处理。

createSerialTaskDispatcher 方法用于创建串行的任务分发器 SerialTaskDispatcher，其和

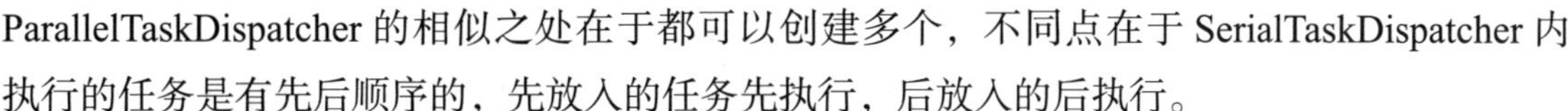

ParallelTaskDispatcher 的相似之处在于都可以创建多个，不同点在于 SerialTaskDispatcher 内执行的任务是有先后顺序的，先放入的任务先执行，后放入的后执行。

另外，还有一种专有任务分发器：SpecTaskDispatcher。此任务分发器会绑定到一个专门的线程上，所有任务都在这个专门的线程上执行。例如，需要 UI 线程执行的任务，就放入 UI 专有任务分发器中执行，使用如下代码获取此任务分发器：

```
TaskDispatcher uiTaskDispatcher = getUITaskDispatcher();
```

任务分发器还有很多高级用法，如延迟执行、设置任务间依赖关系等，后面使用这些场景时再做具体的介绍。

> **温馨提示：** 在实际项目开发中，多线程技术非常重要，平时使用的应用程序大多有网络功能，网络获取数据本身就是一个耗时的操作，应用多线程技术在使用过程中才不会感觉到卡顿。

2.4　剪贴板的使用

HarmonyOS 系统提供了剪贴板服务，可以将简单的数据在应用程序之间进行传递。例如，在 A 应用程序中将某些数据复制到剪贴板中，并在 B 应用中进行读取。

剪贴板的使用非常简单，使用如下方法即可获取系统的剪贴板实例：

```
SystemPasteboard pasteboard = SystemPasteboard.getSystemPasteboard(this.
getContext());
```

之后，使用 SystemPasteboard 实例调用 set 和 get 相关的方法来设置和获取剪贴板数据，见表 2.2。

表 2.2　set 和 get 相关的方法

方法名	意　义
getSystemPasteboard	获取系统剪贴板实例对象
getPasteData	读取当前系统剪贴板中的数据
hasPasteData	判断当前剪贴板中是否有内容
setPasteData	将数据写入剪贴板
clear	清空系统剪贴板数据
addPasteDataChangedListener	添加剪贴板数据变化的回调监听
removePasteDataChangedListener	移除监听

剪贴板中承载的数据都是 PasteData 类型的，可以直接通过字符串来构建 PasteData 对象。

实际开发中，更多时候需要监听系统剪贴板的内容变化，如果发现用户复制的内容符合预定义的格式要求，则执行相关的业务。

```
private void addPasteListener() {
    SystemPasteboard pasteboard = SystemPasteboard.getSystemPasteboard(this.
                                    getContext());
    pasteboard.addPasteDataChangedListener(new IPasteDataChangedListener() {
        @Override
        public void onChanged() {
            // 剪贴板数据变化的回调
        }
    });
}
```

2.5 配置文件详解

在上述章节中介绍过应用的配置文件 config.json，通过此文件，可以对 Ability、权限、窗口样式等进行配置。此文件本身是一个 JSON 格式的文件，最外层由 3 部分组成，分别为 app、deviceConfig 和 module，下面分别进行介绍。

2.5.1 app 配置项

app 配置项主要包含应用的全局配置信息，可配置字段见表 2.3。

表 2.3 app 配置可配置字段

字段名	意 义	类 型
bundleName	设置应用包名	字符串
vender	厂商描述	字符串
version	应用程序的版本	Version 对象，包含 name、code 等信息
smartWindowSize	设置悬浮窗场景下的模拟窗口尺寸	字符串
smartWindowDeviceType	设置在哪些设备上使用模拟窗口打开	字符串枚举：phone、tablet、tv

续表

字段名	意　义	类　型
targetBundleList	设置允许以免安装的方式拉起其他 HarmonyOS 应用	字符串

2.5.2 deviceConfig 配置项

deviceConfig 主要提供设备配置项，其最外层用来指定要配置的设备类型，支持的配置项见表 2.4。

表 2.4　deviceConfig 配置项可配置字段

字段名	意　义	类　型
default	所有设备通用配置信息	对象
phone	手机类设备配置信息	对象
tablet	平板类设备配置信息	对象
tv	智慧屏类设备配置信息	对象
car	车机类设备配置信息	对象
wearable	智能穿戴设备配置信息	对象
liteWearable	轻量穿戴设备配置信息	对象
smartVision	智能摄像头设备配置信息	对象

每个设备项内部可配置的属性列举见表 2.5。

表 2.5　设备项内部可配置属性

字段名	意　义	类　型
jointUserId	应用共享 userId	字符串
process	进程名	字符串
supportBackup	设置是否支持备份和恢复	布尔值
compressNaticeLibs	是否压缩 libs 库	布尔值
network	网络安全性配置	对象

2.5.3 module 配置项

module 是应用程序最重要的配置项，其中可配置的字段见表 2.6。

表 2.6 module 配置项可配置字段

字段名	意 义	类 型
mainAbility	设置应用的入口 ability 名称	字符串
package	包结构名称	字符串
name	HAP 类名	字符串
description	HAP 的描述信息	字符串
supportedModes	设置支持的运行模式	字符串数组
deviceType	设置允许运行的设备类型	字符串数组
distro	HAP 发布的具体描述	对象
metaData	HAP 的元信息	对象
abilities	当前模块内所有的 Ability 配置	对象数组
js	JS 模块信息	对象数组
shortcuts	应用的快捷方式信息	对象数组
defPermissions	应用定义的权限	对象数组
reqPermissions	应用向系统申请的权限	对象数组
colorMode	颜色模式	字符串枚举：dark、light、auto
resizeable	是否支持多窗口特性	布尔值
distroFilter	应用的分发规则	对象

其中，abilities 是最常用的配置项，在其中对应用的主入口、桌面图标等进行配置，每个 ability 配置对象可配置的属性见表 2.7。

表 2.7 ability 配置对象可配置属性

属性名	意 义	属 性
name	Ability 名称	字符串
description	Ability 描述	字符串
icon	图标资源文件索引	字符串
label	显示的名称	字符串

续表

属性名	意　义	属　性
uri	路由配置	字符串
launchType	启动模式	字符串
visible	是否被其他应用调用	布尔值
permissions	其他应用调用 Ability 要申请的权限	字符串数组
skills	Ability 可接收的 Intent 特征	对象数组
deviceCapability	运行时要求设备具有的能力	字符串数组
metaData	元信息	对象
type	Ability 类型	字符串枚举：page、service、data、CA
orientation	Ability 的显示模式	字符串枚举：unspecified（自动）、landscape（横屏）、portrait（竖屏）、follow-Recent（跟随之前）
backgroundModes	设置后台服务类型	字符串数组
readPermission	读取数据权限	字符串
writePermission	写入数据权限	字符串
configChanges	系统配置变更回调	字符串数组
mission	Ability 指定的任务栈	字符串
targetAbility	重用的目标 Ability	字符串
multiUserShared	是否支持用户状态共享	布尔值
supportPipMode	是否支持小窗模式	布尔值
formsEnabled	是否支持卡片功能	布尔值
forms	服务卡片属性	对象数组
resizeable	是否支持多窗口特性	布尔值

2.6　内容回顾

本章介绍了开发应用程序的重中之重：Ability 的应用。Ability 是整个应用程序的骨架，用户交互页面、任务处理以及数据服务都离不开 Ability。熟练地掌握几种 Ability 的用法是开发完整的复杂应用程序的基础。现在，尝试通过下面几个问题回顾一下本章所学习的知识吧。

1. 从宏观上看，Ability 分为几种？每一种 Ability 下又有哪些具体的 Ability？它们分别担任着怎样的职责？

温馨提示：宏观上 Ability 分为 FA 和 PA，FA 着眼于用户交互，其下有 Page Ability；PA 着眼于后台任务与数据服务，没有用户交互页面，其下有 Service Ability 和 Data Ability，分别从这 3 种 Ability 的功能和用法上做分析。

2. Page Ability 和 Ability Slice 之间是怎样的关系？

温馨提示：Page Ability 理解为一个完整的功能模块。一个完整的功能模块有时不仅仅只有一个用户界面，Ability Slice 承担了构建具体的每个用户界面的责任。一个 Page Ability 中包含多个 Ability Slice。

3. 为何需要使用 Data Ability？

温馨提示：诚然，即使不使用 Data Ability，也可以直接做文件读取、数据库操作等行为，但是这样的开发方式会使应用的数据管理产生混乱，无法有效和统一地控制数据的访问权限和行为。并且，若需要为其他应用提供数据支持，则需要有统一的协议来对如何访问数据进行规范，这正是 Data Ability 的作用。

4. 多线程是一种怎样的技术？ HarmonyOS 中如何应用多线程技术？

温馨提示：默认情况下，UI 的渲染和逻辑代码都是在主线程中执行的，有时为了提高代码的执行效率或优化用户的体验，需要使用额外的线程来处理耗时任务。在 HarmonyOS 中使用 TaskDispatcher 来实现多线程技术，实现创建任务分发器，能够支持同步 / 异步的执行任务，而且创建任务分发器也支持串行和并行方式，非常方便。

5. 能否回忆下，在日常生活中使用的应用里，剪贴板在哪些场景下会用到？

温馨提示：账号、手机号、地址发送可能会用到剪贴板，有些应用分享的场景也会用到。

第 3 章

人靠衣装马靠鞍——UI 组件基础

对于移动应用来说，界面是必不可少的。设计优良的界面和交互可以极大地提高用户的使用体验。

在 HarmonyOS 开发框架中，官方提供了很多与界面相关的功能组件，通过对这些原生组件的组合和扩展，可以开发出结构更复杂、功能更强大的用户界面。本章将对一些基础的独立 UI 组件进行介绍，如文本组件、按钮组件、输入框组件等。掌握这些基础的 UI 组件是开发复杂页面的基础。

通过本章，将学习以下知识点：

- Text 文本组件的使用。
- Button 按钮组件的使用。
- TextField 文本输入框组件的使用。
- Image 图片组件的使用。
- Picker 选择器组件的使用。
- Switch 开关组件的使用。
- RadioButton 和 Checkbox 单 / 多选框组件的使用。
- PorgressBar 进度条组件的使用。
- Toast 和 Popup 等弹窗组件的使用。

3.1 在页面显示文字与图片

文本与图片是构成用户页面最基础的两种元素。HarmonyOS 开发框架中内置的 Text 和 Image 组件分别用来渲染文本和图片。本节将对这两种常用的 UI 组件进行介绍。

3.1.1 UI 组件的基类 Component

文本是页面中必不可少的一种元素。在前面章节的示例工程中，就有使用 Text 文本组件。文本组件用来显示文本，方便地控制文本的字体、字号、颜色等样式属性。在具体介绍 Text 组件前，需要先了解 Component 组件类，Component 是所有 UI 组件的基类，其中定义了所有 UI 组件所需要的通用属性。下面通过示例代码来体验。

新建一个命名为 textDemo 的模板工程，默认生成的模板代码中会包含一个名为 ability_main.xml 的布局文件，其中就包含 Text 组件，代码如下：

```
<Text
    ohos:id="$+id:text_helloworld"
    ohos:height="match_content"
    ohos:width="match_content"
    ohos:background_element="$graphic:background_ability_main"
    ohos:layout_alignment="horizontal_center"
    ohos:text="$string:mainability_HelloWorld"
    ohos:text_size="40vp"
    />
```

示例代码中的 Text 组件设置的属性在开发中几乎都是必要的，其中的 id、height、width 等属性实际上是所有 UI 组件所通用的，这些属性即是定义在 Component 父类中的。

Component 组件中封装的常用基础属性见表 3.1。

表 3.1　常用基础属性

属性名	类　型	意　义
id	整型	组件的唯一标识，通过此标识在 Java 代码中获取组件实例
theme	样式资源	设置组件的样式
width	浮点型	必填项，设置组件的宽度

续表

属性名	类　型	意　义
height	浮点型	必填项，设置组件的高度
min_width	浮点型	设置组件的最小宽度
min_height	浮点型	设置组件的最小高度
alpha	浮点型	设置组件的透明度
clickable	布尔型	设置组件是否允许用户单击
long_click_enabled	布尔型	设置组件是否支持用户长按
enabled	布尔型	设置组件是否有效
visibility	枚举	设置组件是否可见枚举值： ● visible：控件可见。 ● invisible：不可见，但仍然占据布局位置。 ● hide：不可见，不占用布局位置
layout_direction	枚举	设置组件的布局方向枚举值： ● ltr：水平从左向右。 ● rtl：水平从右向左。 ● inherit：继承父组件。 ● locale：跟随系统设置
background_element	Element 类型	设置背景图层
foreground_element	Element 类型	设置前景图层
component_description	字符串类型	组件描述

表 3.1 列举的基础属性中，有些属性是和组件的布局有关的，如可见性和尺寸等。在 Component 类中还封装了大量与组件布局位置相关的属性，见表 3.2。

表 3.2　组件布局位置相关的属性

属性名	类　型	意　义
padding	浮点型	设置组件的内边距
left_padding	浮点型	设置组件的左内边距
start_padding	浮点型	设置组件在水平布局方向上的前内边距
right_padding	浮点型	设置组件的右内边距
end_padding	浮点型	设置组件在水平布局方向上的后内边距
top_padding	浮点型	设置组件的上内边距
bottom_padding	浮点型	设置组件的下内边距

续表

属性名	类　型	意　义
margin	浮点型	设置组件的外边距
left_margin	浮点型	设置组件的左外边距
start_margin	浮点型	设置组件在水平布局方向上的前外边距
right_margin	浮点型	设置组件的右外边距
end_margin	浮点型	设置组件在水平布局方向上的后外边距
top_margin	浮点型	设置组件上外边距
bottom_margin	浮点型	设置组件下外边距

与 padding 和 margin 相关的属性都是控制组件的边距，其中 padding 和 margin 用来控制组件所有方向上的边距，但其优先级没有单独方向上的边距控制属性的高。例如，设置 padding 属性和 left_padding 属性，则对于左侧内边距，left_padding 属性会生效。同样，左右方向上的边距控制属性的优先级也不如前后方向上的控制属性的优先级高。例如，对于从左向右的水平布局，left_margin 和 start_margin 属性都设置时，start_margin 属性会生效。

有些视图组件内容的尺寸可能会远远超出视图控件本身的尺寸，在这种情况下，通常会使用可滚动的视图。Component 基类中也封装了与滚动条控制相关的属性，见表 3.3。

表 3.3　滚动条控制相关属性

属性名	类　型	意　义
scrollbar_thickness	浮点型	设置滚动条的宽度
scrollbar_start_angle	浮点型	设置滚动条的起始角度
scrollbar_sweep_angle	浮点型	设置滚动条的扫描角度
scrollbar_background_color	Color 类型	设置滚动条的背景颜色
scrollbar_color	Color 类型	设置滚动条的颜色
scrollbar_fading_enabled	布尔型	设置滚动条是否支持隐藏
scrollbar_overlap_enabled	布尔型	设置滚动条是否可重叠
scrollbar_fading_delay	整型	设置滚动条隐藏的延迟时间，单位为毫秒
scrollbar_fading_duration	整型	设置滚动条隐藏的动画时长，单位为毫秒

对视图组件进行位移和旋转也是常见的操作，这些属性也在 Component 中有封装，见表 3.4。

表 3.4　位移和旋转常见属性

属性名	类　型	意　义
pivot_x	浮点型	设置旋转中心点的 x 坐标
pivot_y	浮点型	设置旋转中心点的 y 坐标
rotate	浮点型	设置围绕中心点进行旋转的角度
scale_x	浮点型	设置 x 轴方向上的缩放倍数
scale_y	浮点型	设置 y 轴方向上的缩放倍数
translation_x	浮点型	设置 x 轴方向上的位移距离
translation_y	浮点型	设置 y 轴方向上的位移距离

对于支持用户进行键盘输入的组件，Component 类中也提供了一些属性来对其焦点进行控制，如表 3.5 所示。

表 3.5　焦点控制相关属性

属性名	类　型	意　义
focusable	枚举	控制是否可获取焦点枚举值： ● focus_disable：控件不可获取焦点。 ● focus_adaptable：跟随控件自身特性决定。 ● focus_enable：控件可获取焦点
focus_border_radius	浮点型	设置焦点边框圆角半径
focus_border_enable	浮点型	设置是否有焦点边框
focus_border_width	浮点型	设置焦点边框宽度
focus_border_padding	浮点型	设置焦点边框边距
focusable_in_touch	布尔型	当前是否在触摸状态下

从表 3.5 中看到，Component 虽然是所有视图组件的基类，但其内部封装的属性却非常丰富。这些属性在所有视图组件中都可以直接使用。对于初学者来说，无须对这些属性过多地关注与探究，只需要有个大概的印象即可，后面在使用时会再做具体的介绍。在实际开发中，也无须对这些属性做特别的记忆，使用 DevEco Studio 工具的自动补全功能可以方便快速地找到要使用的属性。

3.1.2 用来渲染文本的 Text 组件

本小节将具体地介绍Text组件的使用方法。整体来说，Text组件提供的配置属性非常丰富，能够满足日常开发中对文本控件的基本需求。再来看前面创建的 textDemo 工程，其中默认模板代码自动生成的 Text 组件的 id 为 text_helloworld，在 MainAbilitySlice 类中使用 Java 代码获取此组件，代码如下：

```
public class MainAbilitySlice extends AbilitySlice {
    @Override
    public void onStart(Intent intent) {
        super.onStart(intent);
        super.setUIContent(ResourceTable.Layout_ability_main);
        // 通过组件 id 获取组件实例对象
        Text text = (Text) findComponentById(ResourceTable.Id_text_helloworld);
    }
}
```

下面，将结合代码来学习 Text 组件中提供的属性。修改 text 组件的属性配置代码如下：

```
// 设置组件高度
text.setHeight(200);
// 设置组件宽度
text.setWidth(400);
// 设置组件显示的文本内容
text.setText(" 文本组件显示的文本文本组件显示的文本 ");
// 创建字体 build 对象
Font.Builder build = new Font.Builder("HwChinese-medium");
// 设置字体斜体
build.makeItalic(true);
// 设置字重（加粗程度）
build.setWeight(600);
// 设置字体
text.setFont(build.build());
// 设置当文本长度超出组件尺寸时的文本截断模式
text.setTruncationMode(Text.TruncationMode.ELLIPSIS_AT_END);
// 设置字号
text.setTextSize(50);
```

```
// 设置字体大小是否自适应
text.setAutoFontSize(false);
// 设置文本颜色
text.setTextColor(Color.RED);
// 设置对齐方式
text.setTextAlignment(TextAlignment.CENTER);
// 设置最大行数
text.setMaxTextLines(2);
// 设置是否为多行模式
text.setMultipleLine(true);
// 创建背景 Element 对象
ShapeElement background = new ShapeElement();
// 设置背景圆角
background.setCornerRadius(20);
// 设置背景颜色
background.setRgbColor(new RgbColor(255, 0, 0));
// 设置背景透明度
background.setAlpha(100);
// 设置组件背景
text.setBackground(background);
```

上面的示例代码对比较常用的属性进行了设置，运行代码，效果如图 3.1 所示。

图 3.1　Text 组件示例

> **温馨提示：**使用 Java 代码来设置组件的属性是非常烦琐的，在实际开发中，经常会直接在 XML 布局文件中进行设置。

表 3.6 列出了 Text 组件中封装的常用属性。

表 3.6　Text 组件中封装的常用属性

属性名	类　型	意　义
text	字符串	设置组件显示的文本
hint	字符串	设置提示文本
font	Font 类型	设置文本字体
truncationMode	枚举	设置长文本的截断方式枚举值： • NONE：不截断。 • ELLIPSIS_AT_START：起始处截断。 • ELLIPSIS_AT_MIDDLE：中间位置截断。 • ELLIPSIS_AT_END：末尾截断。 • AUTO_SCROLLING：滚动显示全部文本
textSize	浮点型	设置文本字体大小
textColor	Color 类型	设置文字颜色
hintColor	Color 类型	提示文本的颜色
selectionColor	Color 类型	设置选中部分文本的颜色
textAlignment	枚举	文本的对齐方式。 枚举值： • BOTTOM：下对齐。 • CENTER：居中对齐。 • END：尾端对齐。 • HORIZONTAL_CENTER：水平居中对齐。 • LEFT：左对齐。 • RIGHT：右对齐。 • START：首端对齐。 • TOP：上对齐。 • VERTICAL_CENTER：垂直居中对齐
maxTextLines	整型	设置显示的最大文本行数
autoScrollingDuration	整型	设置自动滚动时，滚动一轮的动画时长，单位为毫秒
multipleLines	布尔型	设置是否为多行模式
autoFontSize	布尔型	设置字体是否自动调节大小
scrollable	布尔型	设置文本是否可滚动

对于多行文本来说，如果要对行间距进行控制，可调用如下方法：

```
text.setLineSpacing(20, 1);
```

setLineSpacing 方法有两个参数，第一个参数用来设置附件的行高，另一个参数用来设置行高的倍数，这两个参数都是浮点类型的值。同理，Text 组件中也有两个获取行间距相关的方法：

```
// 获取行高的倍数
public float getNumOfFontHeight()
// 获取附件的行间距
public float getAdditionalLineSpacing()
```

表 3.6 列出的都是 Text 组件中比较常用的属性，需要注意，在使用 Java 代码进行设置时，是通过 set 方法来进行设置，get 方法来获取对应属性的值。在 Java 代码中，采用的是以大写字符进行分割的驼峰命名法；而在 XML 布局文件中，对应的属性采用的是以下划线进行分割的驼峰命名法。

font 属性用来设置文本的字体，需要使用 Font.Builder 类来生成 Font 实例，其中通过 makeItalic 和 setWeight 属性来设置字体的斜体和字重。

通过对自动滚动的相关属性进行设置，可实现具有跑马灯效果的文本控件。修改代码如下：

```
// 设置自动滚动一轮的时长
text.setAutoScrollingDuration(2000);
// 设置自动滚动的次数,AUTO_SCROLLING_FOREVER 表示无限次
text.setAutoScrollingCount(Text.AUTO_SCROLLING_FOREVER);
// 要实现自动滚动，必须关闭多行模式
text.setMultipleLine(false);
// 开始自动滚动
text.startAutoScrolling();
```

通常只有文本内容超出控件本身时才需要进行滚动显示，要注意的是必须关闭多行模式才能支持滚动效果。startAutoScrolling 方法用来开启滚动，对应的 stopAutoScrolling 方法用来停止滚动。

3.1.3　用来显示图片的 Image 组件

在应用开发中使用图片有时能带来事半功倍的效果。HarmonyOS 中提供了专门用来渲染图片的 Image 组件，其接口简单，使用方便。首先，新建一个命名为 ImageDemo 的示例工程

用来编写测试代码。

默认生成的工程中会自带一张应用图标图片，路径为 entry/src/main/resources/base/media/icon.png。项目中使用的本地图片一般都需要放在 media 文件夹下。

先将 ability_main.xml 布局文件中的 Text 组件删除，再添加一个 Image 组件，代码如下：

```
<?xml version="1.0" encoding="utf-8"?>
<DirectionalLayout
    xmlns:ohos="http://schemas.huawei.com/res/ohos"
    ohos:height="match_parent"
    ohos:width="match_parent"
    ohos:alignment="center"
    ohos:orientation="vertical">
    <Image
        ohos:id="$+id:image"
        ohos:height="200vp"
        ohos:width="200vp"
        ohos:image_src="$media:icon"
        />
</DirectionalLayout>
```

运行代码，效果如图 3.2 所示。

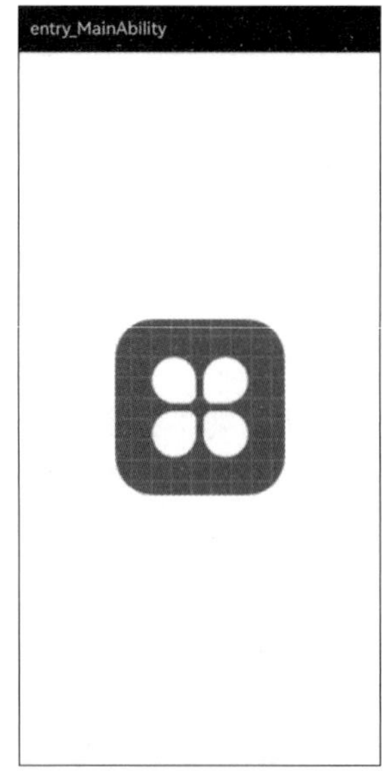

图 3.2　使用 Image 组件

同样也在 Java 代码中对 Image 组件进行设置，示例如下：

```
Image image = (Image)findComponentById(ResourceTable.Id_image);
// 设置缩放模式
image.setScaleMode(Image.ScaleMode.STRETCH);
// 设置本地图片资源的 id
image.setPixelMap(ResourceTable.Media_avatar);
```

Image 组件较为简单，其 setPixelMap 方法用来设置要显示的本地图片资源。对于页面中的图片元素来说，裁剪方式和缩放方式是很重要的，可通过 Image 组件中的 clipAlignment 和 scaleMode 属性进行设置。这两个属性的用法见表 3.7。

表 3.7　裁剪和缩放属性

属性名	类　型	意　义
clipAlignment	整型	设置裁切方式。可设置的整形枚举： ● GRAVITY_BOTTOM：下部优先展示，超出时上部被裁剪。 ● GRAVITY_CENTER：中部优先展示，超出时周围被裁剪。 ● GRAVITY_LEFT：左部优先展示，超出时右部被裁剪。 ● GRAVITY_RIGHT：右部优先展示，超出时左部被裁剪。 ● GRAVITY_TOP：上部优先展示，超出时下部被裁剪
scaleMode	枚举	设置缩放方式。枚举值： ● ZOOM_CENTER：按照宽高比进行缩放，居中显示。 ● ZOOM_START：按照宽高比进行缩放，居前显示。 ● ZOOM_END：按照宽高比进行缩放，居后显示。 ● STRETCH：不按照高度比进行缩放。 ● CENTER：不缩放，居中展示。 ● INSIDE：按照原比例缩放到容器尺寸范围内。 ● CLIP_CENTER：按照原比例拉伸到容器尺寸范围内，超出部分进行裁剪

温馨提示：通常图片的显示需要进行大量的图像计算操作，并且图片在解码时会消耗内存资源。因此，选择合适尺寸的图片非常重要，如果发现应用加载图片过程漫长，则应检查下是否是图片资源的尺寸过大。

3.2 基础的用户交互组件：按钮与文本输入框

上节介绍了 Text 和 Image 组件，虽然需要通过添加事件监听进行用户交互。但更多时候，仅仅使用它们来做视觉渲染。对于用户可交互的元素，通常会采用 Button 组件来实现。TextField 是一种供用户键盘输入的组件。本节将介绍这两种基础的用户交互组件。

3.2.1 按钮 Button 组件

在移动应用程序中，按钮无处不在，下面通过具体示例代码来体验。新建一个命名为 ButtonDemo 的示例工程，修改默认的 ability_main.xml 布局文件，代码如下：

```
<?xml version="1.0" encoding="utf-8"?>
<DirectionalLayout
    xmlns:ohos="http://schemas.huawei.com/res/ohos"
    ohos:height="match_parent"
    ohos:width="match_parent"
    ohos:alignment="center"
    ohos:orientation="vertical">
    <Button
        ohos:id="$+id:buttonItem"
        ohos:width="match_content"
        ohos:height="match_content"
        ohos:text=" 按钮组件 "
        ohos:background_element="$graphic:background_ability_main"
        ohos:element_left="$media:icon"
        ohos:text_size="30vp"
        ohos:text_color="#ffffff"
        ohos:element_padding="15vp"/>
</DirectionalLayout>
```

上面代码中，为 Button 组件设置了背景，background_element 文件中 background_ability_main.xml 的代码如下：

```
<?xml version="1.0" encoding="utf-8" ?>
<shape xmlns:ohos="http://schemas.huawei.com/res/ohos"
```

```
        ohos:shape="rectangle">
    <solid
        ohos:color="#0000FF"/>
    <corners ohos:radius="5vp"/>
</shape>
```

使用按钮组件是为了交互用户的手势，在 MainAbilitySlice 类的 onStart 方法中添加如下代码：

```
Button button = (Button) findComponentById(ResourceTable.Id_buttonItem);
button.setClickedListener(component -> {
    ToastDialog toast = new ToastDialog(getContext());
    toast.setText("单击了按钮");
    toast.show();
});
```

运行代码，效果如图 3.3 所示。单击页面中的按钮，看到会有 Toast 提示弹出。

图 3.3　Button 按钮组件示例

Button 组件继承自 Text 组件，因此 Text 组件的所有属性和方法都适用于 Button 组件。Button 组件并没有自己独特的属性和方法，从原理上来说，所有使用 Button 组件的场景其实也是直接使用 Text 组件，只是 Button 组件从语义上更加明确，开发者一看便知这个元素是一个按钮。毕竟编程的目标不仅仅是让代码运行起来，也是让自己和其他人能读懂程序。

3.2.2 文本输入框 TextField 组件

TextField 组件是一种用户输入组件。在项目开发中，用户输入组件的应用很常见。例如，在注册和登录功能中，需要用户输入账户名和密码；在内容发布的相关功能中，需要用户输入内容等。

TextField 组件也是继承自 Text 组件。首先新建一个命名为 TextFieldDemo 的示例工程，修改 ability_main.xml 布局文件，代码如下：

```
<?xml version="1.0" encoding="utf-8"?>
<DirectionalLayout
    xmlns:ohos="http://schemas.huawei.com/res/ohos"
    ohos:height="match_parent"
    ohos:width="match_parent"
    ohos:alignment="center"
    ohos:orientation="vertical">
    <TextField ohos:id="$+id:text_field"
        ohos:height="40vp"
        ohos:width="200vp"
        />
</DirectionalLayout>
```

上面的 XML 文件中定义了一个 TextField 组件，下面通过 Java 代码来对其进行简单的配置。在 MainAbilitySlice 类的 onStart 方法中编写如下代码：

```
// 获取组件实例
TextField textField = (TextField) findComponentById(ResourceTable.Id_text_
field);
// 设置输入框文字大小
textField.setTextSize(30, Text.TextSizeType.VP);
// 设置默认的提示文案
textField.setHint("请输入内容");
// 设置提示文案字体大小
textField.setTextSize(30, Text.TextSizeType.VP);
// 设置左内边距
textField.setPaddingLeft(30);
// 设置背景
```

```
ShapeElement element = new ShapeElement();
element.setCornerRadius(30); // 圆角
element.setShaderType(ShapeElement.RECTANGLE);  // 矩形
element.setRgbColor(new RgbColor(00, 00, 255)); // 背景色
textField.setBackground(element);
// 添加输入框状态的监听
textField.setFocusChangedListener(new Component.FocusChangedListener() {
    // 获取焦点或失去焦点时回调的方法
    @Override
    public void onFocusChange(Component component, boolean b) {
        ToastDialog toastDialog = new ToastDialog(getContext());
        toastDialog.setText(String.format("是否获取到焦点：%b", b));
        toastDialog.show();
    }
});
```

运行代码，效果如图 3.4 所示。

图 3.4　TextField 组件示例

从图 3.4 中可以看到，当 TextField 组件处于获得焦点状态时，键盘会弹出，用户的输入内容会被直接写入 TextField 组件中，并通过 getText 方法来获取 TextField 组件中显示的内容。

输入时 TextField 的光标下会有一个提示气泡，通过 bubble 相关的属性来对其进行控制。这些属性都是封装在 Text 组件中的，常用的属性见表 3.8。

表 3.8　bubble 相关的属性

属性名	类　型	意　义
bubbleWidth	浮点型	设置气泡宽度
bubbleHeight	浮点型	设置气泡高度
bubbleElement	Element 类型	设置气泡背景

除了继承自 Text 的属性外，TextField 组件只有一个自己的属性，即 basement 属性，此属性需要设置的值为 Element 类型，用于渲染出文本的基线背景，从 UI 上看，能够显示出类似下划线的效果。

3.3　选择器组件的应用

选择器组件，顾名思义，是用来提供给用户一组选项方便从中进行选择。HarmonyOS 开发框架中提供了 Picker 组件供开发者自定义滑动选择器，同时也提供了开发中常用的与日期时间相关的选择器。

3.3.1　通用选择器 Picker 组件

Picker 组件是通用的选择器组件，可提供一组自定义的选项供用户选择。新建一个命名为 PickerDemo 的示例工程，修改 ability_main.xml 布局文件中的代码如下：

```
<?xml version="1.0" encoding="utf-8"?>
<DirectionalLayout
    xmlns:ohos="http://schemas.huawei.com/res/ohos"
    ohos:height="match_parent"
    ohos:width="match_parent"
    ohos:alignment="center"
    ohos:orientation="vertical">
    <Picker
        ohos:id="$+id:picker"
        ohos:height="200vp"
        ohos:width="200vp"
```

```
        ohos:layout_alignment="horizontal_center"
        ohos:background_element="$graphic:background_ability_main"/>
</DirectionalLayout>
```

为了便于观察 Picker 组件，为其设置一个背景色，修改 background_ability_main.xml 布局文件中的代码如下：

```
<?xml version="1.0" encoding="utf-8" ?>
<shape xmlns:ohos="http://schemas.huawei.com/res/ohos"
       ohos:shape="rectangle">
    <solid
        ohos:color="#F1F1F1"/>
</shape>
```

在 MainAbilitySlice 类的 onStart 方法中添加如下代码，对 Picker 组件做一些简单的配置：

```
// 获取 Picker 组件实例
Picker picker = (Picker) findComponentById(ResourceTable.Id_picker);
// 设置可选择的最小值
picker.setMinValue(0);
// 设置可选择的最大值
picker.setMaxValue(10);
// 设置默认状态下的文字大小
picker.setNormalTextSize(60);
// 设置选中状态下的文字大小
picker.setSelectedTextSize(60);
// 设置选中状态下的文字颜色
picker.setSelectedTextColor(Color.BLACK);
// 选中值变化时的监听
picker.setValueChangedListener((component, oldValue, newValue) -> {
    ToastDialog dialog = new ToastDialog(getContext());
    // oldValue 为变化之前的值，newValue 为变化之后的值
    dialog.setText(String.format("v1:%d, v2:%d", oldValue, newValue));
    dialog.show();
});
```

运行代码，效果如图 3.5 所示。

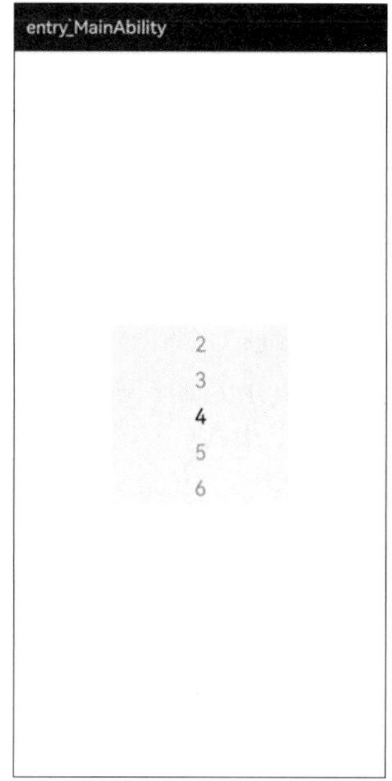

图 3.5　Picker 组件示例

用户通过在组件上滑动或者单击来进行选项切换。Picker 组件继承自 DirectionLayout 组件。DirectionLayout 是一个布局容器组件，后面会介绍。Picker 组件中封装的常用属性见表 3.9。

表 3.9　Picker 组件中封装的常用属性

属性名	类　型	意　义
maxValue	整型	设置可选择的最大值
minValue	整型	设置可选择的最小值
value	整型	当前选中的值
normalTextColor	Color 类型	设置默认状态下文本的颜色
normalTextSize	浮点型	设置默认状态下文本的大小
selectedTextColor	Color 类型	设置选中状态下文本的颜色
selectedTextSize	浮点型	设置选中状态下文本的大小
selectorItemNum	整型	设置选择器一屏渲染出的选项个数
selectedNormalTextMarginRatio	浮点型	设置选中的文本与未选中的文本间距比例
wheelModeEnable	布尔型	设置选择器是否循环滚动

上面示例代码中的选项都是数值，在实际开发中，更多需要提供自定义的选项内容。同时，Picker 组件也支持对选项进行格式化。如果需要一个选择性别的选择器组件，则需要使用如

下代码进行配置：

```
// 设置可选值为 0、1、2
picker.setMinValue(0);
picker.setMaxValue(2);
// 将可选值映射到格式化后的字符串
picker.setFormatter(new Picker.Formatter() {
    @Override
    public String format(int i) {
        if (i == 0) {
            return "男";
        } else if (i == 1) {
            return "女";
        } else {
            return "保密";
        }
    }
});
```

上面代码中，调用 Picker 组件的 setFormatter 方法对选择器的选项进行格式化。运行代码，效果如图 3.6 所示。

图 3.6　对选择器的选项进行格式化

如果要进行格式化的数据较多，则使用 setFormatter 方法会显得过于烦琐，其中的 if-else 或 switch-case 结构过于冗长。一种更简单的解决方案便是为 Picker 组件提供一组字符串数组作为显示的数据源。示例如下：

```
picker.setMinValue(0);
picker.setMaxValue(4);
picker.setDisplayedData(new String[]{"10°C", "11°C", "12°C", "13°C", "14°C"});
```

运行代码，效果如图 3.7 所示。

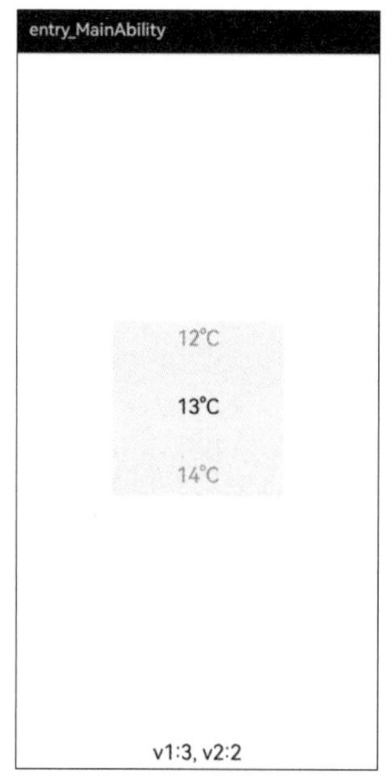

图 3.7　自定义 Picker 选择器选项的显示

需要注意，setDisplayedData 设置的选项只和展示有关，Picker 组件中选项的数量依然是由 minValue 和 maxValue 的值决定的。

3.3.2　用于日期选择的 DatePicker 组件

相对于 Picker 组件，DatePicker 组件进行了更上层的封装。开发中，很多时候需要用户进行日期选择，如选择生日、创建日程等。DatePicker 组件继承自 StackLayout 布局容器。从样式上看，DatePicker 组件更像多个联动的 Picker 组件的组合，并且自带数据源。

新建一个命名为 DatePickerDemo 的示例工程，修改 ability_main.xml 布局文件，代码如下：

3

```
<?xml version="1.0" encoding="utf-8"?>
<DirectionalLayout
    xmlns:ohos="http://schemas.huawei.com/res/ohos"
    ohos:height="match_parent"
    ohos:width="match_parent"
    ohos:alignment="center"
    ohos:orientation="vertical">
    <DatePicker ohos:id="$+id:date_picker"
        ohos:width="300vp"
        ohos:height="200vp"
        ohos:background_element="#e1e1e1"
        ohos:text_size="30vp"/>
</DirectionalLayout>
```

DatePicker 组件与 Picker 组件的用法类似，其常用的配置方法的示例代码如下：

```
// 获取组件实例对象
DatePicker picker = (DatePicker) findComponentById(ResourceTable.Id_date_
                    picker);
// 设置选中的日期
picker.updateDate(2023, 5, 1);
// 设置最小可选择的日期时间戳
picker.setMinDate(1627747200);
// 设置最大可选择的日期时间戳
picker.setMaxDate(1827747200);
// 设置月份是否固定不可修改
picker.setMonthFixed(false);
// 设置年份是否固定不可修改
picker.setYearFixed(true);
// 设置日是否固定不可修改
picker.setDayFixed(false);
// 设置默认状态下的文本颜色
picker.setNormalTextColor(Color.GRAY);
// 设置选中状态下的文本颜色
picker.setSelectedTextColor(Color.BLACK);
// 设置当前正在操作的一栏的文本颜色
```

```
picker.setOperatedTextColor(Color.BLUE);
// 设置是否循环滚动
picker.setWheelModeEnabled(true);
// 定义 Shape 对象
ShapeElement shape = new ShapeElement();
shape.setShape(ShapeElement.RECTANGLE);
shape.setRgbColor(RgbColor.fromArgbInt(0xFF9370DB));
// 设置分割线 Element
picker.setDisplayedLinesElements(shape, shape);
```

其中，updateDate 方法用来设置当前选中的日期，第 1 个参数设置年，第 2 个参数设置月，第 3 个参数设置日。

minDate 与 maxDate 属性用来设置选择器可选择的日期范围，其参数为标准的时间戳。

dayFixed、monthFixed 和 yearFixed 属性分别用来设置日、月、年是否可修改。如果设置为布尔值 true，则表示固定不可修改，选择器对应的栏不可滑动选择。

运行代码，效果如图 3.8 所示。

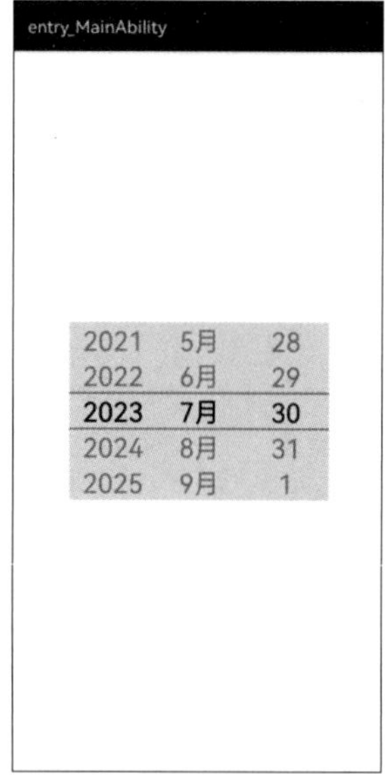

图 3.8　DatePicker 组件示例

DatePicker 组件中还有一个非常有用的属性：dateOrder。此属性用来控制选择器的日期模式，例如：

```
picker.setDateOrder(DatePicker.DateOrder.YM);
```

上面代码设置日期选择器的模式为只显示年月，效果如图 3.9 所示。

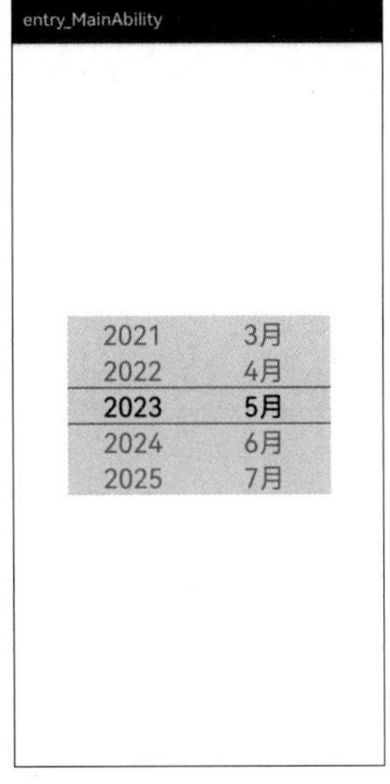

图 3.9　年月模式下的 DatePicker 组件效果

当用户修改了选中的日期后，可通过如下监听获取此行为：

```
// 设置监听
picker.setValueChangedListener(new DatePicker.ValueChangedListener() {
    @Override
    public void onValueChanged(DatePicker datePicker, int year, int month, int day) {
        // 获取用户选择的年月日
    }
});
```

3.3.3　用于时间选择的 TimePicker 组件

TimerPicker 组件与 DatePicker 组件类似，用来进行时间的选择，也是继承自 StackLayout 布局容器组件。

首先，对于选择器中普通文本的颜色、文本字号、选中文本颜色和选中文本字号等显示控制的属性，用法与 DatePicker 组件的用法一致，这里不再赘述。表 3.10 主要列举了 TimePicker 所特有的配置属性。

3

表 3.10　TimePicker 所特有的配置属性

属性名	类　型	意　义
amPmOrder	枚举	设置时间中上午下午的排序。 枚举值： ● START：am 在前。 ● END：am 在后。 ● LEFT：am 在左。 ● RIGHT：am 在右
24Hour	布尔值	设置是否为 24 小时制
hour	整型	设置当前选中的时
minute	整型	设置当前选中的分
second	整型	设置当前显示的秒
amString	字符串	设置“上午”显示的文案
pmString	字符串	设置“下午”显示的文案

下面通过代码来具体演示。新建一个命名为 TimePickerDemo 的示例工程，修改 ability_main.xml 布局文件中的代码如下：

```
<?xml version="1.0" encoding="utf-8"?>
<DirectionalLayout
    xmlns:ohos="http://schemas.huawei.com/res/ohos"
    ohos:height="match_parent"
    ohos:width="match_parent"
    ohos:alignment="center"
    ohos:orientation="vertical">
    <TimePicker ohos:id="$+id:time_picker"
        ohos:width="300vp"
        ohos:height="200vp"
        ohos:background_element="#e1e1e1"/>
</DirectionalLayout>
```

在 MainAbilitySlice 类的 onStart 方法中添加如下代码，对时间选择器进行简单的配置：

```
// 获取时间选择器实例对象
TimePicker picker = (TimePicker) findComponentById(ResourceTable.Id_time_picker);
// 设置排列模式
picker.setAmPmOrder(TimePicker.AmPmOrder.LEFT);
// 设置是否 24 小时制
picker.set24Hour(false);
// 设置时
picker.setHour(8);
// 设置分
picker.setMinute(45);
// 设置秒
picker.setSecond(40);
// 设置显示文案
picker.setAmString(" 上午 ");
picker.setPmString(" 下午 ");
// 设置字号
picker.setNormalTextSize(60);
picker.setSelectedTextSize(60);
// 添加用户选择时间变更的监听
picker.setTimeChangedListener(new TimePicker.TimeChangedListener() {
    @Override
    public void onTimeChanged(TimePicker timePicker, int hour, int minute, int second) {
        // 获取用户选择的时间
    }
});
```

上面代码中有详细的注释，这里不再做过多的解释，运行代码，效果如图3.10所示。

TimePicker组件也支持仅对时、分、秒钟的某项或某几项进行选择。showHour方法用于设置是否显示“时”选项栏，showMinute方法用于设置是否显示“分”选项栏，showSecond方法用于设置是否显示“秒”选项栏。如果需要设置某栏是否可修改，使用如下方法即可：

```
// 设置时分秒对应的选项栏是否可修改
picker.enableHour(true);
picker.enableMinute(true);
picker.enableSecond(true);
```

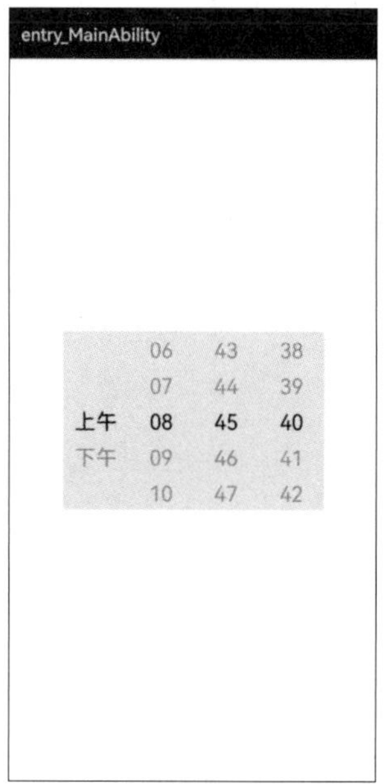

图 3.10 TimePicker 组件示例

3.4 开关与选择按钮

本节将介绍两类功能特殊的按钮组件：开关组件和选择按钮组件。开关组件有开和关两种状态，在应用程序的设置页面中，开关组件很常见。选择按钮组件也有两种状态，分别是选中和未选中，选择按钮组件又分为单选组件和多选组件。

3.4.1 Switch 开关按钮组件

Switch 组件继承自 AbsButton 组件，AbsButton 组件继承自 Button 组件，Button 组件继承自 Text 组件，因此，Text 组件中的一些属性也可以直接在 Switch 组件中使用。

新建一个命名为 SwitchDemo 的示例工程，修改 ability_main.xml 布局文件中的代码如下：

```
<?xml version="1.0" encoding="utf-8"?>
<DirectionalLayout
    xmlns:ohos="http://schemas.huawei.com/res/ohos"
    ohos:height="match_parent"
    ohos:width="match_parent"
    ohos:alignment="center"
```

```
    ohos:orientation="vertical">
    <Switch ohos:id="$+id:switch_component"
        ohos:width="240px"
        ohos:height="120px"/>
va</DirectionalLayout>
```

同时，在 MainAbilitySlice 类的 onStart 方法中添加如下配置代码：


```
// 获取开关组件实例对象
Switch swi = (Switch)findComponentById(ResourceTable.Id_switch_component);
// 设置开启状态的文本
swi.setStateOnText(" 开启 ");
// 设置关闭状态的文本
swi.setStateOffText(" 关闭 ");
// 设置背景
ShapeElement track = new ShapeElement();
track.setShape(ShapeElement.RECTANGLE);
track.setRgbColor(new RgbColor(255, 0, 0));
track.setCornerRadius(60);
swi.setTrackElement(track);
// 设置开关按钮背景
ShapeElement thumb = new ShapeElement();
thumb.setShape(ShapeElement.RECTANGLE);
thumb.setCornerRadius(60);
thumb.setRgbColor(new RgbColor(0, 255, 0));
swi.setThumbElement(thumb);
// 设置开关状态
swi.setChecked(true);
// 添加开关状态变化的监听
swi.setCheckedStateChangedListener(new AbsButton.CheckedStateChangedListener() {
    @Override
    public void onCheckedChanged(AbsButton absButton, boolean b) {
        // 获取开关状态
    }
});
```

运行代码，效果如图 3.11 所示。

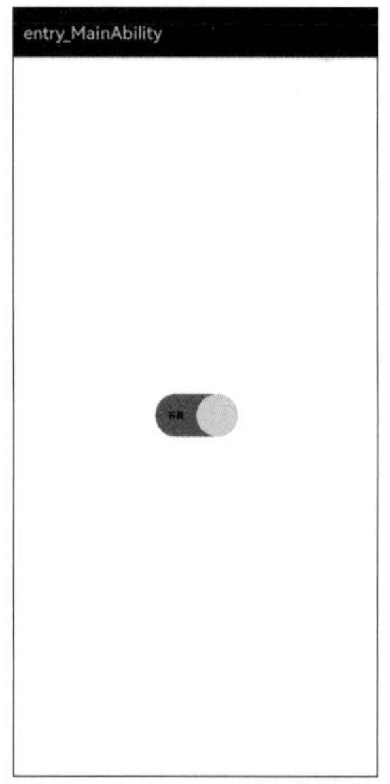

图 3.11　Switch 组件示例

表 3.11 列出了 Switch 组件常用的配置属性。

表 3.11　Switch 组件常用的配置属性

属性名	类　型	意　义
stateOnText	字符串	设置开启状态时显示的文本
stateOffText	字符串	设置关闭状态时显示的文本
trackElement	Element 对象	设置开关组件背景
thumbElement	Element 对象	设置开关滑块背景
checked	布尔值	设置当前开关状态

3.4.2　单选按钮组件

项目中有时会存在让用户进行多选一的场景。当选项较少时，使用单选按钮会比 Picker 选择器更加简洁美观。

在 HarmonyOS 中，使用 RadioButton 组件创建单选按钮，通常单选按钮是以成组的方式出现，同组内的按钮选中状态互斥，因此，RadioButton 组件需要和 RadioContainer 组件组合使用。在同一个 RadioContainer 组件内的 RadioButton 组件会被自动分为一组，一组中只有一个选项会被选中。新建一个命名为 RadioButtonDemo 的示例工程，在 ability_main.xml 布局文件中编写如下代码：

```
<?xml version="1.0" encoding="utf-8"?>
<DirectionalLayout
    xmlns:ohos="http://schemas.huawei.com/res/ohos"
    ohos:height="match_parent"
    ohos:width="match_parent"
    ohos:alignment="center"
    ohos:orientation="vertical">
    <RadioContainer ohos:id="$+id:radio_container"
        ohos:height="match_content"
        ohos:width="match_content"
        ohos:layout_alignment="horizontal_center">
        <RadioButton ohos:id="$+id:raido_btn_1"
            ohos:height="40vp"
            ohos:width="match_content"
            ohos:text_size="30vp"/>
        <RadioButton ohos:id="$+id:raido_btn_2"
                     ohos:height="40vp"
                     ohos:width="match_content"
                     ohos:text_size="30vp"/>
        <RadioButton ohos:id="$+id:raido_btn_3"
                     ohos:height="40vp"
                     ohos:width="match_content"
                     ohos:text_size="30vp"/>
        <RadioButton/>
    </RadioContainer>
</DirectionalLayout>
```

以上代码中创建了 1 个 RadioContainer 组件，其内部配置了 3 个 RadioButton 组件。在 MainAbilitySlice 类中对 RadioButton 组件做简单的配置代码如下：

```
// 获取单选按钮实例对象
RadioButton radioButton1 = (RadioButton) findComponentById(ResourceTable.Id_
raido_btn_1);
RadioButton radioButton2 = (RadioButton) findComponentById(ResourceTable.Id_
raido_btn_2);
RadioButton radioButton3 = (RadioButton) findComponentById(ResourceTable.Id_
raido_btn_3);
```

```
// 设置选项标题
radioButton1.setText(" 选项 1");
radioButton2.setText(" 选项 2");
radioButton3.setText(" 选项 3");
// 设置选中时的标题颜色
radioButton1.setTextColorOn(Color.RED);
// 设置未选中时的标题颜色
radioButton1.setTextColorOff(Color.GRAY);
// 设置默认选中选项 2
radioButton2.setChecked(true);
```

运行代码，效果如图 3.12 所示。

图 3.12　RadioButton 组件示例

RadioButton 组件也是继承自 AbsButton 组件，因此也为其添加选中状态的监听，但是直接监听 RadioButton 组件的选中状态并不是一种好的选择，常见的做法是对 RadioContainer 组件的状态进行监听，从而获取用户的选择状态。RadioContainer 组件继承自 DirectionalLayout 组件，因此，它是一种布局容器，其本身也包含许多可配置项。示例代码如下：

```
RadioContainer radioContainer = (RadioContainer)
findComponentById-(ResourceTable.Id_radio_container);
radioContainer.setMarkChangedListener(new RadioContainer.CheckedState-
                                    ChangedListener() {
    @Override
```

```
    public void onCheckedChanged(RadioContainer radioContainer, int index) {
        // 这里获取用户选中的按钮的位置 index
    }
});
radioContainer.mark(2);
radioContainer.setOrientation(Component.HORIZONTAL);
```


RadioContainer 组件中的 setMarkChangedListener 方法用来添加选中状态变化的监听，其回调中会传入用户选中的按钮的位置，据此执行更多业务逻辑。RadioContainer 组件中还封装了一些方法，比较常用的方法见表 3.12。

表 3.12　RadioContainer 组件常用的封装方法

方法名	参数 / 类型	返回值	意　义
mark	参数 1/ 整型：选中位置	void	设置选中的选项，参数用来指定选项所在的位置，从 0 开始计算
getMarkedButtonId	无	整型	获取选中的按钮位置。如果没有选中的，则会返回 -1
cancelMarks	无	void	清空按钮选中状态

上面示例代码中，还使用了 setOrientation 方法，该方法用来设置内部按钮的布局方向，将其设置为 Component.HORIZONTAL 后，按钮组件将以水平方向进行布局，运行代码，效果如图 3.13 所示。

图 3.13　水平方向布局单选按钮组件示例

3.4.3 多选按钮组件

不同于单选按钮，多选按钮组件无须分组，每个按钮的选中状态与其他按钮无关。在 HarmonyOS 中使用 Checkbox 组件来创建多选按钮。

新建一个命名为 CheckboxDemo 的示例工程。修改 ability_main.xml 布局文件中的代码如下：

```
<?xml version="1.0" encoding="utf-8"?>
<DirectionalLayout
    xmlns:ohos="http://schemas.huawei.com/res/ohos"
    ohos:height="match_parent"
    ohos:width="match_parent"
    ohos:alignment="center"
    ohos:orientation="vertical">
    <Checkbox ohos:id="$+id:check_box_1"
        ohos:height="match_content"
        ohos:width="match_content"
        ohos:text_size="20vp"/>
    <Checkbox ohos:id="$+id:check_box_2"
              ohos:height="match_content"
              ohos:width="match_content"
              ohos:text_size="20vp"/>
    <Checkbox ohos:id="$+id:check_box_3"
              ohos:height="match_content"
              ohos:width="match_content"
              ohos:text_size="20vp"/>
</DirectionalLayout>
```

Checkbox 组件继承自 AbsButton 组件，这类组件的用法都很类似，配置方式也基本一致。在 MainAbilitySlice 类的 onStart 方法中新增如下代码：

```
// 获取 Checkbox 组件实例对象
Checkbox checkbox1 = (Checkbox) findComponentById(ResourceTable.Id_check_
box_1);
Checkbox checkbox2 = (Checkbox) findComponentById(ResourceTable.Id_check_
box_2);
Checkbox checkbox3 = (Checkbox) findComponentById(ResourceTable.Id_check_
box_3);
```

```
// 设置按钮显示的文本
checkbox1.setText(" 足球 ");
checkbox2.setText(" 篮球 ");
checkbox3.setText(" 乒乓球 ");
// 设置按钮是否选中
checkbox1.setChecked(true);
// 设置选中状态的文本颜色
checkbox1.setTextColorOn(Color.RED);
// 设置未选中状态的文本颜色
checkbox1.setTextColorOff(Color.GRAY);
// 添加选中状态变化的监听
checkbox1.setCheckedStateChangedListener(new AbsButton.CheckedState Changed
                                            Listener() {
    @Override
    public void onCheckedChanged(AbsButton absButton, boolean b) {
        // 选中状态变化的回调
    }
});
```

运行代码，效果如图 3.14 所示。

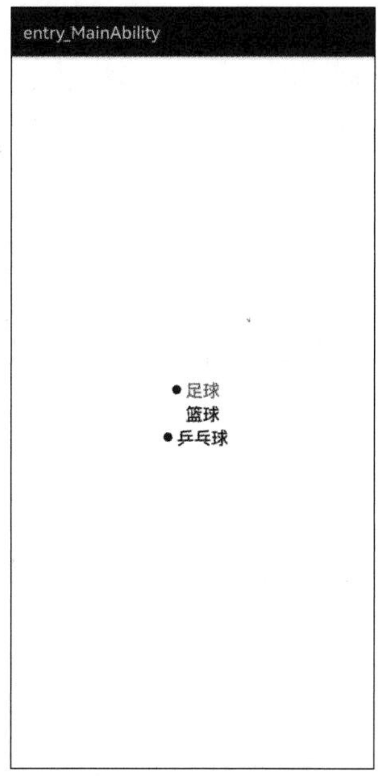

图 3.14　Checkbox 组件示例

理论上，也可以使用RadioButton组件来实现多选逻辑，只要不将RadioButton组件放入RadioContainer组件中即可。但是在实际开发中，最好还是根据业务场景正确地使用RadioButton组件和Checkbox组件，毕竟除了功能差异外，组件本身也具有语义性，这能够更好地让阅读代码的开发者理解此处的功能逻辑。

3.5 进度条组件

进度条组件用来为用户展示某个过程的进度，如文件下载进度、视频播放进度、图片上传进度和用户表单填写进度等。

HarmonyOS中提供了两种样式的进度条组件，分别为直线样式和圆形样式。下面来介绍这两种样式的进度条。

3.5.1 直线样式的进度条组件

ProgressBar组件是基础的进度条组件，其会展示一段线段，并通过颜色差异来描述当前的进度。新建一个命名为PorgressBarDemo的示例工程，修改ability_main.xml布局文件中的代码如下：

```
<?xml version="1.0" encoding="utf-8"?>
<DirectionalLayout
    xmlns:ohos="http://schemas.huawei.com/res/ohos"
    ohos:height="match_parent"
    ohos:width="match_parent"
    ohos:alignment="center"
    ohos:orientation="vertical">
    <ProgressBar ohos:id="$+id:progressbar"
        ohos:height="60vp"
        ohos:width="300vp"/>
</DirectionalLayout>
```

ProgressBar组件中提供了非常丰富的配置属性，可以满足开发者的定制化需求，对应地在MainAbilitySlice类中编写如下代码：

```
// 获取进度条组件实例对象
ProgressBar progressBar = (ProgressBar) findComponentById(ResourceTable.Id_
                        progressbar);
```

```
// 是否开启分割线功能
progressBar.enableDividerLines(true);
// 设置分割线颜色
progressBar.setDividerLineColor(Color.RED);
// 设置分割线数量
progressBar.setDividerLinesNumber(3);
// 设置进度条的最大进度值
progressBar.setMaxValue(100);
// 设置进度条的最小进度值
progressBar.setMinValue(0);
// 设置进度条方向
progressBar.setOrientation(Component.HORIZONTAL);
// 设置当前进度
progressBar.setProgressValue(35);
// 设置进度颜色
progressBar.setProgressColor(Color.CYAN);
// 设置进度条提示文案
progressBar.setProgressHintText("35%");
// 设置提示文案大小
progressBar.setProgressHintTextSize(60);
// 设置提示文案布局位置
progressBar.setProgressHintTextAlignment(TextAlignment.LEFT);
// 设置提示文案颜色
progressBar.setProgressHintTextColor(Color.RED);
// 设置步长
progressBar.setStep(1);
// 设置副进度条进度
progressBar.setViceProgress(50);
// 定义 ShapeElement 对象
ShapeElement shapeElement = new ShapeElement();
shapeElement.setShape(ShapeElement.RECTANGLE);
shapeElement.setRgbColor(new RgbColor(0, 255, 0));
// 设置副进度条背景
progressBar.setViceProgressElement(shapeElement);
```

运行代码，效果如图 3.15 所示。

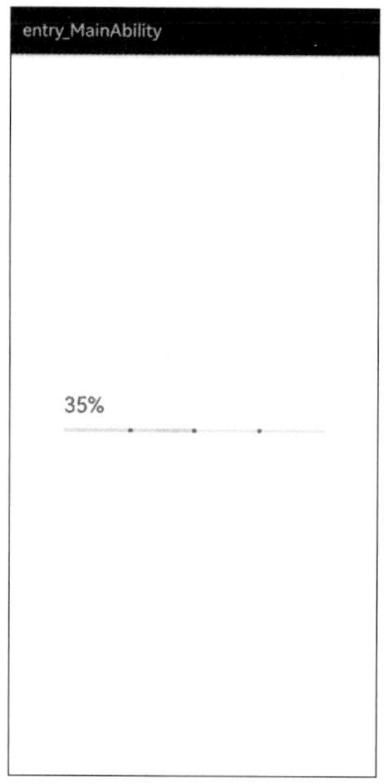

图 3.15　进度条组件示例

表 3.13 列出了 ProgressBar 组件常用的配置属性和方法。

表 3.13　ProgressBar 组件常用的配置属性和方法

属性名 / 方法名	参数 / 类型	意　义
enableDividerLines	参数 1/ 布尔型	设置是否启用分割线功能
dividerLineColor	参数 1/Color 对象	设置分割线颜色
dividerLinesNumber	参数 1/ 整型	设置分割线个数
maxValue	参数 1/ 整型	设置进度条的最大进度值
minValue	参数 1/ 整型	设置进度条的最小进度值
orientation	参数 1/ 整型枚举	设置进度条的布局方向。 ● Component.HORIZONTAL：水平布局。 ● Component.VERTICAL：垂直布局
progressValue	参数 1/ 整型	设置当前进度条的进度
progressColor	参数 1/Color 对象	设置当前进度条的颜色，即完成的进度部分的颜色

续表

属性名 / 方法名	参数 / 类型	意　义
progressHintText	参数 1/ 字符串	设置进度条提示文案
progressHintTextSize	参数 1/ 整型	设置提示文字大小
progressHintTextAlignment	参数 1/ 整型枚举	设置提示文案的对齐方式。可设置为 TextAlignment 中定义的静态变量，枚举如下：BOTTON、CENTER、END、HORIZONTAL_CENTER、LEFT、RIGHT、START、TOP、VERTICAL_CENTER
progressHintTextColor	参数 1/Color 对象	设置提示文案的颜色
step	参数 1/ 整型	设置进度步长及进度更新的最小单位
viceProgress	参数 1/ 整型	副进度条的进度，ProgressBar 支持设置副进度条，功能类似于视频播放中的已缓存进度
vicePorgressElement	参数 1/Element 对象	副进度条背景
indeterminate	参数 1/ 布尔值	设置是否为加载中状态，为加载中状态时，进度条会显示加载动画
infiniteModeElement	参数 1/Element 对象	加载动画条的背景

其中，indeterminate 属性非常有用，当进度条用于耗时较长的任务时，并非每时每刻都会有进度产生，或当进程处于等待状态时，可通过加载动画来提醒用户当前处于阻塞状态。示例代码如下：

```
ShapeElement shapeElement = new ShapeElement();
shapeElement.setShape(ShapeElement.RECTANGLE);
shapeElement.setRgbColor(new RgbColor(0, 255, 0));
progressBar.setIndeterminate(true);
progressBar.setInfiniteModeElement(shapeElement);
```

温馨提示：有时程序不可避免地会产生耗时操作，如文件下载、数据请求等，耗时操作并不是不可接受的，但要尽量地给用户提示，让用户对耗时有预期。

3.5.2 圆形进度条组件

圆是一种非常有趣的图形，在数学中，其有很多特殊的性质。在日常生活中，使用圆形的场景也非常多，如钟表的表盘和统计中的饼状图等。HarmonyOS 也提供了一种圆形的进度条组件。

RoundProgressBar 组件继承自 ProgressBar 组件，除了继承的属性和方法外，RoundProgressBar 组件还具有两个特有的属性，分别为 startAngle 和 maxAngle，它们各自用来设置圆形进度条组件的起始角度和最大角度。

新建一个命名为 RoundProgressBarDemo 的示例工程，编写布局代码如下：

```
<?xml version="1.0" encoding="utf-8"?>
<DirectionalLayout
    xmlns:ohos="http://schemas.huawei.com/res/ohos"
    ohos:height="match_parent"
    ohos:width="match_parent"
    ohos:alignment="center"
    ohos:orientation="vertical">
    <RoundProgressBar ohos:id="$+id:round_progress_bar"
        ohos:width="200vp"
        ohos:height="200vp"/>
</DirectionalLayout>
```

在 Java 类中对 RoundProgressBar 组件进行简单的配置，代码如下：

```
// 获取组件实例对象
RoundProgressBar roundProgressBar = (RoundProgressBar)
findComponentById(ResourceTable.Id_round_progress_bar);
// 设置最大进度值
roundProgressBar.setMaxValue(360);
// 设置最小进度值
roundProgressBar.setMinValue(0);
// 设置最大角度
roundProgressBar.setMaxAngle(360);
// 设置起始角度
roundProgressBar.setStartAngle(0);
// 设置当前进度值
```

```
roundProgressBar.setProgressValue(210);
// 设置提示文案
roundProgressBar.setProgressHintText("210° ");
// 设置提示文案颜色
roundProgressBar.setProgressHintTextColor(Color.RED);
```

运行代码，效果如图 3.16 所示。

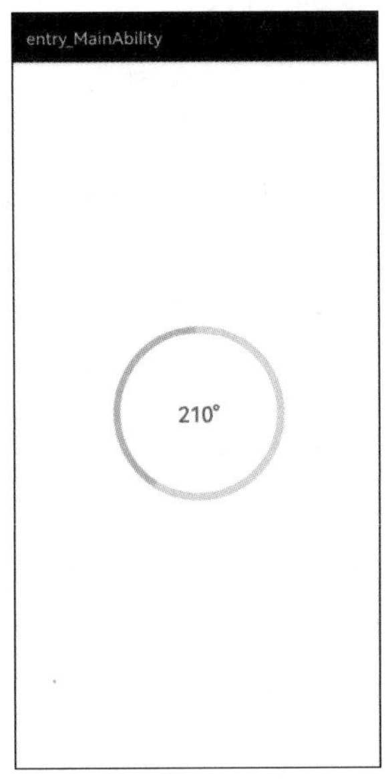

图 3.16　RoundProgressBar 组件示例

3.6　弹窗相关组件

弹窗组件用来在窗口上方弹出对话框，它是简单的信息提示对话框，但会在一段时间后自动消失，当然，也存在复杂交互逻辑的功能对话框。

3.6.1　ToastDialog 组件

ToastDialog 组件是基础的弹窗组件，通常用来通知用户某些信息，如某个操作是否成功等。在前面的章节中，曾使用过 ToastDialog 组件。本小节新建一个命名为 ToastDialogDemo 的示例工程。

ToastDialog 组件并不是从一开始就布局在页面中，只是在需要时将其弹出即可。在 MainAbilitySlice 类的 onStart 方法中添加如下代码，一旦应用启动，将在首页直接弹出对话框。

```
// 新建 ToastDialog 实例对象
ToastDialog toastDialog = new ToastDialog(getContext());
// 设置对话框的布局位置
toastDialog.setAlignment(LayoutAlignment.CENTER);
// 设置对话框位置的偏移量
toastDialog.setOffset(0, 100);
// 设置对话框显示的文案
toastDialog.setText("这是一个对话框");
// 弹出对话框
toastDialog.show();
```

运行代码，当应用启动时，看到页面上会弹出一行文案提示，该提示在几秒后自动消失。

ToastDialog 也支持对内容进行自定义，例如：

```
// 新建 switch 组件
Switch switch = new Switch(getContext());
// 将自定义组件设置为对话框的内容
toastDialog.setComponent(switch);
```

再次运行代码，一旦对话框弹出，内部会显示一个开关按钮。理论上，任意样式的对话框都通过自定义内容的方式来实现。如果需要对话框在显示过程中主动关闭，用户可调用 cancel 方法，代码如下：

```
// 主动关闭对话框
toastDialog.cancel();
```

3.6.2 PopupDialog 组件

PopupDialog 组件被称为气泡对话框，其样式为覆盖在当前页面元素上的一个气泡，气泡内部一般显示用户提示信息或用户交互按钮。

新建一个命名为 PopupDialogDemo 的示例工程，通常 PopupDialog 组件在布局时会锚定到一个具体的组件，用户可以使用示例工程中默认生成的 Text 组件进行测试。

在 MainAbilitySlice 类的 onStart 方法中添加如下代码：

```
// 获取 Text 组件实例对象
Text text = (Text) findComponentById(ResourceTable.Id_text_helloworld);
// 添加单击事件监听
text.setClickedListener(new Component.ClickedListener() {
```

```
    @Override
    public void onClick(Component component) {
        // 单击文本后弹出 PopupToast 组件
        // 新建 PopupToast 实例，第 1 个参数为 context 上下文对象，第 2 个参数为锚点组件对象
        PopupDialog popupDialog = new PopupDialog(getContext(), text);
        // 设置文本
        popupDialog.setText(" 气泡对话框 ");
        // 设置背景色
        popupDialog.setBackColor(Color.CYAN);
        // 设置是否显示箭头
        popupDialog.setHasArrow(true);
        // 设置箭头尺寸
        popupDialog.setArrowSize(60, 60);
        // 设置锚定模式
        popupDialog.setMode(LayoutAlignment.TOP);
        // 弹出对话框
        popupDialog.show();
    }
});
```

运行代码，单击页面上的文本按钮，之后会弹出气泡对话框，如图 3.17 所示。

图 3.17　PopupDialog 组件示例

PopupDialog 组件也支持自定义内容，使用 setCustomComponent 属性来设置自定义的内容组件。

3.6.3 CommonDialog 组件

CommonDialog 是一种更加通用的对话框组件，其特性是在弹出对话框直到对话框消失前，用户无法对页面做其他操作。3.6.1 小节介绍的 ToastDialog 组件就继承自 CommonDialog 组件。

新建一个命名为 CommonDialogDemo 的示例工程。在 MainAbilitySlice 类的 onStart 方法中编写如下示例代码：

```
// 新建 CommonDialog 组件对象
CommonDialog commonDialog = new CommonDialog(getContext());
// 设置按钮文案及单击事件监听
commonDialog.setButton(IDialog.BUTTON1, "确认", new IDialog.ClickedListener() {
    @Override
    public void onClick(IDialog iDialog, int i) {
        // 单击按钮后的事件
        iDialog.destroy();
    }
});
commonDialog.setButton(IDialog.BUTTON3, "取消", new IDialog.ClickedListener()
{
    @Override
    public void onClick(IDialog iDialog, int i) {
        // 单击按钮后的事件
        iDialog.destroy();
    }
});
// 设置对话框关闭销毁的事件监听
commonDialog.setDestroyedListener(new CommonDialog.DestroyedListener() {
    @Override
    public void onDestroy() {
        // 对话框销毁的事件
    }
```

```
});
// 设置内容图片
commonDialog.setContentImage(ResourceTable.Media_icon);
// 设置对话框尺寸
commonDialog.setSize(1000, MagicLayout.LayoutConfig.MATCH_CONTENT);
// 设置对话框弹出的位置偏移量
commonDialog.setOffset(0, -400);
// 设置对话框内容文案
commonDialog.setContentText("是否确认删除内容？ ");
// 设置对话框标题
commonDialog.setTitleText("提示");
// 设置对话框副标题
commonDialog.setTitleSubText("请谨慎选择");
// 设置标题图标
commonDialog.setTitleIcon(ResourceTable.Media_icon, IDialog.ICON3);
// 设置对话框是否可手动拖曳移动
commonDialog.setMovable(true);
// 设置是否支持单击对话框背景自动关闭
commonDialog.setAutoClosable(true);
// 设置背景圆角
commonDialog.setCornerRadius(10);
// 设置背景是否透明
commonDialog.setTransparent(false);
// 设置自动关闭的时延，即多少秒后自动关闭，单位为毫秒
commonDialog.setDuration(50000);
// 弹出对话框
commonDialog.show();
```

运行代码，效果如图 3.18 所示。

CommonDialog 组件的配置项非常丰富。使用 setButton 方法来设置对话框上的按钮，该方法有 3 个参数，第 1 个参数用来设置按钮 id，第 2 个参数用来设置按钮文案，第 3 个参数用来设置按钮单击事件监听。按钮 id 定义在 IDialog 接口中，其中，BUTTON1 为左侧按钮，BUTTON2 为中间按钮，BUTTON3 为右侧按钮。配置的按钮会以均分的方式布局在对话框底部。

图 3.18　CommonDialog 组件示例

CommonDialog 组件的按钮也支持配置图片，使用 setImageButton 方法即可，此方法也有 3 个参数，第 1 个参数用来设置按钮 id，第 2 个参数用来设置图片资源 id，第 3 个参数用来设置按钮单击事件监听。

默认情况下，CommonDialog 组件弹出后不会自动消失，当用户单击对话框中的按钮时，会在监听回调中调用 IDialog 实例对象的 destroy 方法来关闭对话框。也可以通过 setDuration 方法设置一段时间后自动关闭对话框，该方法参数单位为毫秒。另外，setAutoClosable 方法用于设置用户单击对话框的背景后是否自动关闭对话框。

更多时候，为了美观，用户会自定义对话框的样式，setContentCustomComponent 将内容部分设置为自定义组件，setTitleCustomComponent 将标题部分设置为自定义组件。

3.7　实践：调研表单页面实践

本节将尝试使用本章所学的组件来实现一个简单的表单页面。表单在日常生活中很常见，尤其在采集数据的场景中，随着互联网和移动设备的普及，网络表单使统计变得更加方便。

本节将组合使用 Text、TextField、RadioButton、RadioContainer、Button、Checkbox 和 Picker 等组件来实现一个简单的表单页面，其具体的功能包括收集姓名、性别、兴趣、生日，同时要求这些选项都是必填项。

先新建一个命名为 FormDemo 的示例工程。之前在介绍组件时，大多使用 Java 代码进行组件的设置，其实组件的属性也可以直接在 XML 文件中配置。在实际开发中，页面静态的部分通常都会直接在 XML 文件中进行配置，这一操作非常方便。

在 ability_main.xml 布局文件中编写如下代码：

```
<?xml version="1.0" encoding="utf-8"?>
<DirectionalLayout
    xmlns:ohos="http://schemas.huawei.com/res/ohos"
    ohos:height="match_parent"
    ohos:width="match_parent"
    ohos:alignment="horizontal_center"
    ohos:orientation="vertical">
    <!-- 表单头部 -->
    <Text ohos:text=" 请填写问卷单 "
        ohos:width="match_content"
        ohos:height="match_content"
        ohos:text_size="40vp"
        ohos:top_margin="20vp"/>
    <!--  姓名填写部分  -->
    <DirectionalLayout
        ohos:height="match_content"
        ohos:width="match_parent"
        ohos:alignment="center"
        ohos:orientation="horizontal"
        ohos:top_margin="25vp"
        ohos:left_margin="15vp"
        ohos:right_margin="15vp">
        <Text ohos:text=" 姓名 "
            ohos:width="match_content"
            ohos:height="match_content"
            ohos:text_size="25vp"/>
        <TextField
            ohos:id="$+id:textfield_name"
            ohos:background_element="$graphic:background_ability_main"
            ohos:width="match_parent"
            ohos:height="40vp"
```

```
            ohos:text_size="25vp"
            ohos:left_margin="15vp"
            ohos:left_padding="5vp"
            ohos:right_padding="5vp"
            ohos:hint=" 请输入姓名 "
            />
    </DirectionalLayout>
    <!-- 性别选择部分 -->
    <DirectionalLayout
        ohos:height="match_content"
        ohos:width="match_parent"
        ohos:alignment="center"
        ohos:orientation="horizontal"
        ohos:top_margin="25vp"
        ohos:left_margin="15vp"
        ohos:right_margin="15vp">
        <Text ohos:text=" 性别 "
              ohos:width="match_content"
              ohos:height="match_content"
              ohos:text_size="25vp"/>
        <RadioContainer
            ohos:id="$+id:radio_container"
            ohos:orientation="horizontal"
            ohos:width="match_parent"
            ohos:height="match_content"
            ohos:left_margin="15vp"
            ohos:alignment="left">
            <RadioButton
                ohos:text=" 男 "
                ohos:id="$+id:radio_button1"
                ohos:width="match_content"
                ohos:height="match_content"
                ohos:text_size="20vp"
                ohos:right_margin="40vp"
                ohos:text_color_off="#a1a1a1"
                ohos:check_element="$graphic:radio_check"
```

```
            ohos:marked="true"/>
        <RadioButton
            ohos:text=" 女 "
            ohos:id="$+id:radio_button2"
            ohos:width="match_content"
            ohos:height="match_content"
            ohos:text_size="20vp"
            ohos:text_color_off="#a1a1a1"
            ohos:check_element="$graphic:radio_check"/>
    </RadioContainer>
</DirectionalLayout>
<!-- 兴趣选择部分 -->
<DirectionalLayout
    ohos:height="match_content"
    ohos:width="match_parent"
    ohos:alignment="vertical_center"
    ohos:orientation="horizontal"
    ohos:top_margin="25vp"
    ohos:left_margin="15vp"
    ohos:right_margin="15vp">
    <Text ohos:text=" 兴趣 "
          ohos:width="match_content"
          ohos:height="match_content"
          ohos:text_size="25vp"/>
    <Checkbox
        ohos:text_size="20vp"
        ohos:id="$+id:checkbox1"
        ohos:width="match_content"
        ohos:height="match_content"
        ohos:text=" 阅读 "
        ohos:right_margin="10vp"
        ohos:left_margin="15vp"
        ohos:check_element="$graphic:radio_check"/>
    <Checkbox
        ohos:text_size="20vp"
        ohos:id="$+id:checkbox2"
```

```
            ohos:width="match_content"
            ohos:height="match_content"
            ohos:text=" 运动 "
            ohos:right_margin="10vp"
            ohos:check_element="$graphic:radio_check"/>
        <Checkbox
            ohos:text_size="20vp"
            ohos:id="$+id:checkbox3"
            ohos:width="match_content"
            ohos:height="match_content"
            ohos:text=" 游戏 "
            ohos:right_margin="10vp"
            ohos:check_element="$graphic:radio_check"/>
    </DirectionalLayout>
    <!-- 生日选择部分 -->
    <DirectionalLayout
        ohos:height="match_content"
        ohos:width="match_parent"
        ohos:alignment="center"
        ohos:orientation="horizontal"
        ohos:top_margin="25vp"
        ohos:left_margin="15vp"
        ohos:right_margin="15vp">
        <Text ohos:text=" 生日 "
              ohos:width="match_content"
              ohos:height="match_content"
              ohos:text_size="25vp"/>
        <DatePicker
            ohos:id="$+id:date_pick"
            ohos:height="match_content"
            ohos:width="match_parent"
            ohos:background_element="$graphic:background_ability_main"
            ohos:left_margin="15vp"
            ohos:text_size="20vp">
        </DatePicker>
```

```
    </DirectionalLayout>
    <!-- 提交按钮 -->
    <Button
        ohos:id="$+id:commit_button"
        ohos:background_element="#0099ff"
        ohos:width="match_parent"
        ohos:height="50vp"
        ohos:top_margin="30vp"
        ohos:text=" 提交 "
        ohos:left_margin="15vp"
        ohos:right_margin="15vp"
        ohos:text_color="#ffffff"
        ohos:text_size="25vp"/>
</DirectionalLayout>
```

上面的代码完成了页面组件的布局，若要实现提交校验功能，则要添加如下 Java 逻辑代码：

```
// 包信息
package com.example.formdemo.slice;
// 导入模块
import com.example.formdemo.ResourceTable;
import ohos.aafwk.ability.AbilitySlice;
import ohos.aafwk.content.Intent;
import ohos.agp.components.*;
import ohos.agp.utils.LayoutAlignment;
import ohos.agp.window.dialog.ToastDialog;
public class MainAbilitySlice extends AbilitySlice {
    // 定义私有属性
    private TextField nameTextField;
    private RadioContainer genderRadio;
    private Checkbox hobbyRead;
    private Checkbox hobbySports;
    private Checkbox hobbyGame;
    private DatePicker datePicker;
    @Override
    public void onStart(Intent intent) {
        super.onStart(intent);
```

```
        super.setUIContent(ResourceTable.Layout_ability_main);
        // 获取组件实例对象，为属性赋值
        nameTextField = (TextField)findComponentById(ResourceTable.Id_textfield_
                        name);
        genderRadio = (RadioContainer)findComponentById(ResourceTable.Id_radio_
                      container);
        hobbyRead = (Checkbox)findComponentById(ResourceTable.Id_checkbox1);
        hobbySports = (Checkbox)findComponentById(ResourceTable.Id_checkbox2);
        hobbyGame = (Checkbox)findComponentById(ResourceTable.Id_checkbox3);
        datePicker = (DatePicker)findComponentById(ResourceTable.Id_date_pick);
        // 获取 Button 实例
        Button commitButton = (Button) findComponentById(ResourceTable.Id_
                              commit_button);
        // 添加监听
        commitButton.setClickedListener((Component component) -> {
            // 提交前进行检查
            // 1. 校验昵称不能为空
            String name = nameTextField.getText();
            if (name.length() == 0) {
                toastMsg("请输入姓名后提交");
                return;
            }
            // 2. 校验兴趣为必选项目
            if (!hobbyGame.isChecked() && !hobbySports.isChecked() &&
                                   !hobbyRead.isChecked()) {
                toastMsg("请至少选择一种兴趣爱好");
                return;
            }
            nameTextField.clearFocus();
            toastMsg("提交成功！ ");
        });
    }
    // 封装一个方法来弹出提示窗
    private void toastMsg(String info) {
        ToastDialog toastDialog = new ToastDialog(getContext());
```

```
        toastDialog.setText(info);
        toastDialog.setAlignment(LayoutAlignment.BOTTOM);
        toastDialog.show();
    }
}
```

运行代码，效果如图 3.19 所示。

图 3.19　表单页面实践效果

需要注意，本实例工程使用的 SDK API 版本为 6，因此，读者在练习时，最好使用相同的或高于此版本的 SDK 版本。并且在笔者使用的 DevEco Studio 工具中，本地模拟器对 RadioButton 组件和 Checkbox 组件的状态控制不是很好用，建议使用远程模拟器进行调试。

3.8　内容回顾

本章介绍了 HarmonyOS 中的基础 UI 组件，这些组件为用户交互页面提供了最基础的元素，包括文本、按钮、图片、选择器等组件。任何复杂的页面都是通过基础组件的封装、扩展、组合开发出来的。因此，熟练掌握基础组件的使用对读者来说非常重要。

1. Text 组件和 Button 组件有何异同？

温馨提示：从理论上看，Text 组件和 Button 组件并无本质的区别，Button 组件本身继承自 Text 组件，并且几乎没有进行属性和方法的扩展。也就是说，所有使用 Button 组件完成的应用场景，也可以通过使用 Text 组件来完成。但是，这并不意味着 Text 组件和 Button 组件完全一样，因为组件除了提供功能支持外，语义的表达也很重要。Button 组件可以明确某个元素是一个按钮，并允许用户进行单击操作。

2. RadioButton 组件和 Checkbox 组件分别适用于哪些场景？

温馨提示：RadioButton 组件和 Checkbox 组件都是选择按钮，供用户选择某些选项。如果应用为单选场景，则将 RadioButton 组件和 RadioContainer 组件结合使用，在同一个 RadioContainer 组件内的 RadioButton 组件会自动互斥，从而实现单选功能；如果应用的场景是支持多选的，则会使用 Checkbox 组件。

3. 如果需要用户输入组件内容，需要使用哪种组件？

温馨提示：TextField 组件是专门为用户提供输入操作的组件，使用时需要注意其焦点的控制。

第4章

UI组件中的高级玩意儿——高级UI组件

第3章中学习了很多独立的UI组件，这些组件用来创建页面中的各种UI元素。使用它们，可以完成一些简单页面的开发。然而打开一款较为流行的应用程序，会发现程序中的页面要比前面章节所做的复杂得多。几乎任意一个应用程序都会有非常多个页面，并且页面的组合方式多种多样。因此，仅仅使用目前所学习的组件知识，是很难开发出大型应用程序的。

本章将介绍一些高级的UI组件，如支持内容滚动的ScrollView组件、用来创建列表页面的ListContainer组件、支持多个标签间切换的Tab组件、支持多页面切换的PageSlider组件以及用来渲染网页视图的WebView组件等。

通过本章，将学习以下知识点：

- ScrollView组件的应用。
- ListContainer组件的应用。
- TabList组件的应用。
- PageSlider组件的应用。
- WebView组件的应用。
- PorgressBar进度条组件的应用。
- Toast和Popup等弹窗组件的应用。

4.1 展示更多内容的 ScrollView 组件

通常移动设备的屏幕尺寸较小，能够显示的内容有限，但为了兼顾用户的使用体验，应用设计师也不可能将页面中的元素设计得过小。那么若要展示的内容超出屏幕尺寸怎么办呢？最简单的方式是让页面可以滚动，用户使用手指在页面上滑动来自由地浏览内容。在 HarmonyOS 中，可以使用 ScrollView 组件来创建滚动视图，从而承载更多的内容。

4.1.1 ScrollView 组件初试

在学习 ScrollView 组件的核心用法前，先来体验一下 ScrollView 组件的使用效果。新建一个命名为 ScrollViewDemo 的示例工程，直接修改 ability_main.xml 文件中的代码如下：

```
<?xml version="1.0" encoding="utf-8"?>
<!-- 外层是 ScrollView，其尺寸必须定义明确，这里充满父容器 -->
<ScrollView
    xmlns:ohos="http://schemas.huawei.com/res/ohos"
    ohos:id="$+id:scrollview"
    ohos:height="match_parent"
    ohos:width="match_parent"
    ohos:background_element="#FFDEAD">
    <!-- 内部定义了布局容器，要实现可滚动，其尺寸大小必须和内容的真实大小一致 -->
    <DirectionalLayout
        ohos:height="match_content"
        ohos:width="match_parent"
        ohos:alignment="horizontal_center">
        <!-- 添加一些内容组件 -->
        <Image
            ohos:width="300vp"
            ohos:height="300vp"
            ohos:top_margin="20vp"
            ohos:image_src="$media:icon"
            ohos:background_element="#FFFFFF"/>
        <Image
            ohos:width="300vp"
            ohos:height="300vp"
```

```
            ohos:top_margin="20vp"
            ohos:image_src="$media:icon"
            ohos:background_element="#FFFFFF"/>
        <Image
            ohos:width="300vp"
            ohos:height="300vp"
            ohos:top_margin="20vp"
            ohos:image_src="$media:icon"
            ohos:background_element="#FFFFFF"/>
        <Image
            ohos:width="300vp"
            ohos:height="300vp"
            ohos:top_margin="20vp"
            ohos:image_src="$media:icon"
            ohos:background_element="#FFFFFF"/>
    </DirectionalLayout>
</ScrollView>
```

上面的布局代码中，DirectionalLayout 的布局方向默认为垂直方向，内部添加的图片的总高度已经远远超出 DirectionalLayout 本身的高度，运行这段布局代码，尝试用手指在屏幕上滑动，查看页面上下滚动的效果，如图 4.1 所示。

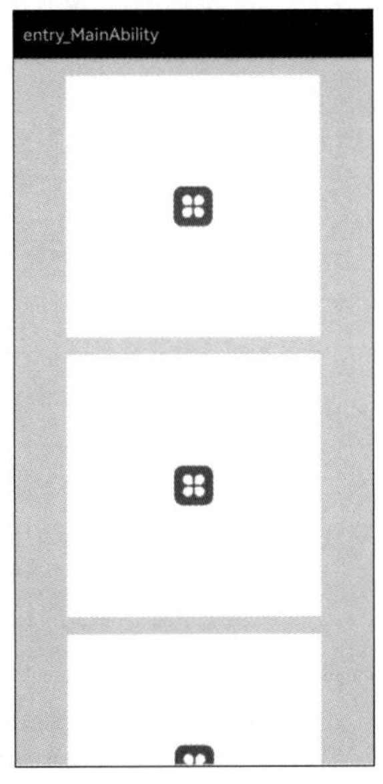

图 4.1　ScrollView 组件示例

ScrollView 组件本身不限制滚动的方向，它完全由内容的尺寸决定。如果要实现水平方向的滚动，则将上面代码中的 DirectionalLayout 做简单的设置即可，如下：

```
<DirectionalLayout
    ohos:height="match_content"
    ohos:width="match_content"
    ohos:alignment="horizontal_center"
    ohos:orientation="horizontal">
</DirectionalLayout>
```


默认情况下，ScrollView 组件滑动到边缘时不能再滑动，这在用户体验上会显得略微生硬，可以通过设置 reboundEffect 属性来实现到达边界后的回弹效果，如下：

```
ScrollView scrollView = (ScrollView)  findComponentById(ResourceTable.Id_
                        scrollview);
scrollView.setReboundEffect(true);
```

4.1.2　ScrollView 组件中封装的常用方法

ScrollView 组件中封装了一些实用方法，它让开发者通过代码来控制 ScrollView 组件内容的滚动以及对滚动速度和回弹效果进行调整。ScrollView 封装方法列举见表 4.1。

表 4.1　ScrollView 封装方法

方法名	参数 / 类型	意　义
doFlint	参数 1/ 整型：设置水平方向初速度。 参数 2/ 整型：设置垂直方向初速度	设置滚动的初速度。此方法还有两个重载函数，单独设置水平或垂直方向上的初速度
fluentScrollTo	参数 1/ 整型：设置水平方向滚动到指定位置。 参数 2/ 整型：设置垂直方向滚动到指定位置	调用此方法主动让 ScrollView 的内容滚动到指定位置，会平滑过渡
fluentScrollXTo	参数 1/ 整型：设置水平方向滚动到指定位置	调用此方法主动让 ScrollView 的内容滚动到水平方向上的指定位置，会平滑过渡
fluentScrollYTo	参数 1/ 整型：设置垂直方向滚动到指定位置	调用此方法主动让 ScrollView 的内容滚动到垂直方向上的指定位置，会平滑过渡

续表

方法名	参数 / 类型	意　义
fluentScrollBy	参数 1/ 整型：设置水平方向滚动的像素数。 参数 2/ 整型：设置垂直方向滚动的像素数	此方法也是主动让 ScrollView 的内容进行滚动，其参数设置的是滚动的偏移量
fluentScrollByX	参数 1/ 整型：设置水平方向滚动的像素数	设置 ScrollView 在水平方向上滚动的偏移量
fluentScrollByY	参数 1/ 整型：设置垂直方向滚动的像素数	设置 ScrollView 在垂直方向上滚动的偏移量
setReboundEffectParams	参数 1/ 整型：设置回弹效果中的过渡滚动百分比，默认为 40。 参数 2/ 浮点型：设置回弹效果中的过渡滚动速度，默认为 0.6。 参数 3/ 整型：设置回弹效果中的可见内容的最小百分比，默认为 20	此方法对回弹效果的体验参数进行配置，会影响回弹的程度、回弹的阻力和回弹速度等。此方法还有一个重载方法，直接配置 ReboundEffectParams 对象作为参数，ReboundEffectParams 对象内部同样封装了这 3 个参数
setOverscrollPercent	参数 1/ 整型	设置过渡滚动百分比
setOverscrollRate	参数 1/ 浮点型	设置过渡滚动速率
setRemainVisiblePercent	参数 1/ 整型	设置可见内容最小百分比

表 4.1 列举的方法中，与回弹效果相关的方法略难以理解，其实这些参数都是为了使回弹的效果更加平滑，从而提升用户的使用体验。在代码实测过程中，要不断地调整参数，直到得到满意的效果。

4.2　列表组件 ListContainer 的应用

ListContainer 组件用来创建列表视图，在项目开发过程中，列表视图的运用非常广泛。随意浏览手机中安装的应用程序，我们会发现几乎所有应用都会包含列表视图，如社交应用的会话列表、联系人列表、资讯应用的内容列表及工具应用的任务列表等。在 HarmonyOS 中，列表由 ListContainer 组件创建。

4.2.1 创建列表视图

相对其他独立的 UI 组件，列表组件的使用略微复杂。其设计的核心思想是将数据与 UI 界面分离，从而在很大程度上实现 UI 的复用性。

下面通过一个简单的例子来了解列表视图的使用方法。

新建一个命名为 ListContainerDemo 的示例工程。修改 ability_main.xml 文件，将 ListContainer 作为页面的根组件，代码如下：

```
<?xml version="1.0" encoding="utf-8"?>
<ListContainer
    xmlns:ohos="http://schemas.huawei.com/res/ohos"
    ohos:id="$+id:list_container"
    ohos:height="match_parent"
    ohos:width="match_parent"
    ohos:orientation="vertical">
</ListContainer>
```


ListContainer 组件是列表容器，同时还需要定义列表中每一行的列表项样式，在 layout 文件夹下新建一个命名为 ListItem.xml 的布局文件，编写代码如下：

```
<?xml version="1.0" encoding="utf-8"?>
<DirectionalLayout
    xmlns:ohos="http://schemas.huawei.com/res/ohos"
    ohos:height="match_content"
    ohos:width="match_parent"
    ohos:alignment="center"
    ohos:margin="20vp"
    >
    <Text
        ohos:id="$+id:item_id"
        ohos:height="match_content"
        ohos:width="match_content"
        ohos:text_size="20vp"/>
</DirectionalLayout>
```

从上面的代码中可以看出，ListItem 组件很简单，其中只定义了一个文本。

构建列表视图需要先准备好一组数据源，这些数据源在渲染列表时为列表中的每一项提供数据支持。在 HarmonyOS 中，列表的数据源需要继承自 BaseItemProvider 类。在 com.example.listcontainerdemo.slice 包中新建一个命名为 ItemProvider 的 Java 类，使其继承自 BaseItemProvider 类，实现代码如下：

```
// 所在包
package com.example.listcontainerdemo.slice;
// 模块引入
import com.example.listcontainerdemo.ResourceTable;
import ohos.agp.components.*;
import ohos.app.Context;
import java.util.List;
// 定义数据源类
public class ItemProvider extends BaseItemProvider {
    // 用来渲染列表项的数据模型集合
    private List<ItemModel> dataList;
    // 上下文对象
    private Context context;
    // 自定义构造方法，传入模型列表和上下文
    public ItemProvider(List<ItemModel> list, Context context) {
        this.dataList = list;
        this.context = context;
    }
    // 子类复写此方法来返回列表视图的列表项数
    @Override
    public int getCount() {
        return dataList.size();
    }
    // 子类复写此方法来返回具体列表项对应的数据模型
    @Override
    public Object getItem(int i) {
        return dataList.get(i);
    }
    // 子类复写此方法来返回列表项的 id
    @Override
    public long getItemId(int i) {
        return i;
    }
```

```
    // 子类复写此方法来提供每个列表项具体渲染的组件
    @Override
    public Component getComponent(int i, Component component, Component
                                    Container componentContainer) {
        // 参数中的 component 是可进行复用的组件
        Component componentRes;
        if (component != null) {
            // 存在则进行复用
            componentRes = component;
        } else {
            // 不存在则新建
            componentRes = LayoutScatter.getInstance(context).parse(ResourceTable.
                              Layout _ListItem, null, false);
        }
        // 获取要渲染的数据模型
        ItemModel model = dataList.get(i);
        // 获取 ListItem 组件中的 Text 元素
        Text text = (Text)componentRes.findComponentById(ResourceTable.Id_item_id);
        // 设置文本
        text.setText(model.getName());
        // 返回组件
        return componentRes;
    }
}
```

在 ItemProvider 类中，比较核心的代码是对父类方法的复写，通过这些方法的返回值来对列表的列表项数和每个列表项对应的样式组件等进行设置。代码中使用了名为 ItemModel 的类，此类为数据模型类，同样也是自定义的，其实现如下：

```
// 包名
package com.example.listcontainerdemo.slice;
// 数据模型类
public class ItemModel {
    // 定义 " 名称 " 属性
    private String name;
    // 构造方法
    public ItemModel(String name) {
        this.name = name;
```

```
    }
    // 对应属性的 setter 和 getter 方法
    public String getName() {
        return this.name;
    }
    public void setName(String name) {
        this.name = name;
    }
}
```


因为 ListItem 列表项组件本身比较简单，所以对应的数据模型也很简单，使得上面代码中只有一个 name 属性。

> **温馨提示：**数据模型类，顾名思义，是约定数据格式的，在实际开发中，会对将要用到的数据进行抽象，将其定义成标准化的格式结构，方便前后端通信。

下面需要对 MainAbilitySlice 类的代码做一些修改，以对 ListContainer 组件进行配置，修改 onStart 方法，代码如下：

```
public void onStart(Intent intent) {
    super.onStart(intent);
    super.setUIContent(ResourceTable.Layout_ability_main);
    // 获取 ListContainer 实例
    ListContainer listContainer = (ListContainer) findComponentById
    (ResourceTable.Id_list_container);
    // 创建一些模拟数据
    ArrayList<ItemModel> list = new ArrayList<>();
    for  (int i = 0; i < 100; i++) {
        // 新建 ItemModel
        list.add(new ItemModel(String.format("第 %d 行数据", i)));
    }
    // 创建数据源类实例
    ItemProvider itemProvider = new ItemProvider(list, this.getContext());
    // 设置列表容器的数据源
    listContainer.setItemProvider(itemProvider);
}
```

运行代码，查看页面上渲染的列表视图，效果如图 4.2 所示。

图 4.2　列表视图示例

4.2.2　ListContainer 组件的更多用法

通过学习 4.2.1 小节的示例代码，用户可能会觉得 ListContainer 组件的用法很烦琐。实际上，ListContainer 组件的设计结构非常清晰，只要把握几个重点即可。在使用列表组件时，首先需要思考的是每个列表项具体的 UI 样式，并将其定义，之后根据 UI 样式来定义渲染此列表项需要的数据模型，然后通过 ItemProvider 类整合列表项组件与数据模型，最后通过 ListContainer 列表容器对其进行渲染即可，整体结构设计如图 4.3 所示。

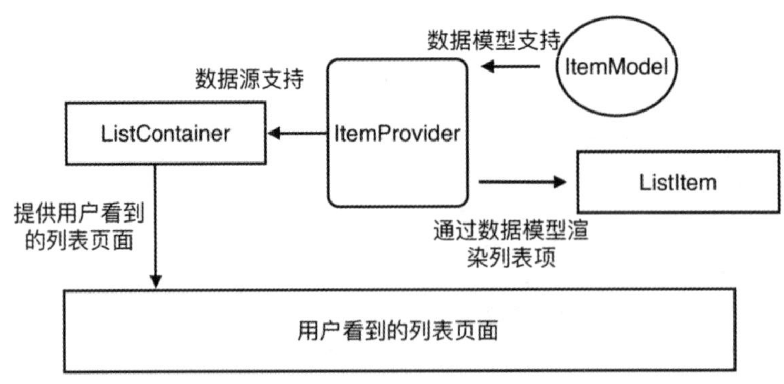

图 4.3　ListContainer 整体结构设计

用户把握了 ItemList、ItemModel 及 ItemProvider 这几个核心点后，会发现 ListContainer 组件的使用将非常简单。下面来介绍 ListContainer 中的一些常用接口。

在界面初始化时，若确定数据源的列表都是静态的，则更多地需要使用动态列表，这说明数据源并非是在初始化时就确定，而是通过网络请求获取，或是在使用过程中由用户增删数据。当数据源有变化时，需要调用 ItemProvider 的 notifyDataChanged 方法来通知列表刷新，示例如下：

```
listContainer.setItemClickedListener(new ListContainer.ItemClickedListener() {
    @Override
    public void onItemClicked(ListContainer listContainer, Component component,
    int i, long l) {
        if (i > 4) {
            list.remove(i);
        } else {
            list.add(new ItemModel("新增数据"));
        }
        itemProvider.notifyDataChanged();
    }
});
```

上面的代码中，setItemClickedListener 为列表视图添加列表项的单击监听事件，在事件回调中会将用户单击的位置作为参数传入，若要新增或删除列表项，则直接修改数据源集合，然后调用 notifyDataChanged 方法即可。

与单击监听事件类似，ListContainer 也支持对列表的长按事件进行监听，示例如下：

```
listContainer.setItemLongClickedListener(new ListContainer.ItemLongClickedListener() {
    @Override
    public boolean onItemLongClicked(ListContainer listContainer, Component
    component, int i, long l) {
        if (i > 0) {
            list.remove(i);
            itemProvider.notifyDataChanged();
        }
        return false;
    }
});
```

虽然大多数情况使用的列表都是竖向的，但 ListContainer 本身也支持横向列表，只需要修改 ListContainer 组件的 orientation 属性为 horizontal 即可。ListContainer 组件虽然不是继承自 ScrollView 组件，但在某些表现上它们非常相似，通过调用 setReboundEffect 方法来设置在列表滚动时是否开启回弹效果，以及使用 setReboundEffectParams 方法对回弹效果进行体验调整。

4.2.3 关于 ListContainer 组件的性能优化

观察 ItemProvider 类的 getComponent 方法，用户会发现每次渲染列表项时，都需要通过 id 来查找对应的组件才能进行设置。使用 id 查找组件的过程是比较耗费性能的，最好的做法是对于新创建的列表项实例，只查找一次，之后对于已复用的列表则不再进行重复查找。

新建一个命名为 ItemHolder 的类，编写代码如下：

```
// 所在包名
package com.example.listcontainerdemo.slice;
// 模块引入
import com.example.listcontainerdemo.ResourceTable;
import ohos.agp.components.Component;
import ohos.agp.components.Text;
// 定义类
public class ItemHolder {
    // 用来显示名称的 Text 组件
    Text titleText;
    // 自定义构造方法
    ItemHolder(Component component) {
        titleText = (Text) component.findComponentById(ResourceTable.Id_item_id);
    }
}
```

修改 ItemProvider 类的 getComponent 方法如下：

```
public Component getComponent(int i, Component component, ComponentContainer
componentContainer) {
    // 参数中的 component 是可进行复用的组件
    Component componentRes;
    ItemHolder itemHolder;
```

```
    if (component != null) {
        // 存在则进行复用
        componentRes = component;
        // 获取绑定的 ItemHolder 对象
        itemHolder = (ItemHolder) componentRes.getTag();
    } else {
        // 不存在则新建
        componentRes = LayoutScatter.getInstance(context).parse(ResourceTable.
                       Layout_ListItem, null, false);
        // 新建 ItemHolder
        itemHolder = new ItemHolder(componentRes);
        // 将 ItemHolder 绑定到组件上
        componentRes.setTag(itemHolder);
    }
    // 获取要渲染的数据模型
    ItemModel model = dataList.get(i);
    // 直接使用 ItemHolder 中的属性设置文本
    itemHolder.titleText.setText(model.getName());
    // 返回组件
    return componentRes;
}
```

简单来说，将组件中子元素组件的获取理解为组件的解析，ItemHolder 保存了组件解析的结果。在实际开发中，列表项可能由非常多的子组件构成，使用 ItemHolder 可以显著提升滑动时的列表性能，从而提升用户体验。

4.3　页签栏 TabList 组件的应用

TabList 组件用来创建页签栏，页签栏通常出现在页面的顶部，用来对内容进行分类。TabList 组件需要和 Tab 组件组合使用，其中 TabList 组件创建页签容器，Tab 组件创建具体的页签。

4.3.1　使用 TabList 页签栏组件

新建一个命名为 TabListDemo 的示例工程，首先修改 ability_main.xml 中的代码如下：

```
<?xml version="1.0" encoding="utf-8"?>
```

```
<TabList
    xmlns:ohos="http://schemas.huawei.com/res/ohos"
    ohos:id="$+id:tab_list"
    ohos:width="match_parent"
    ohos:height="60vp"
    ohos:normal_text_color="#ffffff"
    ohos:selected_text_color="#ff0000"
    ohos:selected_tab_indicator_color="#ff0000"
    ohos:text_alignment="center"
    ohos:background_element="#a1a1a1"/>
```


上面代码中将页面的根组件修改为 TabList 组件，并对其样式做了简单的配置，其中，normal_text_color 用来设置标签文字的默认颜色，selected_text_color 用来设置标签选中时的颜色，selected_tab_indicator_color 用来设置指示器的颜色，指示器用来标注当前选中的标签。

定义好 TabList 组件后，需要手动添加标签。修改 MainAbilitySlice 类的 onStart 方法，代码如下：

```
public void onStart(Intent intent) {
    super.onStart(intent);
    super.setUIContent(ResourceTable.Layout_ability_main);
    // 获取 TabList 组件实例
    TabList tabList = (TabList) findComponentById(ResourceTable.Id_tab_list);
    // 设置文字大小
    tabList.setTabTextSize(80);
    // 设置布局方向为水平布局
    tabList.setOrientation(Component.HORIZONTAL);
    // 设置选中指示器的高度
    tabList.setSelectedTabIndicatorHeight(10);
    // 设置标签是否自动拉伸充满页签栏
    tabList.setFixedMode(true);
    // 创建标签
    TabList.Tab tab = tabList.new Tab(getContext());
    // 设置标签文案
    tab.setText(" 分类 1");
    // 向 TabList 中添加标签
    tabList.addTab(tab);
```

```
    TabList.Tab tab2 = tabList.new Tab(getContext());
    tab2.setText("分类 2");
    tabList.addTab(tab2);
    TabList.Tab tab3 = tabList.new Tab(getContext());
    tab3.setText("分类 3");
    tabList.addTab(tab3);
    // 设置默认选中的标签
    tab.select();
}
```

运行代码，效果如图 4.4 所示。

图 4.4　TabList 组件示例

4.3.2　TabList 与 Tab 组件的一些配置接口

TabList 组件继承自 ScrollView 组件，因此它也是一种可滚动的组件。当标签数量过多超出 TabList 的尺寸时，TabList 同样也支持滚动操作。

在上一小节的示例代码中，设置 TabList 组件的布局方向为水平方向，也可将其设置为竖直方向，此时创建出侧边栏组件。示例代码如下：

```
// 设置宽度为内容宽度
```

```
tabList.setWidth(ComponentContainer.LayoutConfig.MATCH_CONTENT);
// 设置高度为充满父容器
tabList.setHeight(ComponentContainer.LayoutConfig.MATCH_PARENT);
// 设置布局方向为竖直
tabList.setOrientation(Component.VERTICAL);
```

运行代码，效果如图 4.5 所示。

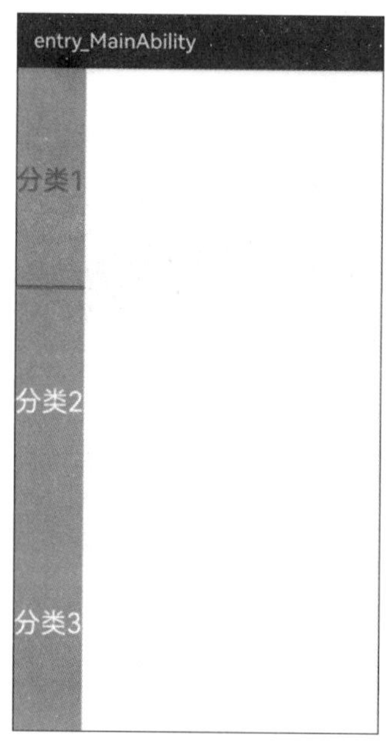

图 4.5　垂直布局的 TabList 组件示例

无论是水平布局还是垂直布局，TabList 组件中标签的尺寸在布局方向上都是均分充满的。这是由 setFixedMode 方法进行配置的。当 TabList 组件中的标签个数较少时，采用这种布局方式会比较美观；当标签个数较多时，可以为每个标签设置固定的尺寸；当所有标签的总尺寸超出父容器时，TabList 便滚动，例如：

```
// 设置标签尺寸自定
tabList.setFixedMode(false);
// 设置标签在布局方向上的尺寸
tabList.setTabLength(800);
// 设置标签间的间隔
tabList.setTabMargin(400);
```

默认情况下，当标签选中时，其下方会显示一个线段样式的指示器，设置指示器的样式风格，如下：

```
// 设置指示器的样式风格
tabList.setIndicatorType(TabList.INDICATOR_OVAL)
```

几种可设置的风格列举如下：

```
// 底部线段指示器
public static final int INDICATOR_BOTTOM_LINE = 1;
// 无指示器
public static final int INDICATOR_INVISIBLE = 0;
// 左侧线段指示器
public static final int INDICATOR_LEFT_LINE = 2;
// 椭圆形覆盖指示器
public static final int INDICATOR_OVAL = 3;
```

最后，再来看看标签单击的事件处理，TabList 添加标签选中事件的监听，示例代码如下：

```
tabList.addTabSelectedListener(new TabList.TabSelectedListener() {
    @Override
    public void onSelected(TabList.Tab tab) {
        // 标签选中时回调
        HiLog.info(new HiLogLabel(0,0,"tablist")," 选中新的标签 :%d", tab.getPosition());
    }
    @Override
    public void onUnselected(TabList.Tab tab) {
        // 标签取消选中时回调
        HiLog.info(new HiLogLabel(0,0,"tablist")," 取消选中的标签 :%d", tab.getPosition());
    }
    @Override
    public void onReselected(TabList.Tab tab) {
        // 已经选中的标签再次单击
        HiLog.info(new HiLogLabel(0,0,"tablist")," 重复选中新的标签 :%d", tab.getPosition());
    }
});
```

如上面代码所示，在事件回调中会将 Tab 实例作为参数传入，并调用 Tab 对象的 getPosition 方法来获取标签的位置，此位置的计数编号从 0 开始计算。

4.4 分页组件 PageSlider 的应用

PageSlider 是一种多页面容器组件，可用于响应用户的滑动事件，从而进行页面的切换。在应用开发中，滑动切换页面的场景很常见，如相册图片的浏览和并列功能模块的切换等。因此，使用 PageSlider 组件将能够轻松实现此类功能。

4.4.1 PageSlider 组件的简单使用

从本质上看，PageSlider 组件的使用流程与 ListContainer 组件类似，其内部的组件都是需要进行定义的。使用时，只需要把握住内部组件的定义、数据模型的定义和数据源的定义这 3 个要素即可。

新建一个命名为 PageSliderDemo 的示例工程，首先修改 ability_main.xml 文件中的代码如下：

```
<?xml version="1.0" encoding="utf-8"?>
<DirectionalLayout
    xmlns:ohos="http://schemas.huawei.com/res/ohos"
    ohos:height="match_parent"
    ohos:width="match_parent"
    ohos:alignment="center"
    ohos:orientation="vertical">
    <PageSlider
        ohos:id="$+id:page_slider"
        ohos:height="300vp"
        ohos:width="300vp"/>
</DirectionalLayout>
```

上面代码很简单，只是定义了一个 PageSlider 组件。

在 com.example.pageslider demo.slice 包下新建一个命名为 ItemModel 的 Java 类作为数据模型类，为简单起见，只定义一个属性，代码如下：

```
package com.example.pagesliderdemo.slice;
public class ItemModel {
    // 定义 " 内容文案 " 属性
    String content;
```

```
    // 自定义构造方法
    public ItemModel(String content) {
        this.content = content;
    }
}
```

下面需要定义核心的数据源类。新建一个命名为 PageSliderDataProvider 的 Java 类，使其继承自 PageSliderProvider 类，编写代码如下：

```
// 当前所在包
package com.example.pagesliderdemo.slice;
// 模块引入
import com.example.pagesliderdemo.ResourceTable;
import ohos.agp.components.*;
import ohos.agp.components.element.ShapeElement;
import ohos.agp.utils.Color;
import ohos.agp.utils.TextAlignment;
import ohos.app.Context;
import java.util.List;
// 数据源类
public class PageSliderDataProvider extends PageSliderProvider {
    // 数据模型列表
    private List<ItemModel> dataList;
    // 上下文对象
    private Context context;
    // 构造方法
    public PageSliderDataProvider(List<ItemModel> dataList, Context context) {
        this.dataList = dataList;
        this.context = context;
    }
    // 子类覆写此方法用来返回子页面数
    @Override
    public int getCount() {
        return dataList.size();
    }
    // 子类覆写此方法用来设置子页面的具体内容，这里使用纯代码进行构建
    @Override
```

```
public Object createPageInContainer(ComponentContainer componentContainer,
                                    int i) {
    // 获取要渲染的数据模型
    ItemModel itemModel = dataList.get(i);
    // 创建 Text 组件
    Text label = new Text(null);
    // 设置对齐方式
    label.setTextAlignment(TextAlignment.CENTER);
    // 进行布局配置
    label.setLayoutConfig(
        new StackLayout.LayoutConfig(
            ComponentContainer.LayoutConfig.MATCH_PARENT,
            ComponentContainer.LayoutConfig.MATCH_PARENT)
    );
    // 设置文案
    label.setText(itemModel.content);
    // 设置文本颜色
    label.setTextColor(Color.BLACK);
    // 设置字号
    label.setTextSize(50);
    // 设置外边距
    label.setMarginsLeftAndRight(24, 24);
    label.setMarginsTopAndBottom(24, 24);
    // 设置背景
    ShapeElement element = new  ShapeElement(context,  ResourceTable.
                      Graphic_background_ability_main);
    label.setBackground(element);
    // 将 Text 组件添加到布局容器中
    componentContainer.addComponent(label);
    // 返回此 Text 组件
    return label;
}

// 此方法在子页面被销毁时调用，用来清理资源
@Override
```

```
    public void destroyPageFromContainer(ComponentContainer componentContainer,
                                         int i, Object o) {
        componentContainer.removeComponent((Component) o);
    }
    // 此方法在内容组件关联到容器时调用
    @Override
    public boolean isPageMatchToObject(Component component, Object o) {
        return true;
    }
}
```


上面的代码中，只需要理解表 4.2 中列举的 4 个方法即可。

表 4.2　PageSlider 中封装的常用方法

方法名	参数 / 类型	返回值类型	意　义
getCount	无	整型	指定 PageSlider 中子页面的个数
createPageInContainer	参数 1/Component Container 类型 参数 2/ 整型：页面的	对象类型	此方法用来为子页面创建内容视图，其参数 1 为视图容器，需要将创建的子页面组件添加到此视图容器中。返回对象会被关联到该子页面上
destroyPageFromContainer	参数 1/Component Container 类型 参数 2/ 整型：页面的位置 参数 3/Object 类型：被关联的对象	无	当子页面将要销毁时调用，PageSlider 会自动销毁不展示的页面来回收资源，在此方法中将添加的内容视图移除
isPageMatchToObject	参数 1/Component 类型 参数 2/Object 类型	布尔类型	指定视图是否关联指定对象

代码中，设置了 Text 组件的背景为 Element 资源文件，修改 background_ability_main.xml 文件代码如下：

```
<?xml version="1.0" encoding="utf-8" ?>
<shape xmlns:ohos="http://schemas.huawei.com/res/ohos"
       ohos:shape="rectangle">
```

```
    <!-- 设置圆角 -->
    <corners ohos:radius="10vp"/>
    <!-- 设置实线颜色 -->
    <solid ohos:color="#AFEEEE"/>
    <!-- 设置边框 -->
    <stroke
        ohos:width="5vp"
        ohos:color="#AAAAAA"/>
</shape>
```


运行代码，效果如图 4.6 所示。

图 4.6　PageSlider 组件示例

在组件上左右滑动，可以看到页面平滑的切换效果。

4.4.2　PageSlider 组件的更多配置与常用方法

PageSlider 组件继承自 StackLayout 组件，因此其本质上也是一个布局容器。前面的示例代码中，默认情况下 PageSlider 组件的布局方向是水平的，即内部的子页面将横向滑动切换。通过 setOrientation 方法可以修改其布局方向，如下面的代码将创建竖直布局的 PageSlider 组件：

```
pageSlider.setOrientation(Component.VERTICAL);
```

除了 setOrientation 方法外，表 4.3 列出了 PageSlider 组件中封装的常用方法。

表 4.3　PageSlider 组件中封装的常用方法

方 法 名	参 数	意 义
setPageCacheSize	参数 1/ 整型	设置要保留的当前页面前后的页面数
setCurrentPage	参数 1/ 整型 参数 2/ 布尔值	设置当前展示的页面。参数 1 设置要展示的页面的下标，参数 2 设置是否带平滑滚动效果
setSlidingPossible	参数 1/ 布尔值	设置是否开启页面滑动
setReboundEffect	参数 1/ 布尔值	设置是否启用回弹效果
setReboundEffectParams	参数 1/ 整型 参数 2/ 浮点型 参数 3/ 整型	设置回弹效果的参数
setPageSwitchTime	参数 1/ 整型	设置页面切换动画的时间，参数单位为毫秒

在 PageSlider 组件进行页面切换的操作中，某些状态的回调也很重要。通过向 PageSlider 组件添加页面状态改变的监听来获悉这些回调事件。示例代码如下：

```
// 添加事件监听
pageSlider.addPageChangedListener(new PageSlider.PageChangedListener() {
    @Override
    public void onPageSliding(int itemPos, float itemPosOffset, int 
    itemPosOffsetPixels) {
        // 页面滑动时回调，3 个参数分别从不同维度描述了页面的滑动位置
        // itemPos：当前页面的索引下标
        // itemPosOffset：当前页面的偏移量比例，0 ~ 1 之间
        // itemPosOffsetPixels：当前页面的偏移量像素数
        HiLog.debug(new HiLogLabel(0,0,"PageSlider"), "onPageSliding");
    }
    @Override
    public void onPageSlideStateChanged(int state) {
        // 页面滑动状态改变时回调
        // state：0，默认状态；1，用户正在拖曳状态；2，滑动中状态
        HiLog.debug(new HiLogLabel(0,0,"PageSlider"), "onPageSlideStateChanged");
    }
    @Override
    public void onPageChosen(int itemPos) {
        // 当一个新的页面被选中时回调
        // itemPos：选中页面的索引下标
```

```
        HiLog.debug(new HiLogLabel(0,0,"PageSlider"), "onPageChosen");
    }
});
```

4.4.3 PageSlider 组件与 TabList 组件的结合使用

PageSlider 组件的主要作用是布局多个子页面，通过滑动进行子页面的切换；TabList 组件的主要作用是布局多个标签，单击进行标签的切换。在实际的应用场景中，PageSlider 组件通常会和 TabList 组件结合使用。当用户切换 TabList 组件中的标签时，PageSlider 组件会自动滑动到对应的页面；同样，当用户滑动切换 PageSlider 组件的子页面时，TabList 组件则对应地切换标签。本小节就来尝试实现一个 PageSlider 组件与 TabList 组件联动的页面。

新建一个命名为 PageSliderTabListDemo 的示例工程，先修改布局文件 ability_main.xml，代码如下：

```
<?xml version="1.0" encoding="utf-8"?>
<DirectionalLayout
    xmlns:ohos="http://schemas.huawei.com/res/ohos"
    ohos:height="match_parent"
    ohos:width="match_parent"
    ohos:alignment="top"
    ohos:orientation="vertical">
    <TabList
        ohos:id="$+id:tablsit"
        ohos:width="match_parent"
        ohos:height="30vp"
        ohos:fixed_mode="true"
        ohos:orientation="horizontal"
        ohos:text_size="20vp"
        ohos:text_alignment="center"
        ohos:selected_text_color="#ff0000"
        ohos:normal_text_color="#000000"
        ohos:selected_tab_indicator_color="#ff0000"
        />
    <PageSlider
        ohos:id="$+id:pageslider"
```

```
        ohos:width="match_parent"
        ohos:height="match_parent"/>
</DirectionalLayout>
```

上面代码中定义了一个竖直方向的线性布局容器，其中依次填入了 TabList 组件和 PageSlider 组件。TabList 组件比较简单，下面先实现 PageSlider 组件的数据源类：

```
// 所在包名
package com.example.pageslidertablistdemo.slice;
// 引入模块
import com.example.pageslidertablistdemo.ResourceTable;
import ohos.agp.components.*;
import ohos.agp.components.element.ShapeElement;
import ohos.agp.utils.Color;
import ohos.agp.utils.TextAlignment;
import ohos.app.Context;
import java.util.List;
// 数据源类
public class MainAbilityProvider extends PageSliderProvider {
    // 数据列表
    private List<String> dataList;
    // 上下文
    private Context context;
    // 构造方法
    public MainAbilityProvider(List<String> dataList,  Context context) {
        this.dataList = dataList;
        this.context = context;
    }
    // 子页面个数
    @Override
    public int getCount() {
        return dataList.size();
    }
    // 定义子页面内容
    @Override
    public Object createPageInContainer(ComponentContainer componentContainer, int i) {
```

```
        Text label = new Text(null);
        label.setTextAlignment(TextAlignment.CENTER);
        label.setLayoutConfig(
                new StackLayout.LayoutConfig(
                        ComponentContainer.LayoutConfig.MATCH_PARENT,
                        ComponentContainer.LayoutConfig.MATCH_PARENT
                ));
        label.setText(dataList.get(i));
        label.setTextColor(Color.BLACK);
        label.setTextSize(100);
        label.setMarginsLeftAndRight(24, 24);
        label.setMarginsTopAndBottom(24, 24);
        ShapeElement element = new ShapeElement(context, ResourceTable.
                                Graphic_background_ability_main);
        label.setBackground(element);
        componentContainer.addComponent(label);
        return label;
    }
    // 移除绑定的对象
    @Override
    public void destroyPageFromContainer(ComponentContainer componentContainer,
                                         int i, Object o) {
        componentContainer.removeComponent((Component) o);
    }
    // 是否绑定对象
    @Override
    public boolean isPageMatchToObject(Component component, Object o) {
        return true;
    }
}
```

修改 MainAbilitySlice 类如下，将 TabList 组件和 PageSlider 组件组合使用：

```
// 包名
package com.example.pageslidertablistdemo.slice;
// 引入模块
```

```
import com.example.pageslidertablistdemo.ResourceTable;
import ohos.aafwk.ability.AbilitySlice;
import ohos.aafwk.content.Intent;
import ohos.agp.components.PageSlider;
import ohos.agp.components.TabList;
import java.util.ArrayList;
public class MainAbilitySlice extends AbilitySlice {
    @Override
    public void onStart(Intent intent) {
        super.onStart(intent);
        super.setUIContent(ResourceTable.Layout_ability_main);
        // 数据初始化
        setupDataList();
        // TabList 组件初始化
        setupTabList();
        // PageSlider 组件初始化
        setupPageSlider();
    }
    // 定义私有属性
    private TabList tabList;
    private PageSlider pageSlider;
    private ArrayList<String> datalist;
    // 数据初始化方法
    private void setupDataList() {
        datalist = new ArrayList<>();
        datalist.add(" 综合新闻 ");
        datalist.add(" 时政要闻 ");
        datalist.add(" 体育新闻 ");
        datalist.add(" 娱乐新闻 ");
    }
    // TabList 组件初始化方法
    private void setupTabList() {
        // 获取组件
        tabList = (TabList) findComponentById(ResourceTable.Id_tablsit);
        // 循环创建 Tab 标签
```

```
        for (int i = 0; i < datalist.size(); i++) {
            TabList.Tab tab = tabList.new Tab(getContext());
            tab.setText(datalist.get(i));
            tabList.addTab(tab);
        }
        // 默认选中第一个标签
        tabList.selectTabAt(0);
        // 设置选中标签的监听
        tabList.addTabSelectedListener(new TabList.TabSelectedListener() {
            @Override
            public void onSelected(TabList.Tab tab) {
                // 选中某个标签后，设置 pageSlider 滚动到指定位置
                pageSlider.setCurrentPage(tab.getPosition(), true);
            }
            @Override
            public void onUnselected(TabList.Tab tab) { }
            @Override
            public void onReselected(TabList.Tab tab) { }
        });
    }
    // PageSlider 初始化的组件方法
    private void setupPageSlider() {
        // 获取组件
        pageSlider = (PageSlider)  findComponentById(ResourceTable.Id_
                    pageslider);
        // 设置数据源
        pageSlider.setProvider(new MainAbilityProvider(datalist,getContext()));
        // 设置页面切换的监听
        pageSlider.addPageChangedListener(new PageSlider.PageChangedListener() {
            @Override
            public void onPageSliding(int i, float v, int i1) { }
            @Override
            public void onPageSlideStateChanged(int i) { }
            @Override
            public void onPageChosen(int i) {
```

```
                // 页面切换后，对应改变选中的 TabList 标签
                tabList.selectTabAt(i);
            }
        });
    }
}
```

示例代码中的内容都是前面介绍过的，并不复杂。运行代码，尝试单击不同的标签或滑动切换PageSlider组件的子页面，可以查看TabList组件和PageSlider组件的联动效果，如图4.7所示。

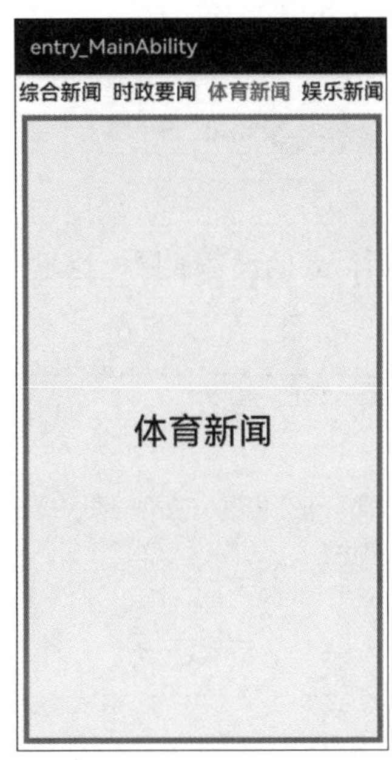

图 4.7　TabList 组件和 PageSlider 组件结合使用示例

4.5　网页视图 WebView 组件的使用

WebView 组件是一种拥有展示 Web 网页能力的视图，使用它将网页嵌入至应用程序中。

4.5.1　WebView 组件使用示例

WebView 组件用来加载网页视图，使用时需要进行网络访问，因此需要首先配置应用程序的网络权限。修改 entry/src/main 路径下的 config.json 文件，在 deviceConfig 选项中新增 network 配置，代码如下：

```
"deviceConfig": {
  "default": {
    "network": {
      "cleartextTraffic": true
    }
  }
}
```

cleartextTraffic 选项用来设置是否允许明文的网络传输，在配置过程中将其设置为允许。在 module 选项下新增 reqPermissions 选项，代码如下：

```
"reqPermissions": [
  {"name": "ohos.permission.INTERNET"}
]
```

reqPermissions 选项用来声明所需要的设备权限，这里配置为网络连接权限。

修改 ability_main.xml 文件如下：

```
<?xml version="1.0" encoding="utf-8"?>
<DirectionalLayout
    xmlns:ohos="http://schemas.huawei.com/res/ohos"
    ohos:height="match_parent"
    ohos:width="match_parent"
    ohos:alignment="center"
    ohos:orientation="vertical">
    <ohos.agp.components.webengine.WebView ohos:id="$+id:webview"
        ohos:width="match_parent"
        ohos:height="match_parent" />
</DirectionalLayout>
```

需要注意，在 SDK API 6 版本中，引入 WebView 时需要完整地引入包名，并不能直接使用 WebView 组件。

下面在 MainAbilitySlice 类的 onStart 方法中添加一些代码，让 WebView 组件来加载百度的首页，代码如下：

```
public void onStart(Intent intent) {
    super.onStart(intent);
    super.setUIContent(ResourceTable.Layout_ability_main);
```

```
    // 获取 WebView 组件
    WebView webView = (WebView) findComponentById(ResourceTable.Id_webview);
    // 设置自定义的 WebAgent 代理
    webView.setWebAgent(new WebAgent(){
        // 覆写此方法来设置是否需要加载某 url
        @Override
        public boolean isNeedLoadUrl(WebView webView, ResourceRequest request) {
            return true;
        }
    });
    // 加载百度首页
    webView.load("https://www.baidu.com");
}
```

运行代码，效果如图 4.8 所示。

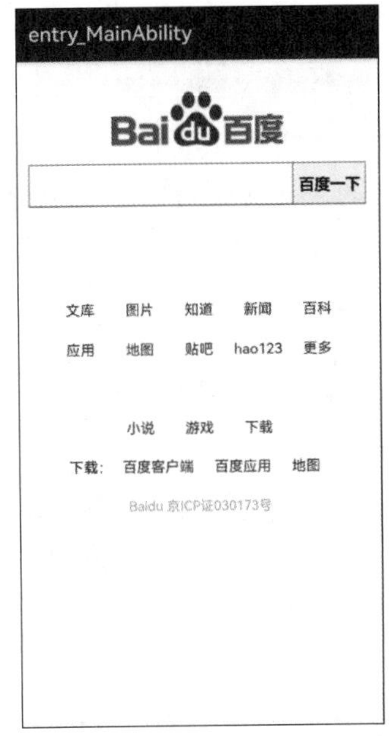

图 4.8　WebView 组件示例

WebView 使用 URL 加载了某个网页后，所有的逻辑都在网页端自行处理，原生端几乎不需要做什么就可以拥有完整的网站功能，这一操作在实际的项目开发中，某些独立的模块也直接使用 WebView 组件来实现。

4.5.2 WebView 组件常用方法解析

平时使用浏览器浏览网站时，前进和后退是常用的功能。浏览网页时经常会进行向后和向前跳转的操作，这些功能实际上是浏览器实现的。在 HarmonyOS 中，WebView 也提供了类似的功能。通常将网页的前进和后退动作称为网页导航。WebView 实例中封装了一个导航器对象，可使用如下方法获取：

```
// 获取导航器实例对象
Navigator navigator = webView.getNavigator();
```


Navigator 对象中封装了如表 4.4 所示来进行导航操作的方法。

表 4.4　Navigator 封装的常用方法

方法名	参　数	返回值类型	意　义
goBack	无	无	后退操作
canGoBack	无	布尔型	是否进行后退操作
goForward	无	无	前进操作
canGoForward	无	布尔型	是否进行前进操作

WebView 本身也有许多配置，可通过如下方法获取 WebView 的配置对象：

```
// 获取 WebView 配置对象
WebConfig config = webView.getWebConfig();
```

例如，如下配置让 WebView 支持 JavaScript 脚本：

```
// 开启 JavaScript 脚本支持
config.setJavaScriptPermit(true);
```

JavaScript 是一种强大的 Web 开发语言，WebView 也支持 Native 和 JavaScript 端的相互调用。如果要在 Native 端直接调用 JavaScript 方法，则调用 WebView 的 executeJs 方法即可，示例如下：

```
webView.executeJs("document.nodeName", new AsyncCallback<String>() {
    @Override
    public void onReceive(String s) {
        // 调用结果的回调
        HiLog.info(new HiLogLabel(0,0,"webView"),s);
    }
});
```

其中，document.nodeName 是 JavaScript 代码，在 onReceive 方法中获取 JavaScript 代码执行的返回值。如果要让 JavaScript 调用 Native 的方法，则向 WebView 中注入原生对象，代码如下：

```
webView.addJsCallback("JSCallNativeName", new JsCallback() {
    @Override
    public String onCallback(String s) {
        // 此处写原生端逻辑
        return null;
    }
});
```

其中，JSCallNativeName 为注入 JS 端的桥方法，JavaScript 代码直接调用此 Native 方法。

前面的示例代码中，使用过 WebAgent 这个代理对象，其实是使用 WebAgent 代理对 WebView 的状态进行监测，示例如下：

```
webView.setWebAgent(new WebAgent(){
    // 覆写此方法来设置是否需要加载某 url
    @Override
    public boolean isNeedLoadUrl(WebView webView, ResourceRequest request) {
        return true;
    }
    // 此方法在内容加载时会调用
    @Override
    public void onLoadingContent(WebView webView, String url) {
        super.onLoadingContent(webView, url);
    }
    // 此方法在页面加载完成时会调用
    @Override
    public void onPageLoaded(WebView webView, String url) {
        super.onPageLoaded(webView, url);
    }
    // 此方法在页面加载时会调用
    @Override
    public void onLoadingPage(WebView webView, String url, PixelMap icon) {
        super.onLoadingPage(webView, url, icon);
```

```
    }
    // 此方法在发生异常时会调用
    @Override
    public void onError(WebView webView, ResourceRequest request,
    ResourceError error) {
        super.onError(webView, request, error);
    }
});
```


4.6 实践：简易社交软件页面搭建

本节将对本章介绍的高级 UI 组件进行实践应用。在 HarmonyOS 移动应用开发中，掌握 TabList、PageSlider、ListContainer 这些组件的用法是有必要的。本节将通过实现一个简单的社交软件主页面，对这些组件进行综合运用。

4.6.1 搭建主框架

在开始实践之前，需要对要完成的事项做简单的梳理。本次实践计划完成两个示例页面：会话页面与联系人页面。拆分细节如下：

（1）进入应用后，展示主页，主页底部布局两个标签，用来切换会话页面与联系人页面。

（2）首页内容部分使用 PageSlider 组件构建。

（3）会话页面展示会话列表，每条会话展示头像、标题、内容和未读数。

（4）联系人页面展示头像和昵称。

新建一个命名为 ChatUIDemo 的示例工程，修改布局文件 ability_main.xml 如下：

```
<?xml version="1.0" encoding="utf-8"?>
<DirectionalLayout
    xmlns:ohos="http://schemas.huawei.com/res/ohos"
    ohos:height="match_parent"
    ohos:width="match_parent"
    ohos:alignment="center"
    ohos:orientation="vertical">
    <PageSlider
        ohos:id="$+id:page_slider"
```

```
        ohos:width="match_parent"
        ohos:height="match_parent"/>
    <TabList
        ohos:id="$+id:tab_list"
        ohos:width="match_parent"
        ohos:height="60vp"
        ohos:text_size="30vp"
        ohos:bottom_margin="50vp"
        ohos:fixed_mode="true"
        ohos:normal_text_color="#8d8a8e"
        ohos:selected_text_color="#57be6a"
        />
</DirectionalLayout>
```

主页的布局文件比较简单，竖向布局了 PageSlider 组件和 TabList 组件。如果直接运行该项目，自带的标题将显示 entry_MainAbility，这是工程模板自动填写的。用户可以在 resources/base/zh_CN.element 文件夹下找到一个名为 string.json 的字符串配置文件，并修改其中的 entry_MainAbility 配置项，如将其改为“简易聊天 Demo”：

```
{
  "string": [
    {
      "name": "entry_MainAbility",
      "value": "简易聊天 Demo"
    }
  ]
}
```

主页的搭建主要是处理 TabList 组件和 PageSlider 组件的联动，在 MainAbilitySlice 类中编写如下代码：

```
// 包名
package com.example.chatuidemo.slice;
// 模块引入
import com.example.chatuidemo.ResourceTable;
import ohos.aafwk.ability.AbilitySlice;
import ohos.aafwk.content.Intent;
```

```
import ohos.agp.components.PageSlider;
import ohos.agp.components.TabList;
public class MainAbilitySlice extends AbilitySlice {
    @Override
    public void onStart(Intent intent) {
        super.onStart(intent);
        super.setUIContent(ResourceTable.Layout_ability_main);
        // 进行 TabList 和 PageSlider 的初始化
        setupTabList();
        setupPageSlider();
    }
    // 定义私有属性
    private TabList tabList;
    private PageSlider pageSlider;
    // 初始化 TabList
    private void setupTabList() {
        // 获取组件
        tabList = (TabList) findComponentById(ResourceTable.Id_tab_list);
        // 定义两个标签
        TabList.Tab tab1 = tabList.new Tab(getContext());
        tab1.setText("消息");
        tabList.addTab(tab1);
        TabList.Tab tab2 = tabList.new Tab(getContext());
        tab2.setText("联系人");
        tabList.addTab(tab2);
        // 默认选中第一个标签
        tabList.selectTabAt(0);
        // 添加选中标签变化的监听
        tabList.addTabSelectedListener(new TabList.TabSelectedListener() {
            @Override
            public void onSelected(TabList.Tab tab) {
                // 选中标签时，对应地切换 PageSlider 当前的页面
                pageSlider.setCurrentPage(tab.getPosition(), true);
            }
            @Override
```

```
            public void onUnselected(TabList.Tab tab) {}
            @Override
            public void onReselected(TabList.Tab tab) {}
        });
    }
    // 初始化 PageSlider
    private void setupPageSlider() {
        // 获取组件
        pageSlider = (PageSlider) findComponentById(ResourceTable.Id_page_
                slider);
        // 设置数据源
        pageSlider.setProvider(new MessagePageProvider(getContext()));
        // 添加页面切换的监听
        pageSlider.addPageChangedListener(new PageSlider.PageChangedListener() {
            @Override
            public void onPageSliding(int i, float v, int i1) { }
            @Override
            public void onPageSliderStateChanged(int i) { }
            @Override
            public void onPageChosen(int i) {
                // 页面切换后，同步更改选中的标签
                tabList.selectTabAt(i);
            }
        });
    }
}
```

上面的代码完成了主页的基本功能，需要注意，在初始化 PageSlider 时，为其设置了数据源 MessagePageProvider 类，此类尚未编写，为了不妨碍程序的正常运行，先创建一个继承自 PageSliderProvider 的空类，4.6.2 小节将实现具体的会话列表。

4.6.2　实现会话列表和联系人列表

4.6.1 小节中创建了一个空的 MessagePageProvider 类，本小节将对其进行实现。先新建一个命名为 message_page.xml 的布局文件，用来作为会话页面的列表容器，实现代码如下：

```
<?xml version="1.0" encoding="utf-8"?>
<ListContainer
    xmlns:ohos="http://schemas.huawei.com/res/ohos"
    ohos:id="$+id:list_view"
    ohos:height="match_parent"
    ohos:width="match_parent"
    ohos:top_margin="60vp"/>
```

此处添加了 60vp 的上边间距，这是由于 TabList 组件的高度设置为 60vp，而且 PageSlider 的高度是充满父容器的，因此顶部会多出 60vp 的空间。在 MessagePageProvider 类中编写如下代码：


```
// 包名
package com.example.chatuidemo.slice;
// 模块引入
import com.example.chatuidemo.ResourceTable;
import ohos.agp.components.*;
import ohos.app.Context;
public class MessagePageProvider extends PageSliderProvider {
    // 外部传入的上下文对象
    private Context context;
    // 自定义的构造方法
    public MessagePageProvider(Context context) {
        super();
        this.context = context;
    }
    // 设置子页面的个数，这里设置为 2
    @Override
    public int getCount() {
        return 2;
    }
    @Override
    public Object createPageInContainer(ComponentContainer componentContainer, int i) {
        // 从布局文件实例化出列表容器组件
        Component cpt = LayoutScatter.getInstance(context).parse(ResourceTable.
                    Layout_message_page, null, false);
```

```
        // 获取 ListContainer 组件
        ListContainer listContainer =  (ListContainer)cpt.findComponent ById
                                        (ResourceTable.Id_list_view);
        // 数据源设置
        if (i == 0) {
            listContainer.setItemProvider(new MessagePageListProvider(context));
        } else {
            listContainer.setItemProvider(new ContactPageListProvider(context));
        }
        // 添加组件到子页面
        componentContainer.addComponent(cpt);
        return cpt;
    }
    @Override
    public void destroyPageFromContainer(ComponentContainer componentContainer,
                                          int i, Object o) {
        // 子页面销毁时移除组件
        componentContainer.removeComponent((Component) o);
    }
    @Override
    public boolean isPageMatchToObject(Component component, Object o) {
        // 关联组件对象
        return true;
    }
}
```

上面的代码中，会话列表和联系人列表使用了同样的页面组件，只是为其设置了不同的数据源。下面只需要分别实现会话列表和联系人列表的数据源类即可。

实现前先完成一些准备工作,新建一个命名为 MessageModel 的 Java 类作为会话数据模型，简单定义如下：

```
package com.example.chatuidemo.slice;
public class MessageModel {
    // 会话要展示的数据
    int icon;
    String title;
```

```
    String detail;
    String unreadCount;
    // 构造方法
    public MessageModel(int icon, String title, String detail, String unreadCount) {
        this.icon = icon;
        this.title = title;
        this.detail = detail;
        this.unreadCount = unreadCount;
    }
}
```


同时新建一个名为 ContactModel 的类作为联系人数据模型，实现如下：

```
package com.example.chatuidemo.slice;
public class ContactModel {
    // 联系人要展示的数据
    int icon;
    String name;
    // 构造方法
    public ContactModel(int icon, String name) {
        this.icon = icon;
        this.name = name;
    }
}
```

对应地，创建两个布局文件用来渲染会话页面和联系人页面列表项。

> **温馨提示：** 在开发实际项目时，数据模型中的属性通常都是只读的，并不会直接将属性暴露，而是提供 getter 方法使得调用方获取数据。

新建一个命名为 message_item.xml 的文件，编写布局代码如下：

```
<?xml version="1.0" encoding="utf-8"?>
<DirectionalLayout
    xmlns:ohos="http://schemas.huawei.com/res/ohos"
    ohos:height="match_content"
    ohos:width="match_parent"
    ohos:alignment="vertical_center|left"
    ohos:orientation="horizontal"
```

```
ohos:margin="20vp">
<!-- 头像 -->
<Image
    ohos:id="$+id:image"
    ohos:width="70vp"
    ohos:height="70vp"
    ohos:scale_mode="stretch"
    />
<!-- 标题和提要 -->
<DirectionalLayout
    ohos:weight="1"
    ohos:height="match_content"
    ohos:left_margin="20vp">
    <Text
        ohos:id="$+id:title_text"
        ohos:max_text_lines="1"
        ohos:width="match_content"
        ohos:height="match_content"
        ohos:text_size="20vp"/>
    <Text
        ohos:id="$+id:detail_text"
        ohos:max_text_lines="1"
        ohos:width="match_content"
        ohos:height="match_content"
        ohos:text_size="15vp"
        ohos:right_margin="20vp"/>
</DirectionalLayout>
<!-- 未读数 -->
<Text
    ohos:id="$+id:unread_text"
    ohos:width="60vp"
    ohos:text_alignment="center"
    ohos:height="40vp"
    ohos:text_size="30vp"
    ohos:text_color="#ffffff"
```

```
        ohos:background_element="$graphic:unread_label_background"/>
</DirectionalLayout>
```

上面的代码中使用的布局属性中，只有 weight 是从未介绍过的，该属性可用来设置权重，即当前组件在布局尺寸上所占的比重。代码中将标题和提要部分的 weight 设置为 1，布局效果为除了头像和未读数占据的宽度外，标题和提要部分充满剩余宽度空间。

新建一个命名为 contact_item.xml 的布局文件，编写代码如下：

```
<?xml version="1.0" encoding="utf-8"?>
<DirectionalLayout
    xmlns:ohos="http://schemas.huawei.com/res/ohos"
    ohos:height="match_content"
    ohos:width="match_parent"
    ohos:alignment="vertical_center|left"
    ohos:orientation="horizontal"
    ohos:margin="20vp">
    <!-- 头像 -->
    <Image
        ohos:id="$+id:image"
        ohos:width="70vp"
        ohos:height="70vp"
        ohos:scale_mode="stretch"
        />
    <!-- 昵称 -->
    <Text
        ohos:id="$+id:name_text"
        ohos:max_text_lines="1"
        ohos:weight="1"
        ohos:left_margin="20vp"
        ohos:width="match_content"
        ohos:height="match_content"
        ohos:text_size="20vp"/>
</DirectionalLayout>
```

下面实现具体的列表数据源类。

MessagePageListProvider 类的实现如下：

```
package com.example.chatuidemo.slice;
import com.example.chatuidemo.ResourceTable;
import ohos.agp.components.*;
import ohos.app.Context;
import java.util.ArrayList;
public class MessagePageListProvider extends BaseItemProvider {
    // 数据模型列表
    private ArrayList<MessageModel> datalist;
    // 上下文对象
    private Context context;
    // 自定义构造方法
    public MessagePageListProvider(Context context) {
        super();
        this.context = context;
        setupData();
    }
    // 创建模拟数据
    private void setupData() {
        datalist = new ArrayList<MessageModel>();
        for (int i = 0; i < 20; i++) {
            MessageModel model = new MessageModel(ResourceTable.Media_icon, String.
                                    format("和XX-%d的会话", i), "会话的详细内容", "3");
            datalist.add(model);
        }
    }
    // 设置列表项的个数
    @Override
    public int getCount() {
        return datalist.size();
    }
    // 设置列表项对应的模型
    @Override
    public Object getItem(int i) {
        return datalist.get(i);
    }
```

```
    // 设置列表项对应的 id
    @Override
    public long getItemId(int i) {
        return i;
    }
    @Override
    public Component getComponent(int i, Component convertComponent,
                                  ComponentContainer componentContainer) {
        final Component cpt;
        // 从布局文件或复用池获取列表项组件
        if (convertComponent == null) {
            cpt = LayoutScatter.getInstance(context).parse(ResourceTable.Layout_
                  message_item, null, false);
        } else {
            cpt = convertComponent;
        }
        // 获取对应的渲染组件
        Image image = (Image) cpt.findComponentById(ResourceTable.Id_image);
        Text title = (Text) cpt.findComponentById(ResourceTable.Id_title_text);
        Text detail = (Text) cpt.findComponentById(ResourceTable.Id_detail_text);
        Text unread = (Text) cpt.findComponentById(ResourceTable.Id_unread_text);
        // 根据模型数据设置 UI
        MessageModel model = datalist.get(i);
        image.setPixelMap(model.icon);
        title.setText(model.title);
        detail.setText(model.detail);
        unread.setText(model.unreadCount);
        return cpt;
    }
}
```

ContactPageListProvider 类的逻辑与 MessagePageListProvider 类类似，代码中不再重复注释，实现如下：

```
package com.example.chatuidemo.slice;
import com.example.chatuidemo.ResourceTable;
```

```
import ohos.agp.components.*;
import ohos.app.Context;
import java.util.ArrayList;
public class ContactPageListProvider extends BaseItemProvider {
    private ArrayList<ContactModel> datalist;
    private Context context;
    public ContactPageListProvider(Context context) {
        super();
        this.context = context;
        setupData();
    }
    private void setupData() {
        datalist = new ArrayList<ContactModel>();
        for (int i = 0; i < 20; i++) {
            ContactModel model = new ContactModel(ResourceTable.Media_icon,
                                    String.format("联系人 %d", i));
            datalist.add(model);
        }
    }
    @Override
    public int getCount() {
        return datalist.size();
    }
    @Override
    public Object getItem(int i) {
        return datalist.get(i);
    }
    @Override
    public long getItemId(int i) {
        return i;
    }
    @Override
    public Component getComponent(int i, Component convertComponent,
                            ComponentContainer componentContainer) {
        final Component cpt;
```

```
        if (convertComponent == null) {
            cpt = LayoutScatter.getInstance(context).parse(ResourceTable.
                Layout_contact_item, null, false);
        } else {
            cpt = convertComponent;
        }
        Image image = (Image) cpt.findComponentById(ResourceTable.Id_image);
        Text name = (Text) cpt.findComponentById(ResourceTable.Id_name_text);
        ContactModel model = datalist.get(i);
        image.setPixelMap(model.icon);
        name.setText(model.name);
        return cpt;
    }
}
```

至此，已经基本完成了简易社交软件的主页搭建，虽然页面看上去不太精致，但麻雀虽小，五脏俱全，相信通过此实践练习，读者会对 HarmonyOS 中这些高级 UI 组件的使用有更深入的理解。现在，运行工程，效果如图 4.9 与图 4.10 所示。

图 4.9　简易会话列表页面

图 4.10　简易联系人列表页面

4.7　内容回顾

本章学习了 HarmonyOS 中提供的一些高级 UI 组件，这些组件有让页面支持滑动的 ScrollView 组件，也有组织复杂页面的 ListContainer、PageSlider 和 TabList 组件，还有直接渲染网页视图的 WebView 组件。熟练掌握这些组件的应用，能够游刃有余地处理大多数实战项目中的页面开发需求。下一章将着重介绍页面的布局技术，掌握了布局技术便能熟练开发任何复杂的页面。

现在，尝试回答下面的问题来回顾本章所学习的内容吧。

4

1. ScrollView 组件适用于哪些应用场景？

> **温馨提示：** 从组件的名称即可了解，ScrollView 组件是一种内容可滚动的视图，移动端设备屏幕尺寸有限，当要展示的内容无法完整地放入屏幕中时，就可尝试使用 ScrollView 组件进行处理，如长文图文、地图等。

2. ListContainer 组件的使用流程是怎样的？是否可以在列表中同时渲染样式完全不同的列表项？

> **温馨提示：** 使用 ListContainer 组件时，只需要把握几个核心点：数据源、数据模型和列表项组件。其中，数据模型定义列表项要展示的数据，列表项组件做具体的渲染，数据源控制列表项的个数、模型和组件的绑定等。从原理上说，同一个 ListContainer 组件可以渲染样式完全不同的多个列表项，只需要在数据源中做好处理即可。

3. 在使用 WebView 组件时，Native 与 JavaScript 交互技术有哪些应用场景？

> **温馨提示：** Native 与 JavaScript 进行交互是一种非常重要的编程技术。很多应用中都会内嵌 WebView 组件来实现某些模块的功能，WebView 组件在进行某些高级操作时，必须依赖原生提供接口，如获取本地存储的数据、调用摄像头和扬声器硬件等。

第 5 章

做页面结构的魔法师——页面布局技术

目前，已经学习了很多 HarmonyOS 内置的 UI 组件。这些组件有些是功能类的，如按钮、标签、选择器等，有些是容器类的，如列表、滚动视图等。仅通过使用这些组件，很难灵活地组合出复杂的页面。接下来，本章将对 HarmonyOS 中提供的专门用来布局的容器组件进行介绍，通过布局组件的使用，可将复杂页面拆解成多个布局模块，每个模块选择合适的布局容器，最终组合出完整的复杂页面。

通过本章，将学习以下知识点：

- 定向布局组件的应用。
- 约束布局组件的应用。
- 堆叠布局组件的应用。
- 表格布局组件的应用。
- 定位布局组件的应用。
- 弹性盒模型布局组件的应用。

5.1　定向布局组件

定向布局组件又称线性布局组件，在 HarmonyOS 中，对应为 DirectionalLayout 组件。DirectionalLayout 容器将一组组件在水平或者竖直方向上依次排列，既方便对组件进行对齐，也方便对组件的尺寸比例等进行控制。

5.1.1　尝试使用 DirectionalLayout 组件

首先，新建一个命名为 DirectionalLayoutDemo 的示例工程，用来测试本小节所编写的代码。其实在使用 DevEco Studio 工具创建的模板工程中，默认就使用了 DirectionalLayout 组件。观察 ability_main.xml 布局文件中的代码：

```
<?xml version="1.0" encoding="utf-8"?>
<DirectionalLayout
    xmlns:ohos="http://schemas.huawei.com/res/ohos"
    ohos:height="match_parent"
    ohos:width="match_parent"
    ohos:alignment="center"
    ohos:orientation="vertical">
    <Text
        ohos:id="$+id:text_helloworld"
        ohos:height="match_content"
        ohos:width="match_content"
        ohos:background_element="$graphic:background_ability_main"
        ohos:layout_alignment="horizontal_center"
        ohos:text="$string:mainability_HelloWorld"
        ohos:text_size="40vp"
        />
</DirectionalLayout>
```

此布局文件中的根组件便是 DirectionalLayout 布局组件，其设置了布局方向为竖直方向，并且对齐方式为居中对齐。将其内部的 Text 组件删掉，添加一些用于测试的子组件，代码如下：

```
<?xml version="1.0" encoding="utf-8"?>
```

```
<DirectionalLayout
    xmlns:ohos="http://schemas.huawei.com/res/ohos"
    ohos:height="match_parent"
    ohos:width="match_parent"
    ohos:orientation="vertical">
    <Text
        ohos:height="match_content"
        ohos:width="match_parent"
        ohos:background_element="#ff0000"
        ohos:text="$string:mainability_HelloWorld"
        ohos:text_size="40vp"
        ohos:top_margin="10vp"
        />
    <Text
        ohos:height="match_content"
        ohos:width="match_parent"
        ohos:background_element="#ff0000"
        ohos:text="$string:mainability_HelloWorld"
        ohos:text_size="40vp"
        ohos:top_margin="10vp"
        />
    <Text
        ohos:height="match_content"
        ohos:width="match_parent"
        ohos:background_element="#ff0000"
        ohos:text="$string:mainability_HelloWorld"
        ohos:text_size="40vp"
        ohos:top_margin="10vp"
        />
</DirectionalLayout>
```

上面的布局代码中，向 DirectionalLayout 布局容器中增加了 3 个 Text 组件，DirectionalLayout 组件的 orientation 设置为 vertical，即竖直方向进行布局。默认情况下，竖直布局的 DirectionalLayout 中组件的对齐方式是居上对齐的。运行代码，效果如图 5.1 所示。

要将图 5.1 所示的布局修改为水平方向上的定向布局非常简单，只需要修改 orientation

属性为 horizontal 即可，效果如图 5.2 所示。

图 5.1　竖直方向布局的 DirectionalLayout 组件

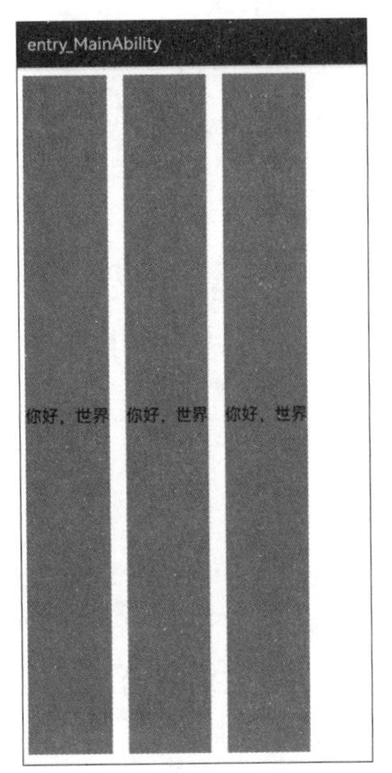

图 5.2　水平方向布局的 DirectionalLayout 组件

需要注意，在使用 DirectionalLayout 进行水平定向布局时，其内部的子组件的布局方式也需要修改。例如，图 5.2 所示的效果是将 Text 组件的 height 属性设置为 match_parent，width 属性设置为 match_content，即高度充满父容器，宽度根据内容自适应。

5.1.2　DirectionalLayout 组件的对齐方式与内容组件权重

当 DirectionalLayout 容器内的子组件的尺寸未能撑满容器时，可设置 DirectionalLayout 的 alignment 属性来控制对齐方式，此属性可设置的值见表 5.1。

表 5.1　alignment 属性设置

取　值	意　义
left	居左对齐
top	居上对齐
right	居右对齐
bottom	居下对齐
horizontal_center	水平居中对齐

续表

取　值	意　义
vertical_center	竖直居中对齐
center	水平和竖直方向居中对齐
start	起始端对齐
end	结束端对齐

表 5.1 列举的取值也可以组合使用，如若要让子组件水平居右、竖直居中对齐，修改代码如下：

```
<?xml version="1.0" encoding="utf-8"?>
<DirectionalLayout
    xmlns:ohos="http://schemas.huawei.com/res/ohos"
    ohos:height="match_parent"
    ohos:width="match_parent"
    ohos:alignment="right|vertical_center"
    ohos:orientation="horizontal">
    <Text
        ohos:height="match_content"
        ohos:width="match_content"
        ohos:background_element="#ff0000"
        ohos:text="$string:mainability_HelloWorld"
        ohos:text_size="20vp"
        ohos:margin="10vp"
        />
    <Text
        ohos:height="match_content"
        ohos:width="match_content"
        ohos:background_element="#ff0000"
        ohos:text="$string:mainability_HelloWorld"
        ohos:text_size="20vp"
        ohos:margin="10vp"
        />
    <Text
        ohos:height="match_content"
        ohos:width="match_content"
```

```
        ohos:background_element="#ff0000"
        ohos:text="$string:mainability_HelloWorld"
        ohos:text_size="20vp"
        ohos:margin="10vp"
        />
</DirectionalLayout>
```

运行代码，效果如图 5.3 所示。

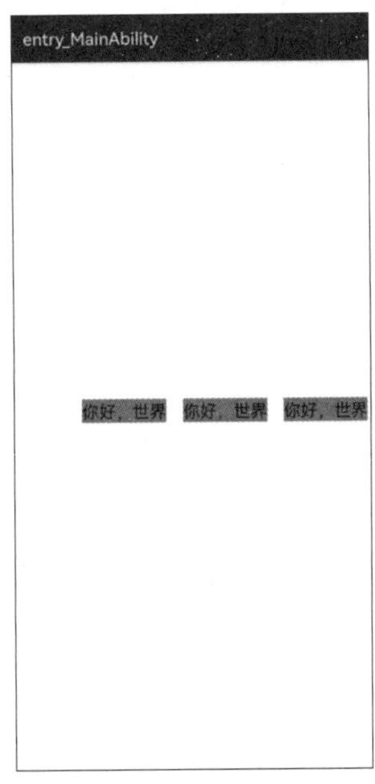

图 5.3　DirectionalLayout 的对齐方式示例

直接对 DirectionalLayout 的 alignment 属性进行设置会影响其内部所有子组件的对齐方式，如果某个子组件比较特殊，则需要对其单独设置对齐方式，也可以直接在子组件上设置 layout_alignment 属性，其可设置的值见表 5.2。

表 5.2　layout_alignment 属性设置

取　值	意　义
left	居左对齐
top	居上对齐
right	居右对齐
bottom	居下对齐

续表

取 值	意 义
horizontal_center	水平居中对齐
vertical_center	竖直居中对齐
center	水平和竖直方向居中对齐

子组件本身的 layout_alignment 属性的优先级要高于父容器的 alignment 属性。以上面的代码为例，将第 2 个 Text 组件的对齐方式改为居上对齐，修改如下：

```
<Text
ohos:height="match_content"
ohos:width="match_content"
ohos:background_element="#ff0000"
ohos:text="$string:mainability_HelloWorld"
ohos:text_size="20vp"
ohos:margin="10vp"
ohos:layout_alignment="top"/>
```

运行代码，效果如图 5.4 所示。

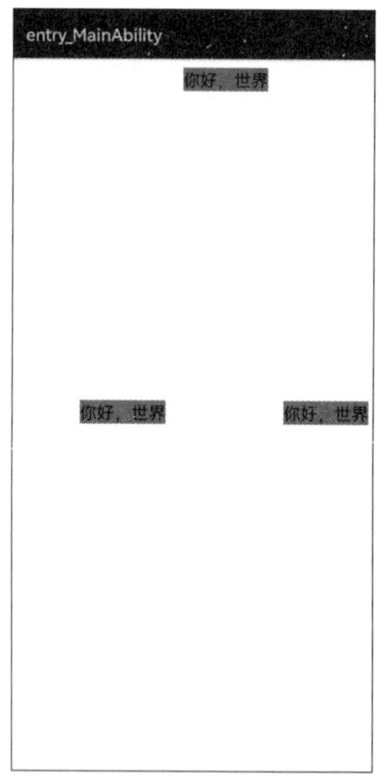

图 5.4　子组件单独设置对齐方式

对于子组件要充满父容器的场景，使用 DirectionalLayout 也非常方便，通过设置权重总值以及为每个子组件分配权重，可以快速地按照权重比例来布局子组件。因此，用 DirectionalLayout 的 total_weight 属性设置权重总值，并为每个子组件设置 weight 属性来控制所占的权重值，例如：

```
<?xml version="1.0" encoding="utf-8"?>
<DirectionalLayout xmlns:ohos="http://schemas.huawei.com/res/ohos"
    ohos:height="match_parent" ohos:width="match_parent"
    ohos:alignment="right|vertical_center" ohos:orientation="horizontal"
    ohos:total_weight="10">
    <Text ohos:height="match_content" ohos:width="match_content"
        ohos:background_element="#ff0000"
        ohos:text="$string:mainability_HelloWorld"
        ohos:text_size="40vp" ohos:margin="10vp"
        ohos:weight="2"
        />
    <Text ohos:height="match_content"  ohos:width="match_content"
        ohos:background_element="#ff0000"
        ohos:text="$string:mainability_HelloWorld"
        ohos:text_size="40vp" ohos:margin="10vp"
        ohos:weight="3"
        />
    <Text ohos:height="match_content" ohos:width="match_content"
        ohos:background_element="#ff0000"
        ohos:text="$string:mainability_HelloWorld"
        ohos:text_size="40vp" ohos:margin="10vp"
        ohos:weight="5"
        />
</DirectionalLayout>
```

如上述代码所示，将 DirectionalLayout 组件的权重总值设置为 10，可以理解为将 DirectionalLayout 组件在布局方向上的尺寸分为 10 份，其内部的 3 个 Text 组件分别设置权重为 2、3 和 5。即表示第 1 个 Text 组件占据 2/10 的空间，第 2 个 Text 组件占据 3/10 的空间，第 3 个 Text 组件占据 5/10 的空间。需要注意，权重控制的是布局方向上的尺寸，对于上面的代码来说，权重决定的是子组件的宽度。运行代码，效果如图 5.5 所示。

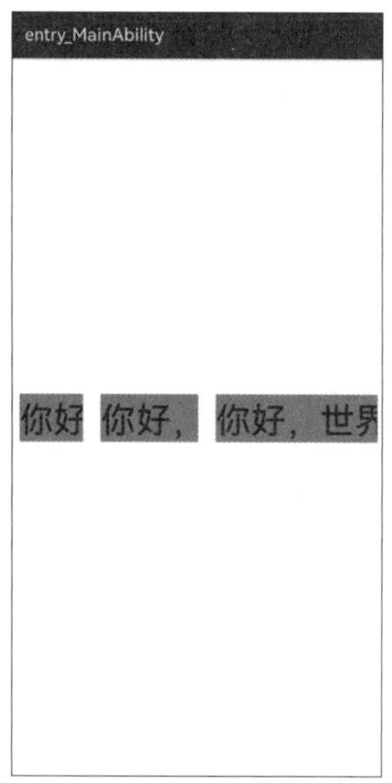

图 5.5　通过权重控制子组件的空间占比

DirectionalLayout 组件本身非常简单，仅支持两个方向上的线性布局。但其是开发中最常用的布局组件之一。通过 DirectionalLayout 组件的灵活组合，原则上可以实现各种结构非常复杂的页面布局。

5.2　约束布局组件

定向布局组件的优点是使用简单，但当页面的组织结构比较复杂或子组件间的布局关系比较复杂时，使用 DirectionalLayout 组件多层嵌套进行布局会非常烦琐，而且布局文件的代码也会难以维护。在此背景下，HarmonyOS 也提供了比 DirectionalLayout 组件更加灵活的约束布局组件，即 DependentLayout。

5.2.1　DependentLayout 组件简介

顾名思义，DependentLayout 组件的核心思想在于组件间的约束关系，用户通过定义约束关系可以更加灵活地控制页面整体的布局。DependentLayout 组件内部的子组件可用的布局属性见表 5.3。

表 5.3　DependentLayout 组件内部的子组件可用布局属性

布局属性	值	意　义
left_of	组件 id	将当前组件的右边缘与另一个组件的左边缘对齐
right_of	组件 id	将当前组件的左边缘与另一个组件的右边缘对齐
start_of	组件 id	将当前组件的结束边与另一个组件的起始边对齐
end_of	组件 id	将当前组件的起始边与另一个组件的结束边对齐
above	组件 id	将当前组件的下边缘与另一个组件的上边缘对齐
below	组件 id	将当前组件的上边缘与另一个组件的下边缘对齐
align_bassline	组件 id	将当前组件的基线与另一个组件的基线对齐
align_left	组件 id	将当前组件的左边缘与另一个组件的左边缘对齐
align_top	组件 id	将当前组件的上边缘与另一个组件的上边缘对齐
align_right	组件 id	将当前组件的右边缘与另一个组件的右边缘对齐
align_bottom	组件 id	将当前组件的下边缘与另一个组件的下边缘对齐
align_start	组件 id	将当前组件的起始边与另一个组件的起始边对齐
align_end	组件 id	将当前组件的结束边与另一个组件的结束边对齐
align_parent_left	布尔值	设置当前组件的左边缘与父容器的左边缘对齐
align_parent_top	布尔值	设置当前组件的上边缘与父容器的上边缘对齐
align_parent_right	布尔值	设置当前组件的右边缘与父容器的右边缘对齐
align_parent_bottom	布尔值	设置当前组件的下边缘与父容器的下边缘对齐
align_parent_start	布尔值	设置当前组件的起始边与父容器的起始边对齐
align_parent_end	布尔值	设置当前组件的结束边与父容器的结束边对齐
center_in_parent	布尔值	设置当前组件的中心与父容器的中心对齐
horizontal_center	布尔值	设置当前组件在水平方向与父容器的中心对齐
vertical_center	布尔值	设置当前组件在竖直方向与父容器的中心对齐

表 5.3 中列举的布局属性虽然很多，但实际应用并不复杂，只需要解析页面的结构，并梳理清楚其组件间的关系即可。表 5.3 中的布局属性大致分为两类，一类是与父容器做约束对齐，另一类是与同级的子组件做约束对齐。需要注意，当与同级的子组件进行约束对齐时，这些子组件必须在同一个 DependentLayout 容器中。下面将通过具体示例来理解 DependentLayout 布局容器的使用。

5.2.2 DependentLayout 组件布局示例

正如前面所提到的，DependentLayout 组件布局有着更强的灵活性，只要分析清楚组件间的布局约束关系，代码的编写就会非常简单顺畅。例如，要实现如图 5.6 所示的页面。

图 5.6 示例页面

从图 5.6 中可以看到，页面中共有 5 个元素：

- 头部元素。
- 侧边栏元素。
- 内容元素。
- “上一页”按钮元素。
- “下一页”按钮元素。

认真观察这些元素的布局位置，会发现它们有这样的规律：

（1）头部元素的高度固定，宽度充满窗口。

（2）侧边栏元素的上边缘与头部元素的下边缘对齐，宽度固定，且左边缘与窗口左侧对齐，下边缘与窗口下边缘对齐。

（3）内容元素的上边缘与头部元素的下边缘对齐，左边缘与侧边栏元素的右边缘对齐，右边缘与窗口的右侧对齐，下边缘与按钮元素的上边缘对齐。

（4）“上一页”按钮元素的下边缘与窗口的下边缘对齐，宽度和高度是固定的，左边缘与侧边栏元素的右边缘保持一个固定的边距。

（5）“下一页”按钮元素的下边缘与窗口的下边缘对齐，宽度和高度是固定的，左边缘与“上一页”按钮元素的右边缘保持一个固定的边距。

掌握这几个布局规则后，只需要使用 5.2.1 小节介绍的布局属性将其转换成代码形式即可。下面就来试一试吧。

首先新建一个命名为 DependentLayoutDemo 的示例工程，修改 ability_main.xml 布局文件的代码如下：

```
<?xml version="1.0" encoding="utf-8"?>
<DependentLayout
    xmlns:ohos="http://schemas.huawei.com/res/ohos"
    ohos:height="match_parent"
    ohos:width="match_parent"
    ohos:orientation="vertical">
    <!-- 头部元素 -->
    <Text
        ohos:id="$+id:title_text"
        ohos:height="60vp"
        ohos:text_size="30vp"
        ohos:width="match_parent"
        ohos:background_element="#f111ff"
        ohos:text=" 文章头部 "/>
    <!-- 侧边栏元素 -->
    <Text
        ohos:id="$+id:edge_text"
        ohos:width="60vp"
        ohos:text_size="30vp"
        ohos:align_parent_bottom="true"
        ohos:align_parent_left="true"
        ohos:background_element="#00ff00"
        ohos:below="$id:title_text"
        ohos:multiple_lines="true"
        ohos:text=" 侧边栏 "/>
    <!-- 按钮元素 -->
    <Text
```

```
        ohos:id="$+id:pre_text"
        ohos:height="90vp"
        ohos:width="90vp"
        ohos:text_size="30vp"
        ohos:align_parent_bottom="true"
        ohos:left_margin="30vp"
        ohos:right_of="$id:edge_text"
        ohos:background_element="#31f1f1"
        ohos:text=" 下一页 "/>
    <Text
        ohos:id="$+id:pre_next"
        ohos:height="90vp"
        ohos:width="90vp"
        ohos:text_size="30vp"
        ohos:align_parent_bottom="true"
        ohos:left_margin="30vp"
        ohos:right_of="$id:pre_text"
        ohos:background_element="#31f1f1"
        ohos:text=" 上一页 "/>
    <!-- 内容元素 -->
    <Text
        ohos:id="$+id:content_text"
        ohos:text_size="30vp"
        ohos:above="$id:pre_next"
        ohos:align_parent_right="true"
        ohos:below="$id:title_text"
        ohos:right_of="$id:edge_text"
        ohos:background_element="#f1bbf1"
        ohos:text=" 内容部分 "/>
</DependentLayout>
```

运行上面的代码，可以看到布局效果与预期是一致的。需要注意，虽然 DependentLayout 组件使用起来很方便，但布局时页面的组件依赖关系一定要梳理清楚，有时一不注意就会写出互相冲突的约束属性。例如，设置固定宽度与左边缘和右边缘约束的冲突，很多时候这些问题较为隐晦，排查也较为困难。对于初学者来说，最好的学习方法是不断地进行页面结构拆解练习，将组件间的约束关系整理成规则条目，并根据规则逐条实现。

温馨提示：在平时的编码练习中，要培养将“想法”或自然语言描述转换为代码语言的能力，即所谓的编程语感。

5.3　堆叠布局组件

不知读者是否发现DirectionalLayout和DependentLayout布局组件都只能并列地进行布局，如果要布局的页面元素间有层叠，则这两个布局组件无法满足需求。本节将介绍一种简单的布局组件：StackLayout 堆叠布局组件。

StackLayout 组件本身非常简单，其直接在窗口中开辟一块区域，添加到此布局容器中的所有子组件都将以层叠的方式显示，即后放入的子组件会覆盖先放入的子组件。StackLayout 组件中的子组件通过 layout_alignment 属性来控制对齐方式。

新建一个命名为 StackLayoutDemo 的示例工程。修改 ability_main.xml 布局文件的代码如下：

```
<?xml version="1.0" encoding="utf-8"?>
<StackLayout
    xmlns:ohos="http://schemas.huawei.com/res/ohos"
    ohos:height="match_parent"
    ohos:width="match_parent">
    <Text ohos:width="400vp" ohos:height="400vp"
        ohos:background_element="#ff00ff"
        ohos:text_size="20vp"
        ohos:text=" 第一层 "
        ohos:text_alignment="right"/>
    <Text ohos:width="200vp" ohos:height="200vp"
          ohos:background_element="#bbff00"
          ohos:text_size="20vp"
          ohos:text=" 第二层 "
          ohos:text_alignment="right"/>
    <Text ohos:width="100vp" ohos:height="100vp"
          ohos:background_element="#bbffff"
          ohos:text_size="20vp"
          ohos:text=" 第三层 "
          ohos:text_alignment="right"/>
</StackLayout>
```

上面代码中定义了一个充满窗口的 StackLayout 布局容器，其中放入了 3 个 Text 子组件。

默认情况下，这 3 个组件将依次以容器左上角为起点进行布局，因此，逻辑上越靠上层的组件，尺寸一般也越小，以避免遮挡下层的组件。运行代码，效果如图 5.7 所示。

图 5.7　StackLayout 组件示例

StackLayout 组件本身比较简单，理解和使用都非常容易。通常仅在某些特殊的场景下使用。在进行子组件布局时，可通过控制边距属性来对其位置进行调整。

5.4　表格布局组件

表格在日常应用中随处可见，本书中就使用了很多表格。HarmonyOS 中提供了 TableLayout 组件以进行表格布局。表格布局本质上就是将布局区域按照表格的方式进行划分，并将子组件填充在对应的表格内。

5.4.1　体验 TableLayout 组件

先来体验下 TableLayout 组件的使用方法。新建一个命名为 TableLayoutDemo 的示例工程，修改 ability_main.xml 布局文件的代码如下：

```
<?xml version="1.0" encoding="utf-8"?>
<TableLayout
    xmlns:ohos="http://schemas.huawei.com/res/ohos"
    ohos:height="match_parent" ohos:width="match_parent"
    ohos:column_count="2" ohos:row_count="2"
```

```
    >
    <Text ohos:id="$+id:text1" ohos:height="100vp" ohos:width="100vp"
        ohos:background_element="#00ff00" ohos:margin="10vp"
        ohos:text="1" ohos:text_alignment="center" ohos:text_size="20vp"/>
    <Text ohos:height="100vp" ohos:width="100vp"
        ohos:background_element="#00ff00" ohos:margin="10vp"
        ohos:text="2" ohos:text_alignment="center" ohos:text_size="20vp"/>
    <Text ohos:height="100vp" ohos:width="100vp"
        ohos:background_element="#00ff00" ohos:margin="10vp"
        ohos:text="3" ohos:text_alignment="center" ohos:text_size="20vp"/>
    <Text ohos:height="100vp" ohos:width="100vp"
        ohos:background_element="#00ff00" ohos:margin="10vp"
        ohos:text="4" ohos:text_alignment="center" ohos:text_size="20vp"/>
</TableLayout>
```

上面的代码中，TableLayout 组件的两个布局属性需要特别关注，分别为 column_count 和 row_count。其中，column_count 组件属性设置表格的列数，row_count 属性设置表格的行数。上面代码设置了 TableLayout 组件为 2 行 2 列的表格布局，运行这段代码，效果如图 5.8 所示。

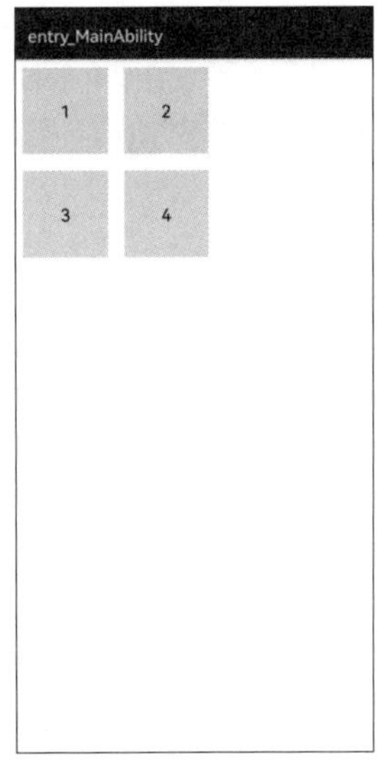

图 5.8　TableLayout 组件示例

从图 5.8 中看到，TableLayout 组件内部的子组件会先横向进行布局，排满一行后再布局下一行。通过设置组件的 orientation 属性能够控制优先行布局或优先列布局，若默认其属性值为 horizontal，即优先行布局，若将其修改为 vertical 后，则会优先列布局。

5.4.2 关于 TableLayout 组件中子组件的行列控制属性

提到表格，自然会想到单元格的合并，TableLayout 组件中的子组件也可以通过设置对应的布局属性来控制子元素所占据的单元格的个数。需要注意，此属性目前只能通过 Java 代码进行设置。

在示例工程 MainAbilitySlice 类的 onStart 方法中编写如下代码：

```
public void onStart(Intent intent) {
    super.onStart(intent);
    super.setUIContent(ResourceTable.Layout_ability_main);
    // 获取 TableLayout 中的第 1 个 Text 子组件
    Text text = (Text) findComponentById(ResourceTable.Id_text1);
    // 创建 TableLayout 布局配置对象
    TableLayout.LayoutConfig config = new TableLayout.LayoutConfig(300, 600);
    // 设置当前子元素所占的行数为 2
    config.rowSpec = TableLayout.specification(TableLayout.DEFAULT, 2);
    // 设置子元素的布局配置
    text.setLayoutConfig(config);
}
```

运行代码，效果如图 5.9 所示。

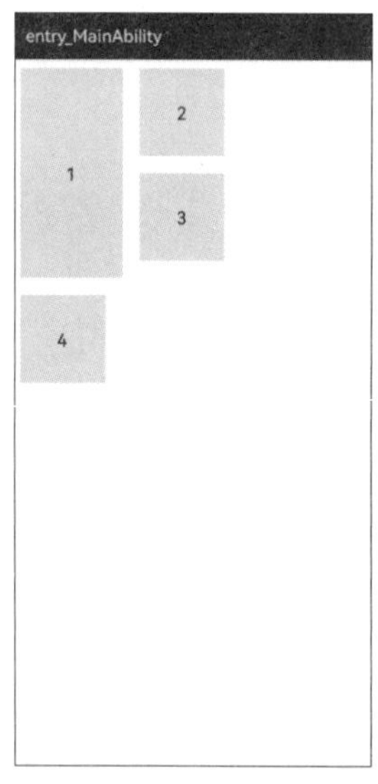

图 5.9　设置子组件所占的单元格行数

上面的代码中，布局配置对象 config 的 rowSpec 属性用于设置当前子组件所占据的单元格行数，也可理解为进行单元格的合并，与之对应的还有 columnSpec 属性，用于设置当前子组件所占据的单元格的列数。

在实际开发中，常会遇到类似九宫格样式的页面，此时使用 TableLayout 组件就非常方便。

5.5　定位布局组件

在 HarmonyOS 中，使用 PositionLayout 来创建定位布局组件，PositionLayout 相对来说是最容易理解和掌握的一种布局组件，且其灵活性非常强，它通过为子组件设置绝对的位置和尺寸来实现页面布局。

PositionLayout 中没有太多的布局规范，只需要根据需求来设置子组件的宽和高，并使用 position_x 和 position_y 属性来设置子组件左上角的位置即可。同时，PositionLayout 支持子组件间重叠，后放入容器的子组件会被布局在更上一层。

新建一个命名为 PositionLayoutDemo 的示例工程，在 ability_main.xml 布局文件中编写如下代码：

```
<?xml version="1.0" encoding="utf-8"?>
<PositionLayout
    xmlns:ohos="http://schemas.huawei.com/res/ohos"
    ohos:height="match_parent"
    ohos:width="match_parent">
    <Text ohos:background_element="#ffaaff" ohos:text_alignment="center"
        ohos:text_size="20vp" ohos:text=" 组件 1"
        ohos:width="100vp"
        ohos:height="100vp"
        ohos:position_x="10vp"
        ohos:position_y="10vp"/>
    <Text ohos:background_element="#aaaaff" ohos:text_alignment="center"
          ohos:text_size="20vp" ohos:text=" 组件 2"
          ohos:width="100vp"
          ohos:height="100vp"
          ohos:position_x="80vp"
          ohos:position_y="80vp"/>
    <Text ohos:background_element="#ddaaff" ohos:text_alignment="center"
          ohos:text_size="20vp" ohos:text=" 组件 3"
          ohos:width="100vp"
          ohos:height="100vp"
```

```
        ohos:position_x="150vp"
        ohos:position_y="150vp"/>
</PositionLayout>
```

需要注意，这里使用的 DevEco Studio 开发工具为 3.1 版本，在此版本中，XML 布局文件中的组件使用 position_x 和 position_y 属性时会提示无法识别，但这不影响最终的程序运行，在 Java 代码中，可以使用组件的 setPosition 方法来设置组件位置。

运行上面的代码，效果如图 5.10 所示。

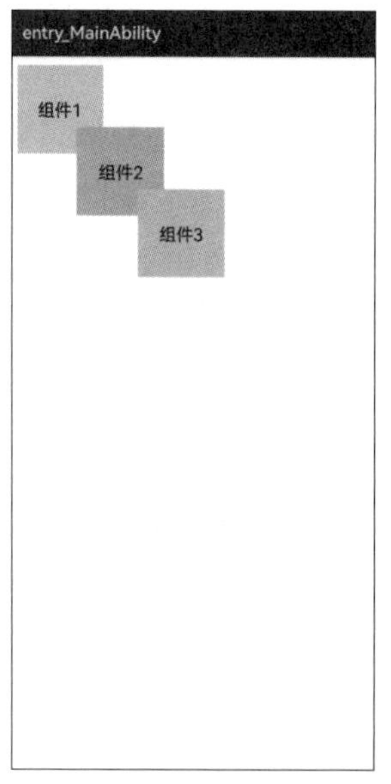

图 5.10　PositionLayout 布局效果

对于初学者来说，使用 PositionLayout 是最符合直觉的一种布局方式，组件的位置完全由绝对坐标决定。但是其也会存在一些局限性，如当组件的位置或尺寸会根据窗口大小进行调整时，使用 PositionLayout 实现就比较烦琐。如何让页面的布局具备一定的自适应能力，将在下一节进行介绍。

5.6　弹性盒模型布局

弹性盒模型布局使用 AdaptiveBoxLayout 组件创建，其提供了在不同尺寸屏幕中的自适应布局能力。

AdaptiveBoxLayout 组件在使用时，需要遵循以下几个规则：

- 布局中的每个子组件都会被一个单独的“弹性盒子”包裹起来，子组件设置的布局参数都以此盒子作为参照。

- AdaptiveBoxLayout 组件中每个盒子的宽度固定为布局的总宽度除以布局的列数，且每个盒子的高度根据内容高度自适应。同时，同一行中所有盒子的高度按照该行中最高的盒子进行对齐。
- AdaptiveBoxLayout 布局水平方向不支持 match_content，必须设置为 match_parent 或者固定的宽度。

新建一个命名为 AdaptiveLayoutDemo 的示例工程。首先修改 ability_main.xml 布局文件的代码如下：

```
<?xml version="1.0" encoding="utf-8"?>
<AdaptiveBoxLayout
    xmlns:ohos="http://schemas.huawei.com/res/ohos"
    ohos:width="match_parent"
    ohos:height="match_parent"
    ohos:id="$+id:adaptive_layout">
    <Text
        ohos:height="200px" ohos:width="150px"
        ohos:background_element="#00ff00"
        ohos:text=" 第一个 " ohos:text_size="20vp"
        />
    <Text
        ohos:height="150px" ohos:width="150px"
        ohos:background_element="#00ff00"
        ohos:text=" 第二个 " ohos:text_size="20vp"
        />
    <Text
        ohos:height="150px" ohos:width="300px"
        ohos:background_element="#00ff00"
        ohos:text=" 第三个 " ohos:text_size="20vp"
        />
    <Text
        ohos:height="300px" ohos:width="300px"
        ohos:background_element="#00ff00"
        ohos:text=" 第四个 " ohos:text_size="20vp"
        />
```

```
</AdaptiveBoxLayout>
```

上面的代码在 AdaptiveBoxLayout 组件中添加了 4 个 Text 组件，需要注意，AdaptiveBox Layout 组件必须设置一个布局规则，才能实现布局效果。修改 MainAbilitySlice 类的 onStart 方法代码如下：

```
public void onStart(Intent intent) {
    super.onStart(intent);
    super.setUIContent(ResourceTable.Layout_ability_main);
    // 获取 AdaptiveBoxLayout 实例
    AdaptiveBoxLayout adaptiveBoxLayout = (AdaptiveBoxLayout)findComponentById(
                                    ResourceTable.Id_adaptive_layout);
    // 设置布局规则
    adaptiveBoxLayout.addAdaptiveRule(100, 2000, 2);
    // 更新布局
    adaptiveBoxLayout.postLayout();
}
```

上面的代码中，使用 addAdaptiveRule 方法为 AdaptiveBoxLayout 组件添加布局规则，这个方法的第 1 个参数用于设置规则生效的最小宽度，第 2 个参数用于设置规则生效的最大宽度，第 3 个参数用于设置列数。可通过添加多种规则来设置不同的宽度范围。

运行上面的代码，效果如图 5.11 所示。

图 5.11　AdaptiveBoxLayoutx 组件示例

与 addAdaptiveRule 方法对应，使用如下方法来删除一个布局规则：

```
removeAdaptiveRule(int minWidth, int maxWidth, int columns)
```

也可以使用如下方法一次性清空添加的所有布局规则：

```
clearAdaptiveRules()
```

需要注意，当添加或删除布局规则后，需手动调用 postLayout 方法来更新布局，否则布局规则不会立即生效。

5.7　内容回顾

本章介绍了 HarmonyOS 中常用的布局容器组件。对于任何复杂的页面，都可以通过合适地组合和嵌套各布局组件来实现。因此，熟练掌握每种布局组件的特点和使用方法是非常重要的，合理地规划布局也是开发者必备的一项技能。

今后进行项目开发时，开发页面的第一步就是对页面的布局结构进行分析，只有拆解清楚布局结构，后面的开发工作才将变得容易。

1. 尝试回忆 HarmonyOS 中有哪些常用的布局组件，它们的特点和应用场景各是怎样的？

温馨提示：DirectionalLayout、DependentLayout、StackLayout、TableLayout、PositionLayout 和 AdaptiveBoxLayout 是 HarmonyOS 中提供的几种常用的布局组件。其中，DirectionalLayout 的特点是方便地进行定向布局，如将子组件在水平或竖直方向上进行排列。DependentLayout 的特点是通过设置子组件间的约束、子组件与父组件间的约束实现布局。使用 DependentLayout 开发的页面灵活性高，代码可读性强，但是规则相对复杂。StackLayout 用来开辟一块区域，一层一层地进行子组件的绘制，当多个子组件需要重叠布局时，使用它非常方便。TableLayout 通过类似表格的形式进行布局，适用于需要快速搭建的表格类页面结构。PositionLayout 是最容易理解，且能实现大部分布局场景的一种布局容器，其通过设置绝对的坐标值来定位子组件的位置，也支持子组件间的重叠，但缺点是布局灵活性较差。AdaptiveBoxLayout 通过设置的布局规则来进行布局，可以适配多种窗口尺寸下的布局。

2. 如何对复杂页面进行布局开发？

温馨提示：页面布局最主要的是拆解。无论多么复杂的页面，都可以对其进行拆解，然后通过布局组件的组合和嵌套来实现最终效果。

第 6 章

绚丽多彩的用户体验——自定义组件与动画

前面学习了很多 HarmonyOS 中提供的 UI 组件，它们既有提供独立功能的，也有提供布局支持的。然而，在实际的项目开发中，遇到的业务场景千变万化，当这些系统提供的组件无法满足需求时，可以使用 HarmonyOS 中提供的自定义组件来创建自定义的功能或布局组件，从而实现复杂的需求。

当前，随着移动设备的性能越来越强大，应用程序仅满足功能需求是远远不够的，一款优秀的应用程序，除了能够带给用户实用的功能外，还要具备优秀的用户体验。那么，何为用户体验呢？用户体验包括很多方面，如用户使用的学习成本、视觉感受、使用效率等。动画技术无疑是增强用户体验的方式之一，巧妙地使用动画可以极大程度地降低用户的学习和理解成本，同时增强用户视觉体验。本章将介绍在 HarmonyOS 应用开发过程中，如何使用动画技术。

通过本章，将学习以下知识点：

- 自定义功能组件的开发流程。
- 自定义布局组件的开发流程。
- 帧动画的使用方法。
- 数值与属性动画的使用方法。
- 使用动画集合同时展现多个动画效果。

6.1　自定义组件

自定义组件分为自定义功能组件和自定义布局组件两种。前面在使用 HarmonyOS 中的系统组件时，会发现 UI 组件都是继承自 Component 类，Component 类是所有 UI 组件的基类。对于布局容器类的组件，则都是继承自 ComponentContainer 类。ComponentContainer 类也是 Component 类的一个子类。因此，创建自定义组件可通过继承 Component 类或 ComponentContainer 类来扩展其功能。

6.1.1　实现一个自定义的圆形进度条组件

首先明确本小节要完成的示例组件的功能，将实现一个圆形的进度条组件，组件圆形内部显示当前的进度值以及进度条的标题信息。圆形的进度条分为两层，底层为一个完整的圆环，支持设置边框颜色、边框宽度；顶层为一个圆弧环来表示当前的进度，支持设置颜色和宽度。

要实现这样一个自定义组件并不容易，需要自行绘制圆环和文本。因此，这里先新建一个名为 CustomPogressDemo 的示例工程。在工程的 com.example.customprogressdemo 包下新建一个命名为 CustomProgress 的 Java 类。

要自定义组件，核心是确定组件的尺寸与绘制组件要渲染的图像。完成这两个目标所需要实现的方法分别定义在 EstimateSizeListener 接口和 DrawTask 接口中，因此，CustomProgress 组件除了要继承 Component 组件外，还需要实现这两个接口。

首先定义 CustomProgress 类与构造方法：

```
public class CustomProgress extends Component implements Component.Estimate
SizeListener,Component.DrawTask {
    // 自定义的构造方法
    public CustomProgress(Context context) {
        super(context);
        // 设置尺寸计算监听对象
        setEstimateSizeListener(this);
        // 设置绘制任务对象
        addDrawTask(this);
    }
}
```

上面的代码中，setEstimateSizeListener 与 addDrawTask 方法是 Component 类中内置的，用来设置 EstimateSizeListener 接口和 DrawTask 接口的实现，这里都设置为当前实例本身。

在 CustomProgress 类中定义一些实例属性，代码如下：

```
// 背景圆环的宽度，默认 10
public float backCircleWidth = 10f;
// 进度圆环的宽度，默认 16
public float scheduleCircleWidth = 16f;
// 当前进度
public int progress = 50;
// 总进度
public int maxProgress = 100;
// 文字的字号
public int textSize = 50;
// 进度圆环的颜色
public Color progressColor = Color.GREEN;
// 标题
public String title = "进度";
// 背景圆环的画笔实例
private Paint backCirclePaint;
// 进度圆环的画笔实例
private Paint scheduleCirclePaint;
// 文字的画笔实例
private Paint textPaint;
```

其中，以 public 开头的属性为公开的，调用方使用这些属性配置组件的样式；以 private 开头的几个属性是私有的，这些画笔实例只在组件内部渲染图像时使用。

下面，先来实现 EstimateSizeListener 接口中的方法，EstimateSizeListener 接口中只声明了一个方法：

```
boolean onEstimateSize(int var1, int var2);
```

此方法用来计算组件的尺寸，实现如下：

```
// 此方法是 EstimateSizeListener 接口中的方法，实现它以确定组件的尺寸
@Override
public boolean onEstimateSize(int widthEstimateConfig, int heightEstimateConfig) {
```

```
        // 根据配置获取宽高
        int width = Component.EstimateSpec.getSize(widthEstimateConfig);
        int height = Component.EstimateSpec.getSize(heightEstimateConfig);
        // 将获取的宽高设置给组件
        setEstimatedSize(
                Component.EstimateSpec.getChildSizeWithMode(width, width,
                                        Component.EstimateSpec.PRECISE),
                Component.EstimateSpec.getChildSizeWithMode(height, height,
                                        Component.EstimateSpec.PRECISE));
        // 确定尺寸后对画笔进行初始化
        initPaint();
        return true;
    }
```

上面的代码中，onEstimateSize 方法的参数分别传入了组件宽度和高度的预估模式，通过此模式参数可以获取组件宽度和高度的预估大小，这里直接使用 setEstimatedSize 方法将预估大小设置回组件的预估尺寸中，当此方法返回 true 时即确定了组件的尺寸。之后进行图像绘制，绘制之前需要先将画笔对象实例化，initPaint 方法的实现如下：

```
    private void initPaint() {
        // 创建背景画笔
        backCirclePaint = new Paint();
        // 设置为描边风格
        backCirclePaint.setStyle(Paint.Style.STROKE_STYLE);
        // 设置端点圆角
        backCirclePaint.setStrokeCap(Paint.StrokeCap.ROUND_CAP);
        // 设置抗锯齿和抗抖动
        backCirclePaint.setAntiAlias(true);
        backCirclePaint.setDither(true);
        // 设置描边宽度
        backCirclePaint.setStrokeWidth(backCircleWidth);
        // 设置描边颜色
        backCirclePaint.setColor(Color.LTGRAY);
        // 设置透明度
        backCirclePaint.setAlpha(0.3f);
        // 创建进度圆环画笔对象
```

```
        scheduleCirclePaint = new Paint();
        // 设置为描边风格
        scheduleCirclePaint.setStyle(Paint.Style.STROKE_STYLE);
        // 设置端点圆角
        scheduleCirclePaint.setStrokeCap(Paint.StrokeCap.ROUND_CAP);
        // 设置抗锯齿和抗抖动
        scheduleCirclePaint.setAntiAlias(true);
        scheduleCirclePaint.setDither(true);
        // 设置描边宽度
        scheduleCirclePaint.setStrokeWidth(scheduleCircleWidth);
        scheduleCirclePaint.setColor(progressColor);
        // 文字画笔
        textPaint = new Paint();
        // 设置文字大小
        textPaint.setTextSize(textSize);
    }
```


上面的代码中有详细的注释，Paint 类是 HarmonyOS 中提供的自定义绘图的类，此类用于配置绘图所需的选项。下面简单介绍所使用的几个方法或属性。

（1）使用 setStyle 方法设置画笔的风格，参数枚举如下。

- FILL_STYLE：填充风格，画笔的颜色会填充整个图形。
- STROKE_STYLE：描边风格，画笔的颜色只会填充图形的边框。
- FILLANDSTROKE_STYLE：既填充也描边。

（2）使用 setStrokeCap 方法设置线段端点的样式，参数枚举如下。

- BUTT_CAP：端点平直风格。
- ROUND_CAP：端点圆角风格。
- SQUARE_CAP：端点正方风格。

（3）setAntiAlias 和 setDither 方法分别用来开启抗锯齿和抗抖动优化，使得绘制的效果更加平滑。

（4）使用 setStrokeWidth 设置宽边的宽度。

（5）使用 setColor 方法设置画笔的颜色，使用 setAlpha 方法设置画笔绘制图像的透明度。

准备好画笔实例后，下面只需要实现 DrawTask 接口中的 onDraw 方法完成绘制即可，实现如下：

```
@Override
public void onDraw(Component component, Canvas canvas) {
    // 获取组件的尺寸
    int width = getWidth();
    int height = getHeight();
    // 取宽高中最小的为直径
    int diameter = Math.min(width, height);
    // 确定中心点
    Point centerPoint = new Point(width / 2f, height / 2f);
    int center = diameter / 2;
    // 半径，需要减去描边的宽度
    int radius = center - (int) (backCircleWidth);
    // 绘制背景圆环
    canvas.drawCircle(centerPoint, radius, backCirclePaint);
    // 圆环的外切矩形
    RectFloat rectFloat = new RectFloat(
            centerPoint.getPointX() - radius,
            centerPoint.getPointY() - radius,
            centerPoint.getPointX() + radius,
            centerPoint.getPointY() + radius);
    // 弧形进度
    float currentRadius= 360;
    if (progress > 0 && progress < maxProgress) {
        currentRadius= ((float)progress / maxProgress) * 360;
    }
    // 设置弧形的起始位置，默认 x 轴正方向为圆弧 0 度，要调整到 y 轴正方向为 0 度，
    // 需要旋转 270 度
    Arc arc = new Arc(270, currentRadius, false);
    // 绘制弧形
    canvas.drawArc(rectFloat, arc, scheduleCirclePaint);
    // 计算文字长度
    float iLen = textPaint.measureText(progress+ "点");
    float tLen = textPaint.measureText(title);
    // 设置文字起点为左侧，绘制文字
    canvas.drawText(textPaint, progress+ "点", (float) width / 2 - iLen / 2,
                (float) height / 2 - textPaint.getTextSize() / 3f);
```

```
        canvas.drawText(textPaint, title, (float) width / 2 - tLen / 2, (float) height /
                2 + textPaint.getTextSize());
    }
```

onDraw 方法会传入一个 Canvas 类型的参数，Canvas 是 HarmonyOS 中的画布类，其内封装了大量的绘图方法。如上面代码中，调用 drawArc 方法绘制圆弧，需要注意的是，在绘制圆弧时，默认角度起始点 0°是在 x 轴的正方向，一般进度条组件的起始点 0° 都是在 y 轴的正方向，而代码中需要设置从 270°开始绘制。Arc 类专门用来创建圆弧，其构造方法中的 3 个参数的作用分别为设置起始角度值、设置绘制的度数、设置是否闭合，这里只需绘制一段圆弧，因此可以设置为不闭合。

现在已经基本实现了此自定义组件，在页面上尝试使用。首先修改 ability_main.xml 布局文件的代码如下：

```
<?xml version="1.0" encoding="utf-8"?>
<DirectionalLayout
    xmlns:ohos="http://schemas.huawei.com/res/ohos"
    ohos:id="$+id:layout"
    ohos:height="match_parent"
    ohos:width="match_parent"
    ohos:alignment="center"
    ohos:orientation="vertical">
</DirectionalLayout>
```

删掉了工程模板中自带的 Text 组件，并且为 DirectionalLayout 组件设置了 id。修改 MainAbilitySlice 类的 onStrart 方法如下：

```
    @Override
    public void onStart(Intent intent) {
        super.onStart(intent);
        super.setUIContent(ResourceTable.Layout_ability_main);
        // 获取布局组件
        DirectionalLayout layout = (DirectionalLayout) findComponentById(ResourceTable.
                            Id_layout);
        // 创建自定义进度条组件
        CustomProgress progress = new CustomProgress(getContext());
        // 对样式进行配置
        progress.maxProgress = 200;
```

```
        progress.progress = 70;
        progress.textSize = vpToPx(20);
        progress.title = "学习进度还不足一半哦~";
        progress.backCircleWidth = 20;
        progress.scheduleCircleWidth = 28;
        progress.progressColor = Color.RED;
        // 设置组件的布局
        DirectionalLayout.LayoutConfig config = new DirectionalLayout.LayoutConfig();
        config.width = vpToPx(300);
        config.height = vpToPx(300);
        progress.setLayoutConfig(config);
        layout.addComponent(progress);
    }
    // 用来转换 vp 和 px
    private int vpToPx(float p) {
        return AttrHelper.vp2px(p, getContext());
    }
```


运行代码，效果如图 6.1 所示。

图 6.1　自定义组件示例

需要注意，当前的 CustomProgress 自定义组件只能通过 Java 代码使用，无法在 XML 布局文件中直接使用，若要支持在 XML 布局文件中使用，还需要做一些简单的工作，这将在下一小节中介绍。

6.1.2 为自定义组件添加 XML 支持

在开发界面时，使用 XML 布局文件是非常快捷的一种开发方式。上一小节编写了一个自定义的进度条组件，但是其只支持使用代码来创建，无法在 XML 布局文件中直接定义。如果要让其支持在 XML 布局文件中定义，需要实现如下自定义构造方法：

```
public CustomProgress(Context context, AttrSet attrSet) {
    super(context, attrSet);
    // 设置尺寸计算监听对象
    setEstimateSizeListener(this);
    // 设置绘制任务对象
    addDrawTask(this);
}
```


此方法中的第 2 个参数为 XML 布局文件所配置的属性，用这个参数来获取需要设置的属性的值。代码如下：

```
public CustomProgress(Context context, AttrSet attrSet) {
    super(context, attrSet);
    // 设置 backCircleWidth 属性
    if (attrSet.getAttr("back_circle_width").isPresent()) {
        backCircleWidth = attrSet.getAttr("back_circle_width").get().
                        getFloatValue();
    }
    // 设置 scheduleCircleWidth 属性
    if (attrSet.getAttr("schedule_circle_width").isPresent()) {
        scheduleCircleWidth = attrSet.getAttr("schedule_circle_width").
                        get().getFloatValue();
    }
    // 设置 progress 属性
    if (attrSet.getAttr("progress").isPresent()) {
        progress = attrSet.getAttr("progress").get().getIntegerValue();
```

```
        }
        // 设置 maxProgress 属性
        if (attrSet.getAttr("max_progress").isPresent()) {
            maxProgress = attrSet.getAttr("max_progress").get().getIntegerValue();
        }
        // 设置 textSize 属性
        if (attrSet.getAttr("text_size").isPresent()) {
            textSize = attrSet.getAttr("text_size").get().getIntegerValue();
        }
        // 设置 progressColor 属性
        if (attrSet.getAttr("progress_color").isPresent()) {
            progressColor = attrSet.getAttr("progress_color").get().getColorValue();
        }
        // 设置 title 属性
        if (attrSet.getAttr("title").isPresent()) {
            title = attrSet.getAttr("title").get().getStringValue();
        }
        // 设置尺寸计算监听对象
        setEstimateSizeListener(this);
        // 设置绘制任务对象
        addDrawTask(this);
    }
```

其中，isPresent 方法用来判断当前属性是否存在，如果存在，则将其映射到当前实例属性。现在，尝试将 MainAbilitySlice 类中创建自定义组件的相关代码删除，修改 ability_main.xml 布局文件的代码如下：

```
<?xml version="1.0" encoding="utf-8"?>
<DirectionalLayout
    xmlns:ohos="http://schemas.huawei.com/res/ohos"
    ohos:id="$+id:layout"
    ohos:height="match_parent"
    ohos:width="match_parent"
    ohos:alignment="center"
    ohos:orientation="vertical">
    <com.example.customprogressdemo.CustomProgress
```

6

6

```
        ohos:width="300vp"
        ohos:height="300vp"
        max_progress="100"
        progress="50"
        text_size="60"
        title=" 使用 XML 创建 "
        back_circle_width="70"
        schedule_circlec_width="40"
        progress_color="blue"
        />
</DirectionalLayout>
```

运行代码，效果如图 6.2 所示。

图 6.2　使用 XML 布局文件创建自定义组件

6.1.3　为自定义组件添加用户交互支持

大部分页面组件不仅需要具备展示功能，还需要支持用户交互功能，如按钮组件、开关组件等，因此也要为自定义组件增加用户交互支持。以前面编写的自定义进度条组件为例，添加这样一种交互行为：当用户单击组件后，进度自增。

要支持用户单击交互，需要实现 Component.TouchEventListener 接口，为 CustomPorgress 类添加 Component.TouchEventListener 接口实现，代码如下：

```
public class CustomProgress extends Component implements Component.
EstimateSizeListener, Component.DrawTask, Component.TouchEventListener {
// 中间部分代码省略 ...
    // TouchEventListener 协议中的方法，当用户触发组件后，会触发此方法
    @Override
    public boolean onTouchEvent(Component component, TouchEventtouchEvent) {
        switch (touchEvent.getAction()) {
            // PRIMARY_POINT_UP 为用户手指抬起操作
            case TouchEvent.PRIMARY_POINT_UP:
               if (progress < maxProgress) {
                   progress += 1; // 修改进度
               }
                // 刷新组件
                invalidate();
                break;
        }
        // 返回 true 表示处理此事件
        return true;
    }
}
```

上面代码实现的是用户触摸事件的处理，其参数 TouchEvent 对象中会封装用户的触摸行为类型，如 TouchEvent.PRIMARY_POINT_UP 表示用户手指按下并抬起这个行为事件。接收到这个事件后，只需要修改当前的进度，并重新渲染组件即可，这通过调用 invalidate 方法强制对组件进行刷新操作来实现。

运行代码。尝试在组件上单击，可以看到进度数值和进度条会自动更新。

> **温馨提示：** 有时自定义组件并不容易，多多练习才能更好地掌握此开发技术。可以使尝试使用自定义组件的方式实现一些有趣的小组件，如圆形表盘、子表面等。

6.2 自定义布局

HarmonyOS 中提供了大量的布局组件，理论上通过这些布局组件的嵌套和组合可以实现任何结构的页面。然而，通过嵌套和组合的方式实现某些结构的页面可能比较复杂，实现后使用也非常烦琐，这时就要考虑使用自定义布局来实现。

众所周知，使用 DirectionalLayout 组件可以方便地实现水平方向上的线性布局，但其有一个限制是无法自动换行，当子组件超出父容器的宽度时会被截断。本节尝试实现一个自定义布局，来支持子组件自动换行。

首先新建一个命名为 CustomLayoutDemo 的示例工程。在 com.example.customlayoutdemo 包下新建一个命名为 CustomLayout 的 Java 类。此类即是要实现的支持换行的布局容器类。

自定义的布局容器需要继承自 ComponentContainer 类，并且实现两个接口：Component.EstimateSizeListener 和 ComponentContainer.ArrangeListener。

6

其中，EstimateSizeListener 接口比较熟悉，在自定义组件时有使用过。与自定义组件不同的是，自定义的布局容器在实现此接口时，除了要处理自身的尺寸测算外，还要处理子组件的尺寸测算。ArrangeListener 接口中定义了如何布局子组件的方法，需要在此接口定义的方法中设置子组件的具体位置和大小。

定义 CustomLayout 类如下：

```
public class CustomLayout extends ComponentContainer implements Component.
EstimateSizeListener, ComponentContainer.ArrangeListener {
    // 自定义构造方法
    public CustomLayout(Context context) {
        this(context, null);
    }
    // 要支持 XML 布局，需要实现此方法
    public CustomLayout(Context context, AttrSet attrSet) {
        super(context, attrSet);
        // 设置测算监听
        setEstimateSizeListener(this);
        // 设置布局监听
        setArrangeListener(this);
    }
}
```

上面代码中 CustomLayout 类的构造方法很简单，只是将两个接口的监听者设置为实例对象。下面实现 EstimateSizeListener 协议，此协议中只定义了一个方法，实现如下：

```
@Override
public boolean onEstimateSize(int widthEstimatedConfig, int heightEstimatedConfig) {
    // 每次尺寸变化时，先清除缓存的布局信息数据
    clearValues();
    // 通知容器内的子组件进行自身的尺寸测量
    estimateChildSize(widthEstimatedConfig, heightEstimatedConfig);
    // 对子组件进行布局
    layoutChild(widthEstimatedConfig, heightEstimatedConfig);
    // 测量自身的尺寸
    estimateSelf(widthEstimatedConfig, heightEstimatedConfig);
    return true;
}
```

上面代码中所调用的方法都是在 CustomLayout 类中自定义的，先宏观地理解下尺寸测算的流程：

- 每次进行尺寸测算时，需要将上一次测算的缓存结果清除，即 clearValues 方法的功能。
- 在测量自身尺寸之前，先对容器内的子组件进行测量和布局，即 estimateChildSize 方法的功能。
- 测量完所有子组件的尺寸后，对子组件进行布局计算，即 layoutChild 方法的功能。
- 进行布局组件自身尺寸的测算，即 estimateSelf 方法的功能。

在 CustomLayout 类中定义一些属性和内部类，用来对计算出的子组件的布局数据进行缓存，代码如下：

```
public class CustomLayout extends ComponentContainer implements Component.
EstimateSizeListener, ComponentContainer.ArrangeListener {
// ... 以上省略
    // 记录当前布局到的 x 轴位置
    private int currentX = 0;
    // 记录当前布局到的 y 轴位置
    private int currentY = 0;
    // 记录当前布局容器的最大宽度
    private int maxWidth = 0;
    // 记录当前布局容器的最大高度
```

6

```
    private int maxHeight = 0;
    // 记录布局容器中上一行的高度
    private int lastHeight = 0;
    // 子组件的布局结构模型
    private class Layout {
        int x = 0; // x 坐标
        int y = 0; // y 坐标
        int width = 0; // 宽度
        int height = 0; // 高度
    }
    // 存储所有子组件的布局数据，key 存储子组件的 index，value 存储 Layout 对象
    private Map<Integer, Layout> layoutMap = new HashMap<Integer, Layout>();
}
```

实现 estimateChildSize 方法的代码如下，对容器中的子组件进行尺寸测算：

```
    private void estimateChildSize(int widthEstimatedConfig, int heightEstimatedConfig) {
        // 遍历所有容器内的子组件
        for (int  i = 0; i < getChildCount(); i++) {
            // 根据索引获取子组件实例
            Component component = getComponentAt(i);
            // 保护性判断
            if (component == null) {
                continue;
            }
            // 获取子组件所设置的 LayoutConfig
            LayoutConfig config = component.getLayoutConfig();
            // 子组件的宽高测算结果
            int widthSpec;
            int heightSpec;
            // 进行宽度测算
            if (config.width == LayoutConfig.MATCH_CONTENT) {
                // 子组件配置的是当宽度适配时返回对应的测算结果
                widthSpec = EstimateSpec.getSizeWithMode(config.width,
                            EstimateSpec.NOT_EXCEED);
            } else if (config.width == LayoutConfig.MATCH_PARENT) {
                // 子组件配置的是宽度充满父容器
```

```
            int parentWidth = EstimateSpec.getSize(widthEstimatedConfig);
            // 测算子组件的真实宽度
            int childWidth = parentWidth - component.getMarginLeft() -
                          component.getMarginRight();
            // EstimateSpec.PRECISE 为使用绝对数值
            widthSpec = EstimateSpec.getSizeWithMode(childWidth,
                      EstimateSpec.PRECISE);
        } else {
            // 使用组件配置的宽度
            widthSpec = EstimateSpec.getSizeWithMode(config.width,
                      EstimateSpec.PRECISE);
        }
        // 高度测算逻辑同宽度
        if (config.height == LayoutConfig.MATCH_CONTENT) {
            heightSpec = EstimateSpec.getSizeWithMode(config.height,
                      EstimateSpec.NOT_EXCEED);
        } else if (config.height == LayoutConfig.MATCH_PARENT) {
            int parentHeight = EstimateSpec.getSize(heightEstimatedConfig);
            int childHeight = parentHeight - component.getMarginTop() -
                          component.getMarginBottom();
            heightSpec = EstimateSpec.getSizeWithMode(childHeight,
                      EstimateSpec.PRECISE);
        } else {
            heightSpec = EstimateSpec.getSizeWithMode(config.height,
                      EstimateSpec.PRECISE);
        }
        // 调用子组件的测算方法
        component.estimateSize(widthSpec, heightSpec);
    }
}
```

其中，getChildCount 方法是父类 ComponentContainer 中封装的，用于快速获取当前布局容器中的子组件个数，对应的 getComponentAt 方法通过子组件的索引获取组件实例，子组件的索引顺序与 XML 布局文件中定义的顺序一致，从 0 开始递增。

layoutChild 方法是最核心的布局方法，该方法会将子组件具体的位置和尺寸计算好，并存储到 layoutMap 表中，实现如下：

```
private void layoutChild(int widthEstimatedConfig, int heightEstimatedConfig) {
    // 获取容器自身的布局宽度
    int layoutWidth = EstimateSpec.getSize(widthEstimatedConfig);
    // 遍历子组件
    for (int i = 0; i < getChildCount(); i++) {
        // 根据索引获取子组件
        Component component = getComponentAt(i);
        // 安全判断
        if (component == null) {
            continue;
        }
        // 创建子组件布局对象
        Layout layout = new Layout();
        // 计算 x 坐标，x 坐标为当前布局到的 x 轴位置加上边距
        layout.x = currentX + component.getMarginLeft();
        // 计算 y 坐标，y 坐标为当前布局到的 y 轴位置加上边距
        layout.y = currentY + component.getMarginTop();
        // 获取计算的组件宽度和高度
        layout.width = component.getEstimatedWidth();
        layout.height = component.getEstimatedHeight();
        if ((currentX + layout.width) > layoutWidth) {
            // 当组件的布局位置超出父容器时，换行
            // 换行后，x 坐标从 0 开始
            currentX = 0;
            // y 坐标自增前行的高度
            currentY += lastHeight;
            // 前行的高度值为 0
            lastHeight = 0;
            // 重设 x 坐标和 y 坐标
            layout.x = currentX + component.getMarginLeft();
            layout.y = currentY + component.getMarginTop();
        }
        // 将计算完成的布局对象进行存储
        layoutMap.put(i, layout);
```

```
        // 矫正当前行的行高，行高取当前行中布局的最高的元素
        lastHeight = Math.max(lastHeight, layout.height + component.
                getMarginBottom());
        // 矫正当前布局到的 x 轴位置
        currentX += layout.width + component.getMarginRight();
        // 矫正当前的最大宽度和高度
        maxWidth = Math.max(maxWidth, layout.x + layout.width + component.
                getMarginRight());
        maxHeight = Math.max(maxHeight, layout.y + layout.height + component.
                getMarginBottom());
    }
```

上面的代码逐行有详细的注释，这里不做过多解释，计算好的布局信息会在后面真正布局时使用。

完成子组件的尺寸测算与布局后，estimateSelf 方法的实现如下：

```
private void estimateSelf(int widthEstimatedConfig, int heightEstimatedConfig) {
    // 获取宽度和高度的 EstimateSpec 模式
    int widthSpce = EstimateSpec.getMode(widthEstimatedConfig);
    int heightSpce = EstimateSpec.getMode(heightEstimatedConfig);
    // 进行宽度测算
    int widthConfig = 0;
    switch (widthSpce) {
        case EstimateSpec.UNCONSTRAINT:
        case EstimateSpec.PRECISE:
            // 使用绝对数值的宽度
            int width = EstimateSpec.getSize(widthEstimatedConfig);
            widthConfig = EstimateSpec.getSizeWithMode(width, EstimateSpec.
                    PRECISE);
            break;
        case EstimateSpec.NOT_EXCEED:
            // 非绝对数值的模式，将宽度设置为子组件布局计算后的最大宽度值
            widthConfig = EstimateSpec.getSizeWithMode(maxWidth,
                    EstimateSpec.PRECISE);
            break;
        default:
```

6

```
                break;
        }
        // 进行高度测算
        int heightConfig = 0;
        switch (heightSpce) {
            case EstimateSpec.UNCONSTRAINT:
            case EstimateSpec.PRECISE:
                // 使用绝对数值的高度
                int height = EstimateSpec.getSize(heightEstimatedConfig);
                heightConfig = EstimateSpec.getSizeWithMode(height,
                        EstimateSpec.PRECISE);
                break;
            case EstimateSpec.NOT_EXCEED:
                // 非绝对数值的模式，将高度设置为配置的最大值
                heightConfig = EstimateSpec.getSizeWithMode(maxHeight,
                        EstimateSpec.PRECISE);
                break;
            default:
                break;
        }
        setEstimatedSize(widthConfig, heightConfig);
    }
```


最后，别忘了实现 clearValues 方法，这个方法很简单，将缓存的数据进行重置即可：

```
    private void clearValues() {
        currentX = 0;
        currentY = 0;
        maxWidth = 0;
        maxHeight = 0;
        layoutMap.clear();
    }
```

ArrangeListener 协议中也只定义了一个方法，实现如下：

```
    @Override
    public boolean onArrange(int i, int i1, int i2, int i3) {
        // 对各个子组件进行布局
```

```
        for (int idx = 0; idx < getChildCount(); idx++) {
            // 遍历出组件实例
            Component childView = getComponentAt(idx);
            // 获取计算好的布局对象
            Layout layout = layoutMap.get(idx);
            if (layout != null) {
                // 调用 arrange 方法进行布局设置
                childView.arrange(layout.x, layout.y, layout.width, layout.height);
            }
        }
        return true;
    }
```

至此，自定义组件的实现就完成了，修改工程中的 ability_main.xml 布局文件进行测试：

```
<?xml version="1.0" encoding="utf-8"?>
<DirectionalLayout
    xmlns:ohos="http://schemas.huawei.com/res/ohos"
    ohos:height="match_parent" ohos:width="match_parent"
    ohos:alignment="center" ohos:orientation="vertical">
    <com.example.customlayoutdemo.CustomLayout  ohos:width="match_parent"
     ohos:height="match_content">
        <Text ohos:height="300" ohos:width="match_parent"
            ohos:background_element="#727272" ohos:margin="10"
            ohos:text="宽度充满 高度 300" ohos:text_alignment="center"
            ohos:text_color="white" ohos:text_size="40"/>
        <Text ohos:height="100" ohos:width="300"
            ohos:background_element="#727272" ohos:margin="10"
            ohos:text="300*100" ohos:text_alignment="center"
            ohos:text_color="white" ohos:text_size="40"/>
        <Text ohos:height="100" ohos:width="300"
            ohos:background_element="#727272" ohos:margin="10"
            ohos:text="300*100" ohos:text_alignment="center"
            ohos:text_color="white" ohos:text_size="40"/>
        <Text ohos:height="100" ohos:width="300"
            ohos:background_element="#727272" ohos:margin="10"
            ohos:text="300*100" ohos:text_alignment="center"
```

```
        ohos:text_color="white" ohos:text_size="40"/>
    <Text ohos:height="100" ohos:width="500"
        ohos:background_element="#727272" ohos:margin="10"
        ohos:text="500*100" ohos:text_alignment="center"
        ohos:text_color="white" ohos:text_size="40"/>
    <Text ohos:height="100" ohos:width="300"
        ohos:background_element="#727272" ohos:margin="10"
        ohos:text="300*100" ohos:text_alignment="center"
        ohos:text_color="white" ohos:text_size="40"/>
    <Text ohos:height="600" ohos:width="600"
        ohos:background_element="#727272" ohos:margin="10"
        ohos:text="600*600" ohos:text_alignment="center"
        ohos:text_color="white" ohos:text_size="40"/>
    <Text ohos:height="100" ohos:width="300"
        ohos:background_element="#727272" ohos:margin="10"
        ohos:text="300*100" ohos:text_alignment="center"
        ohos:text_color="white" ohos:text_size="40"/>
  </com.example.customlayoutdemo.CustomLayout>
</DirectionalLayout>
```

上面的代码中，在自定义的容器组件中添加了8个文本子组件，运行代码，效果如图6.3所示。

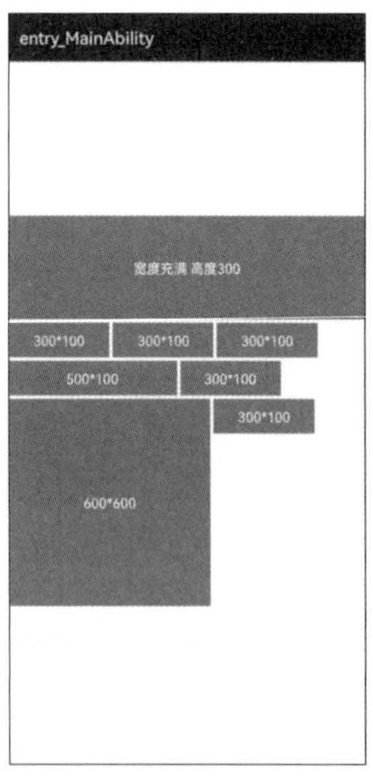

图 6.3　自动换行的自定义布局组件示例

6.3　使用动画技术

动画是 UI 开发中必不可少的一种技能。HarmonyOS 中提供了丰富的与动画相关的 API，使用它们可以轻松地创建出精美的动画效果。

HarmonyOS 中的动画主要分为帧动画、数值动画和属性动画。这些动画所应用的场景各不相同，当然也可以使用集合的方式对动画效果进行任意组合，以达到预期的效果。

6.3.1　使用帧动画

在电视上所看到的动态影像，其本质上是由一连串静态的图像快速切换所形成的。每一幅静态的图像，都可以理解为动态影像中的一帧。帧动画的原理也是如此，即通过播放一组连续的图片来实现动画的效果。

新建一个命名为 FrameAnimationDemo 的示例工程，首先需要添加一组动画图片资源。在工程的 media 文件夹下放入一组图片，需要注意，图片最好按照帧的顺序来命名，方便后续动画元素的编写，如图 6.4 所示。

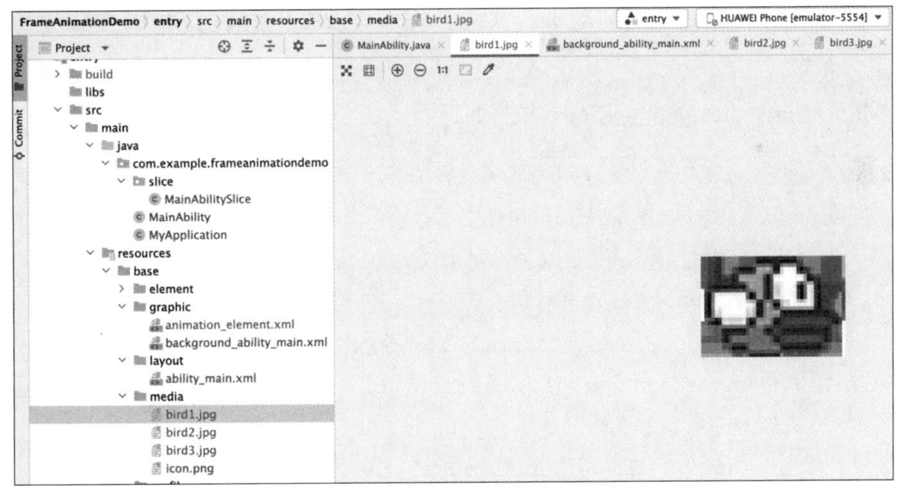

图 6.4　向工程中引入动画图片资源

帧动画本身是由 Image 组件承载的，修改 main_ability.xml 文件如下：

```
<?xml version="1.0" encoding="utf-8"?>
<DirectionalLayout
    xmlns:ohos="http://schemas.huawei.com/res/ohos"
```

```
    ohos:height="match_parent"
    ohos:width="match_parent"
    ohos:alignment="center"
    ohos:orientation="vertical">
    <Image ohos:id="$+id:image" ohos:width="300" ohos:height="300"/>
</DirectionalLayout>
```

上面的代码中，只是在窗口中添加了一个 Image 组件，并没做更多的配置。下面来定义动画元素，帧动画元素也是由 XML 文件定义的，通常会将其放入 graphic 文件夹中。

在 graphic 文件夹中新建一个命名为 animation_element.xml 的文件，编写代码如下：

```
<?xml version="1.0" encoding="utf-8"?>
<animation-list xmlns:ohos="http://schemas.huawei.com/res/ohos"
                ohos:oneshot="false">
    <item ohos:element="$media:bird1" ohos:duration="150"/>
    <item ohos:element="$media:bird2" ohos:duration="150"/>
    <item ohos:element="$media:bird3" ohos:duration="150"/>
</animation-list>
```

6

animation-list 用来定义一组帧动画，其内部需要定义每一帧的资源以及播放的时长，播放时长单位为毫秒。

修改 MainAbilitySlice 类的 onStart 方法如下：

```
    public void onStart(Intent intent) {
        super.onStart(intent);
        super.setUIContent(ResourceTable.Layout_ability_main);
        //加载动画资源，生成动画对象
        FrameAnimationElement frameAnimationElement = new FrameAnimationEleme
              nt(getContext(), ResourceTable.Graphic_animation_element);
        // 获取 Image 组件实例
        Image image = (Image) findComponentById(ResourceTable.Id_image);
        // 设置动画元素
        image.setBackground(frameAnimationElement);
        // 开始播放动画
        frameAnimationElement.start();
    }
```

此时运行代码，可以看到页面上播放的动画效果。

FrameAnimationElement 类用来定义帧动画元素，可以通过 XML 文件来加载，也可以直接使用 Java 代码创建。FrameAnimationElement 类中封装的常用方法见表 6.1。

表 6.1　FrameAnimationElement 类中封装的常用方法

方法名	参数 / 类型	返回值类型	意　义
start	无	无	开始播放动画
stop	无	无	结束播放动画
getNumberOfFrames	无	整型	获取当前动画元素共有多少帧
getFrame	参数 1/ 整型	Element 类型	获取动画元素中的某一帧
getDuration	参数 1/ 整型	整型	获取某一帧的时长
isOneShot	无	布尔型	获取当前动画是否只播放一轮
setOneShot	参数 1/ 布尔型	无	设置动画是否只播放一轮
addFrame	参数 1/Element 类型	无	向当前动画元素中增加一帧，支持设置此帧的时长

6

6.3.2　使用数值动画

前面提到过，动画的本质是连续地播放静态画面。而要让组件动起来，原理也是一样的。连续地改变组件的状态，如连续改变组件的颜色就会产生颜色变化动画，连续改变组件的位置就会产生移动动画，连续改变组件渲染的文案就会产生文字动画。数值动画就是这样一种动画方式。

在 HarmonyOS 中，AnimatorValue 类是数值动画的驱动类。AnimatorValue 本身与 Component 组件无关，其只是提供了状态变化的驱动，AnimatorValue 被开启后，其数值会从 0 到 1 进行变化，从而设置从 0 到 1 这个变化过程中的变化规律、时间、重复次数等属性，相应地，在数值变化过程中，手动修改组件的状态，从而产生动画效果。

新建一个命名为 ValueAnimationDemo 的示例工程，数值动画的使用非常简单，直接修改 MainAbilitySlice 类如下：

```
// 包名
package com.example.valueanimationdemo.slice;
// 引入模块
import com.example.valueanimationdemo.ResourceTable;
```

```
import ohos.aafwk.ability.AbilitySlice;
import ohos.aafwk.content.Intent;
import ohos.agp.animation.Animator;
import ohos.agp.animation.AnimatorValue;
import ohos.agp.components.Text;
// 定义 MainAbilitySlice 类
public class MainAbilitySlice extends AbilitySlice {
    // 定义 AnimatorValue 实例对象
    private AnimatorValue animatorValue = new AnimatorValue();
    @Override
    public void onStart(Intent intent) {
        super.onStart(intent);
        super.setUIContent(ResourceTable.Layout_ability_main);
        // 获取模板中自动生成的 Text 组件实例
        Text text = (Text) findComponentById(ResourceTable.Id_text_Hello World);
        // 设置动画的执行时长，单位为毫秒
        animatorValue.setDuration(10000);
        // 设置开启后，延迟多久开始执行动画，单位为毫秒
        animatorValue.setDelay(0);
        // 设置播放动画的次数
        animatorValue.setLoopedCount(AnimatorValue.INFINITE);
        // 设置动画播放的时间函数
        animatorValue.setCurveType(Animator.CurveType.LINEAR);
        // 设置数值变化监听
        animatorValue.setValueUpdateListener(new AnimatorValue.ValueUpdateListener() {
            @Override
            public void onUpdate(AnimatorValue animatorValue, float v) {
                // 在监听的回调方法中，修改 Text 组件的文本，从而实现动画效果
                text.setText(String.format("倒计时：%.2f 秒", 10 - (10 * v)));
            }
        });
        // 开启动画
        animatorValue.start();
    }
}
```

运行上面的代码，可以看到页面上的倒计时效果。

AnimatorValue 类的 start 方法用来启动数值动画，与之对应的还有一些方法控制动画的状态，见表 6.2。

表 6.2　AnimatorValue 类的方法

方法名	参数 / 类型	返回值类型	意　义
start	无	无	开启动画
stop	无	无	停止动画，动画执行到的当前状态不变
cancel	无	无	取消动画，并将动画设置为初始状态
end	无	无	结束动画，并将动画设置为末尾状态
pause	无	无	暂停动画，需要在动画执行过程中调用，再次开启后会从当前状态开始继续执行
resume	无	无	恢复动画，与 pause 方法对应

setLoopedCount 方法用来设置动画的执行次数，此方法可以设置为一个具体的整数，表示动画执行多少次后自动停止，也可设置为 AnimatorValue.INFINITE，表示无限循环地执行动画。

setCurveType 也是非常重要的一个方法，此方法用来设置动画的执行函数，控制动画的执行过程，如是匀速地执行，还是逐步加速执行等。上面代码中的 Animator.CurveType.LINEAR 表示将动画的执行函数设置为线性的，即匀速执行。

6.3.3　数值动画过程的监听

上一小节通过 AnimatorValue 创建了一个无限循环的倒计时页面。有时，在数值动画的执行过程中，需要监听动画执行的过程和次数，可以通过添加 StateChangedListener 和 LoopedListener 接口来实现。

StateChangedListener 接口中封装了与动画状态相关的回调，如动画开始、结束、暂停等，其方法见表 6.3。

表 6.3　StateChangedListener 接口中封装的相关方法

方法名	参　数	返回值类型	意　义
onStart	参数 1/Animator 类型	无	动画开始时回调
onStop	参数 1/Animator 类型	无	动画停止时回调

续表

方法名	参　数	返回值类型	意　义
onCancel	参数 1/Animator 类型	无	动画取消时回调
onEnd	参数 1/Animator 类型	无	动画结束时回调
onPause	参数 1/Animator 类型	无	动画暂停时回调
onResume	参数 1/Animator 类型	无	动画恢复时回调

对于多次循环执行或者无限循环执行的动画，如果需要在每次重复执行时进行一些逻辑处理，可以通过LoopedListener接口来实现。LoopedListener接口中只定义了一个方法，见表6.4。

表 6.4　LoopedListener 接口中定义的方法

方法名	参数 / 类型	返回值类型	意　义
onRepeat	参数 1/Animator 类型	无	每次开始重复执行时回调

6

6.4　属性动画的应用

数值动画是一种比较通用的动画方式，使用它几乎可以实现任意样式的动画。当组件的某些属性发生变化时，使用属性动画无须处理变化过程中的组件状态，只需要指定变化的开始状态和结束状态即可实现动画效果。

6.4.1　使用属性动画

新建一个命名为 PropAnimationDemo 的示例工程演示对文本进行 360° 旋转的动画效果。

属性动画使用 AnimatorProperty 类来创建，此类与 AnimatorValue 类相似，都是继承自 Animator 类，因此，其也可以使用动画的开启、暂停、恢复等方法来控制动画的状态，此外，还可以使用 setDelay 方法来设置动画执行的延迟时间，使用 setLoopedCount 方法来设置动画执行的重复次数等。

直接修改模板工程的 MainAbilitySlice 类如下：

```
// 包名
package com.example.propanimationdemo.slice;
// 模块引入
```

```
import com.example.propanimationdemo.ResourceTable;
import ohos.aafwk.ability.AbilitySlice;
import ohos.aafwk.content.Intent;
import ohos.agp.animation.Animator;
import ohos.agp.animation.AnimatorProperty;
import ohos.agp.animation.AnimatorValue;
import ohos.agp.components.*;
// MainAbilitySlice 类的定义
public class MainAbilitySlice extends AbilitySlice {
    //创建属性动画对象
    AnimatorProperty animatorProperty = new AnimatorProperty();
    // 变量标记当前动画是否已经开启
    private boolean started = false;
    @Override
    public void onStart(Intent intent) {
        super.onStart(intent);
        super.setUIContent(ResourceTable.Layout_ability_main);
        // 获取模板自动生成的 Text 组件
        Text text = (Text)findComponentById(ResourceTable.Id_text_Hello World);
        // 设置属性动画所作用的组件
        animatorProperty.setTarget(text);
        // 设置动画效果，这里设置为旋转 360 度
        animatorProperty.rotate(360);
        // 设置循环执行的次数，此处设置为无限循环
        animatorProperty.setLoopedCount(AnimatorValue.INFINITE);
        // 设置动画执行的时长
        animatorProperty.setDuration(3000);
        //单击开始 / 停止动画
        text.setClickedListener(new Component.ClickedListener() {
            @Override
            public void onClick(Component component) {
                if (!started) {
                    // 开始动画
                    animatorProperty.start();
                } else {
```

```
                //停止动画
                animatorProperty.stop();
            }
            started = !started;
        }
    });
}
}
```

运行代码，单击页面中的文本，可以看到文本会无限循环地进行 360° 旋转。

6.4.2 AnimatorProperty 属性动画详解

属性动画，顾名思义，是通过改变组件的某些属性，从而产生渐变的动画过程。AnimatorProperty 支持动画的属性包括位置、透明度、尺寸、旋转角度。可以通过表 6.5 所列的方法来设置动画属性的起始状态或终止状态。

表 6.5 AnimatorProperty 设置动画属性的方法

方法名	参数 / 类型	返回值类型	意 义
moveFromX	参数 1/ 浮点型	AnimatorProperty 类型	设置动画开始时的横坐标
moveToX	参数 1/ 浮点型	AnimatorProperty 类型	设置动画移动到的横坐标
moveByX	参数 1/ 浮点型	AnimatorProperty 类型	设置在横坐标方向上移动多少个单位
moveFromY	参数 1/ 浮点型	AnimatorProperty 类型	设置动画开始时的纵坐标
moveToY	参数 1/ 浮点型	AnimatorProperty 类型	设置动画所移动到的纵坐标
moveByY	参数 1/ 浮点型	AnimatorProperty 类型	设置在纵坐标方向上移动多少个单位
alphaFrom	参数 1/ 浮点型	AnimatorProperty 类型	设置透明度动画的起始值，透明度 0 表示完全透明，1 表示完全不透明
alpha	参数 1/ 浮点型	AnimatorProperty 类型	设置透明度动画的终止值
scaleXFrom	参数 1/ 浮点型	AnimatorProperty 类型	设置横坐标方向缩放动画的起始值
scaleX	参数 1/ 浮点型	AnimatorProperty 类型	设置横坐标方向缩放动画的终止值
scaleXBy	参数 1/ 浮点型	AnimatorProperty 类型	设置以当前状态为标准，横坐标方向的缩放大小

续表

方法名	参数 / 类型	返回值类型	意　义
scaleYFrom	参数 1/ 浮点型	AnimatorProperty 类型	设置纵坐标方向缩放动画的起始值
scaleY	参数 1/ 浮点型	AnimatorProperty 类型	设置纵坐标方向缩放动画的终止值
scaleYBy	参数 1/ 浮点型	AnimatorProperty 类型	设置以当前状态为标准，纵坐标方向的缩放大小
rotate	参数 1/ 浮点型	AnimatorProperty 类型	设置旋转角度，单位为角度值

表 6.5 列出的方法的返回值都是 AnimatorProperty 类型，实际上调用这些方法后，返回的对象就是当前属性动画实例本身，因此可以链式地调用这些方法来聚合使用这些动画效果，例如：

```
// 设置动画效果，这里设置为旋转 360 度，同时透明度从 0 变到 1，尺寸增大一倍
animatorProperty.rotate(360).alphaFrom(0).alpha(1).scaleXFrom(1).scaleX(2).
                        scaleYFrom(1).scaleY(2);
```

运行上面的代码，看到的效果为：Text 组件在旋转一周的过程中，从完全透明渐变到不透明，并且横纵坐标方向上尺寸放大一倍。

6

6.4.3　动画集合

动画集合也被称为动画组，将多个动画设为一组，可以按顺序或者同时执行。

前面有使用数值动画实现了倒计时效果，有使用属性动画实现了文本组件的旋转和放大效果。本小节尝试将这两种动画进行组合，在倒计时的过程中旋转组件，改变透明度和放大组件。

新建一个命名为 GroupAnimationDemo 的示例工程，修改 MainAbilitySlice 类的代码如下：

```
// 包名
package com.example.groupaimationdemo.slice;
// 模块引入
import com.example.groupaimationdemo.ResourceTable;
import ohos.aafwk.ability.AbilitySlice;
import ohos.aafwk.content.Intent;
import ohos.agp.animation.Animator;
import ohos.agp.animation.AnimatorGroup;
import ohos.agp.animation.AnimatorProperty;
```

```
import ohos.agp.animation.AnimatorValue;
import ohos.agp.components.Component;
import ohos.agp.components.Text;
public class MainAbilitySlice extends AbilitySlice {
    // 定义 AnimatorValue 实例对象
    private AnimatorValue animatorValue = new AnimatorValue();
    //创建属性动画对象
    private AnimatorProperty animatorProperty = new AnimatorProperty();
    //创建动画组对象
    private AnimatorGroup animatorGroup = new AnimatorGroup();
    private boolean started = false;
    @Override
    public void onStart(Intent intent) {
        super.onStart(intent);
        super.setUIContent(ResourceTable.Layout_ability_main);
        // 获取模板中自动生成的 Text 组件实例
        Text text = (Text) findComponentById(ResourceTable.Id_text_Hello World);
        // 数值动画
        animatorValue.setValueUpdateListener(new AnimatorValue.ValueUpdateListener() {
            @Override
            public void onUpdate(AnimatorValue animatorValue, float v) {
                text.setText(String.format("倒计时: %.2f 秒", 10 - (10 * v)));
            }
        });
        // 属性动画
        animatorProperty.setTarget(text);
        animatorProperty.rotate(360).alphaFrom(0).alpha(1).scaleXFrom(1).
                                    scaleX(2).scaleYFrom(1).scaleY(2);
        // 同时执行上面定义的数值动画和属性动画
        animatorGroup.runParallel(animatorValue, animatorProperty);
        // 设置动画无限循环
        animatorGroup.setLoopedCount(Animator.INFINITE);
        // 设置动画执行时长
        animatorGroup.setDuration(10000);
        //单击开始 / 停止动画
```

```
        text.setClickedListener(new Component.ClickedListener() {
            @Override
            public void onClick(Component component) {
                if (!started) {
                    // 启动动画组
                    animatorGroup.start();
                } else {
                    // 停止动画组
                    animatorGroup.stop();
                }
                started = !started;
            }
        });
    }
}
```


AnimatorGroup 类用于创建一个动画集合，它可以对动画集合的播放时长、时间函数、延迟、播放次数等进行设置。该类的 runParallel 方法的参数个数不限，传入一组动画实例，这些动画实例会被同时执行，从而产生聚合动画的效果。如果需要按顺序播放一组动画，则调用下面的方法：

```
animatorGroup.runSerially(animatorValue, animatorProperty);
```

runSerially 方法会按照参数的顺序执行动画，一个动画执行结束后再执行下一个动画。

有了 AnimatorGroup，在日常开发中遇到复杂的动画需求可以先尝试将其拆解，逐个实现拆解后单一效果的动画，再进行组合即可。

6.5　内容回顾

本章主要介绍了 HarmonyOS 中与 UI 开发相关的两块比较高级的内容：自定义组件和动画。

自定义组件包括自定义功能组件和自定义布局组件。相比直接使用 HarmonyOS 内置的组件，自定义组件略显复杂，但其功能也更加强大，可以通过绘图的方式实现任意样式的组件。自定义布局在日常开发中也非常重要，有时对于复杂布局的处理，使用自定义布局是最合适的方案。

动画也是 UI 开发中非常重要的一环，在增强用户交互体验方面起着至关重要的作用。

HarmonyOS 中提供了许多与动画相关的接口，且使用非常方便。

到本章为止，已经将 HarmonyOS 移动开发中与界面相关的部分介绍完毕，相信无论面对多么复杂的页面，读者都会有比较清晰的开发思路。在后面章节中，将进一步介绍与网络、文件、多媒体相关的内容。

1. 在自定义组件中，要把握的重点有哪些？

> **温馨提示：** 在自定义组件时，重点莫过于 Component 中定义的两个接口：EstimateSizeListener 接口和 DrawTask 接口。实现 onEstimateSize 方法测算组件的尺寸，实现 onDraw 方法来渲染绘制组件。如果自定义组件要支持用户交互，对应地实现相关接口即可，如实现 TouchEventListener 来支持用户触摸事件。

2. 数值动画和属性动画有何异同？

> **温馨提示：** 首先，数值动画和属性动画有着相同的父类，其很多接口都是一致的，如动画时长、时间函数、状态监听等。它们的使用方式基本也是一致的，均支持开启、停止、暂停、恢复等。但是，这两种动画的执行逻辑不同，数值动画本质是提供了一个动画触发器，该触发器会按照设置进行连续触发，每次触发时需要手动修改组件的状态。而属性动画则不同，其会对一些常用的动画效果进行封装，如位置移动、尺寸变化、透明度变化、旋转等。使用属性动画时只需要指定起始和终止状态，不需要对每一帧进行处理。

第 7 章

数据信息的搬运工——数据持久化与网络技术

通过前面章节的学习，相信读者对 HarmonyOS 应用开发已经有了深入的了解，也能够独立地开发应用页面了。但是，一个完整的应用仅仅拥有页面是远远不够的。页面实际上只是用户与程序交互的接口，真正的程序功能是由“数据”来驱动的。例如，对于一款电商软件来说，需要有商品列表页面，页面上显示的商品数据实际上来自于服务商的商品后台。

本章将学习在 HarmonyOS 中如何对数据进行存储，以及如何通过网络技术从服务后台获取数据。有了网络数据的支持，就能真正地开发一款商业化的应用项目。

通过本章，将学习以下知识点：

- 轻量级数据存储技术的应用。
- 关系型数据库的概念以及在 HarmonyOS 中的应用。
- 对象数据库的映射方法。
- 颁式数据服务的应用。
- 使用网络技术从后端服务获取数据。

7.1 轻量级数据存储

数据存储实际上就是数据持久化。当应用程序运行时，大部分数据通常存储在内存中，计算机内存的特点是访问速度快，但不能持久化存储。即当某个应用运行时，分配给该应用的部分内存会被使用，当该应用被关闭时，这部分内存也会被回收，从而分配给其他应用使用。再进一步讲，任何一个“编程对象”都是有生命周期的，当一个对象被创建时，将为其分配内存，当其被销毁时，对应的内存也被回收。因此，如果需要对某些数据进行持久化存储，很显然就不能只将其存在内存中，而是需要使用一些持久化的技术来处理这些数据。

7.1.1 轻量级数据存储的含义

轻量级数据存储是指要存储的数据量很小，且数据结构也很简单的数据存储方式。例如，对于一个有用户系统的应用程序来说，当用户登录后，需要储存用户的用户名和登录标识等信息，这些信息不能随着应用程序的关闭而消失，因此要将其进行持久化存储。

在 HarmonyOS 中，所有 Key-Value 结构的数据都要进行轻量级存储，Key-Value 结构也被称为键值对结构。其中，Key 表示键，Value 表示值；Key 不重复，Value 重复。例如，某个应用程序的用户系统中用户的数据只包含用户名 name、用户年龄 age 和用户登录标识 token，则 name、age 和 token 就是键，它们的值就是 Value，此时就非常适合使用轻量级存储技术。

7

Preferences 是管理轻量级数据文件的类，在使用轻量级数据存储前，首先要获取 Preferences 实例，一个应用程序可以有一个单独的 Preferences 实例，也可以有多个 Preferences 实例。每个 Preferences 之间相互独立，用名字进行区分。每个 Preferences 实例管理多个键值对，同时支持对数据的存储、获取、删除等。

Preferences 在创建后，其数据会被加载到内存中，因此，Preferences 对数据进行存取有着非常高的效率，但是也会有性能开销，不建议一个 Preferences 中存储过多的键值对。当 Preferences 所管理的数据有更新时，应适时地调用刷新方法来将其同步到文件，从而实现持久化。

> **温馨提示：**由于 Preferences 是基于内存进行数据操作，之后同步到文件的。因此，不能存储过多的数据，巨量数据会造成很大的内存消耗，从而影响整体应用的性能。

7.1.2 Preferences 使用示例

首先创建一个名为 SimpleData 的示例工程，默认生成的工程模板中会自带一个 Text 组件，在其 MainAbilitySlice 类中编写如下代码：

```
// 包名与模块引入
package com.example.simpledata.slice;
import com.example.simpledata.ResourceTable;
import ohos.aafwk.ability.AbilitySlice;
import ohos.aafwk.content.Intent;
import ohos.agp.components.Text;
import ohos.data.DatabaseHelper;
import ohos.data.preferences.Preferences;
public class MainAbilitySlice extends AbilitySlice {
    @Override
    public void onStart(Intent intent) {
        super.onStart(intent);
        super.setUIContent(ResourceTable.Layout_ability_main);
        // 获取 Text 实例
        Text text = (Text) findComponentById(ResourceTable.Id_text_Hello World);
        // 创建数据库管理类
        DatabaseHelper databaseHelper = new DatabaseHelper(getContext());
        // 获取 Preferences 实例
        Preferences preferences = databaseHelper.getPreferences("myPreferences");
        // 从获取的 Preferences 实例中获取键和值
        String name = preferences.getString("name", " 无昵称数据 ");
        // 设置文本组件文案
        text.setText(name);
        // 存储数据
        preferences.putString("name"," 存储的昵称数据 ");
        // 进行文件刷新
        preferences.flushSync();
    }
}
```

其中，Preferences 实例的 getString 方法用来获取存储的字符串数据，其第 1 个参数获取数据的 Key，第 2 个参数设置默认的数据，即当 Preferences 中没有存储此键值对时会返回第 2 个参数设置的值。对应地，putString 方法用来设置一对键值对。运行程序，第一次运行时，因为没有设置过此键值对，取出的数据将是“无昵称数据”，之后关闭应用程序并重新启动，即可看到持久化的昵称数据，如图 7.1 与图 7.2 所示。

图 7.1 未读取到 Preferences 数据

图 7.2 读取到 Preferences 数据

需要注意，在 DevEco Studio 中每次运行应用都会将模拟器中的应用程序删除并重装，删除应用程序时会对应地将其持久化的数据文件也相应删除，因此，需要在不重新编译运行的情况下，直接在模拟器中打开应用，才能看到所持久化的昵称数据。

下面总结 Preferences 的使用流程：

- 使用 DatabaseHelper 获取数据库帮助类实例。
- 使用数据库帮助类实例获取指定的 Preferences，并通过名字来区分不同的 Preferences。
- 使用 Preferences 进行数据的读取或存储。
- 如果 Preferences 所管理的数据有改动，需要调用刷新方法来同步到文件。

7.1.3 Preferences 功能详解

Preferences 类中封装了许多操作数据的方法。Preferences 主要用来存储轻量级的键值对数据，因此对数据的类型是有要求的，其中关于数据的读取与存储方法见表 7.1。

表 7.1 关于数据的读取与存储方法

方法名	参数 / 类型	返回值类型	意 义
putInt	参数 1/ 字符串：要存储的键值对的键。 参数 2/ 整型：要存储的键值对的值	当前 Preferences 实例	存储值为整型的键值对
putString	参数 1/ 字符串：要存储的键值对的键。 参数 2/ 字符串：要存储的键值对的值	当前 Preferences 实例	存储值为字符串的键值对

续表

方法名	参数 / 类型	返回值类型	意　义
putBoolean	参数 1/ 字符串：要存储的键值对的键。 参数 2/ 布尔型：要存储的键值对的值	当前 Preferences 实例	存储值为布尔类型的键值对
putLong	参数 1/ 字符串：要存储的键值对的键。 参数 2/ 长整型：要存储的键值对的值	当前 Preferences 实例	存储值为长整型的键值对
putFloat	参数 1/ 字符串：要存储的键值对的键。 参数 2/ 浮点型：要存储的键值对的值	当前 Preferences 实例	存储值为浮点型的键值对
putStringSet	参数 1/ 字符串：要存储的键值对的键。 参数 2/ 字符串集合：要存储的键值对的值	当前 Preferences 实例	存储值为字符串集合类型的键值对
getInt	参数 1/ 字符串：要读取的键值对的键。 参数 2/ 整型：提供默认值	整型	读取整型的键值对的值，不存在则返回默认值
getString	参数 1/ 字符串：要读取的键值对的键。 参数 2/ 字符串：提供默认值	字符串	读取字符串型的键值对的值，不存在则返回默认值
getBoolean	参数 1/ 字符串：要读取的键值对的键。 参数 2/ 布尔型：提供默认值	布尔型	读取布尔型的键值对的值，不存在则返回默认值
getLong	参数 1/ 字符串：要读取的键值对的键。 参数 2/ 长整型：提供默认值	长整型	读取长整型的键值对的值，不存在则返回默认值
getFloat	参数 1/ 字符串：要读取的键值对的键。 参数 2/ 浮点型：提供默认值	浮点型	读取浮点型的键值对的值，不存在则返回默认值
getStringSet	参数 1/ 字符串：要读取的键值对的键。 参数 2/ 字符串集合：提供默认值。	字符串集合	读取字符串集合型的键值对的值，不存在则返回默认值

从表 7.1 中可以看出，Preferences 中提供的数据存储与读取的方法是成对出现的，记忆起来也比较容易。所有的存储方法都以 put 开头，后面跟要存储的数据类型；所有的读取方法都以 get 开头，后面跟要读取的数据类型。

除了表 7.1 列出的方法外，Preferences 中还封装了许多有用的方法，如删除存储的数据、清空数据、同步或异步地进行文件同步等，见表 7.2。

表 7.2　Preferences 封装的其他方法

方法名	参数 / 类型	返回值类型	意　义
delete	参数 1/ 字符串：要删除的键值对的键	当前 Preferences 实例	根据 key 值来删除对应的键值对

续表

方法名	参数 / 类型	返回值类型	意　义
clear	无	当前 Preferences 实例	将当前 Preferences 中存储的所有键值对删除
flush	无	无	刷新缓冲区，将数据变更同步到文件
flushSync	无	布尔型	同步刷新缓冲区，返回是否刷新成功的结果
hasKey	参数 1/ 字符串：要查找的键值对的键	布尔型	检查当前 Preferences 中是否已经存储有某个键值对
registerObserver	参数 1/PreferencesObserver: 监听者	无	为当前 Preferences 注册监听
unregisterObserver	参数 1/PreferencesObserver: 监听者	无	注销当前 Preferences 注册的监听

其中，flush 和 flushSync 方法用来进行文件同步。当 Preferences 被加载时，数据被存储到内存中，这样做的好处是读和写都非常快，因此，如果修改了 Preferences 中的某些数据，实际上只是修改了内存中的数据，若要及时同步到外存文件中，需要手动调用这两个方法。registerObserver 为当前的 Preferences 注册一个监听者，当 Preferences 中的数据发生变化时，会回调对应的接口方法，例如：

```
Preferences preferences = databaseHelper.getPreferences("myPreferences");
preferences.registerObserver(new Preferences.PreferencesObserver() {
    @Override
    public void onChange(Preferences preferences, String s) {
        // 参数 s 为发生更改的键值对的键
        text.setText(preferences.getString(s, " 无昵称数据 "));
    }
});
```

需要注意，上面介绍的 clear 方法只是将当前 Preferences 中所存储的数据清空，并不会删除 Preferences 对应的文件。如果需要将 Preferences 对应的存储文件也一并删除，需要使用 DatabaseHelper 所提供的方法，如下：

```
DatabaseHelper databaseHelper = new DatabaseHelper(getContext());
// 直接将 Preferences 对应的存储文件删除
```

```
databaseHelper.deletePreferences("myPreferences");
// 仅将记载到内存的 Preferences 数据从内存中删除
databaseHelper.removePreferencesFromCache("myPreferences");
```

温馨提示：简单理解，DatabaseHelper 是用来操作文件的类，Preferences 是用来操作数据的类。

7.2 关系型数据库存储

在工程开发中，关系型数据库是一类非常流行的数据库软件。在 HarmonyOS 中，框架中默认支持使用 SQLite 来构建数据库，并且其还封装了一套使用方便的操作接口。所谓关系型数据库，是指数据库中存储的数据是基于关系模型的，即以传统的行和列的方式来组织数据。在使用 SQLite 数据库时，要先根据数据关系来创建数据表，并根据数据结构为每张数据表定义列字段，之后将数据存入对应的表中，每条数据就对应表中的一行数据。

7.2.1 使用关系型数据库

HarmonyOS 中的关系数据库管理是基于 SQLite 数据库的。SQLite 本身的功能非常强大，不仅能够进行基础的增删改查操作，还可以通过 SQL 语句实现更多复杂高级的数据管理功能。但是 SQL 语句本身对开发者来说不够友好，需要记忆的规则和关键字很多。在 HarmonyOS 中，这些烦琐的 SQL 操作被进行了封装，只需要按照面向对象的方式进行调用即可。

新建一个命名为 DatabaseDemo 的示例工程来编写本小节的示例代码。修改工程中的 MainAbilitySlice 类的代码如下：

```
// 包名与模块引入
package com.example.databasedemo.slice;
import com.example.databasedemo.ResourceTable;
import ohos.aafwk.ability.AbilitySlice;
import ohos.aafwk.content.Intent;
import ohos.agp.components.Text;
import ohos.data.DatabaseHelper;
import ohos.data.rdb.*;
import ohos.data.resultset.ResultSet;
// 类定义
```

```
public class MainAbilitySlice extends AbilitySlice {
    @Override
    public void onStart(Intent intent) {
        super.onStart(intent);
        super.setUIContent(ResourceTable.Layout_ability_main);
        // 获取模板自动生成的 Text 组件实例
        Text text = findComponentById(ResourceTable.Id_text_Hello World);
        // 1. 打开数据库
        // 获取数据库操作类实例
        DatabaseHelper helper = new DatabaseHelper(getContext());
        // 创建数据库配置对象
        StoreConfig config = StoreConfig.newDefaultConfig("MyDB.db");
        // 打开数据库的回调
        RdbOpenCallback callback = new RdbOpenCallback() {
            @Override
            public void onCreate(RdbStore rdbStore) {
                // 进行表创建
                rdbStore.executeSql("CREATE TABLE IF NOT EXISTS student
                (id INTEGER PRIMARY KEY AUTOINCREMENT, name TEXT NOT
                NULL, age INTEGER, subject TEXT)");
            }
            @Override
            public void onUpgrade(RdbStore rdbStore, int currentVersion, int
                                  targetVersion) {
                // 如果需要进行数据库升级，在此方法中处理
            }
        };
        // 打开数据库
        RdbStore rdbStore = helper.getRdbStore(config, 1, callback, null);
        // 2. 存储数据到数据库
        // 创建存储对象
        ValuesBucket valuesBucket = new ValuesBucket();
        // 为数据字段赋值
        valuesBucket.putString("name", "huishao");
        valuesBucket.putString("subject", "HarmonyOS");
```

```
        valuesBucket.putInteger("age", 30);
        // 存储数据
        rdbStore.insert("student", valuesBucket);
        // 3. 从数据库中查询数据
        // 定义要查询的字段
        String[] columns = new String[] {"id", "name", "age", "subject"};
        // 创建查询条件，从指定的表中查询
        RdbPredicates rdbPredicates = new RdbPredicates("student");
        // 获取查询结果
        ResultSet resultSet = rdbStore.query(rdbPredicates, columns);
        // 遍历查询结果获取数据
        while (resultSet.goToNextRow()) {
            int id = resultSet.getInt(0);
            String name = resultSet.getString(1);
            int age = resultSet.getInt(2);
            String subject = resultSet.getString(3);
            text.setText(String.format("id:%d\nname:%s\nage:%d\nsubject:%s",
                        id, name, age, subject));
        }
    }
}
```

运行上面的代码，页面上会展示从数据库中读取的数据，如图 7.3 所示。

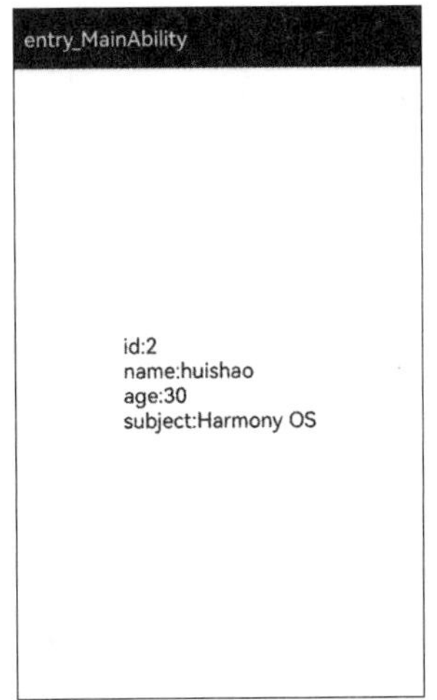

图 7.3　从数据库中读取数据

上面的代码很多，但是核心要关注的操作只有 3 步：

- 打开数据库。
- 进行数据存储。
- 进行数据读取。

此实例代码主要演示了数据库的打开、增加和查找数据操作。下一小节将一一进行解析。

7.2.2 打开数据库

在进行任何数据库操作前，都必须先打开数据库。使用 DatabaseHelper 实例的 getRdbStore 方法来打开一个数据库，此方法的定义如下：

```
RdbStore getRdbStore(StoreConfig config, int version, RdbOpenCallback
                openCallback, ResultSetHook resultSetHook)
```

其会返回一个 RdbStore 实例，后续都需要通过此实例来进行数据库操作。getRdbStore 有 4 个参数、StoreConfig 参数是配置参数，用来设置数据库的打开方式，以及要打开的数据库名字等。如上一小节的示例代码：

```
StoreConfig.newDefaultConfig("MyDB.db");
```


其中，newDefaultConfig 会构造一个标准的配置对象，MyDB.db 即为要打开的数据库的名称。

version 参数用来设置数据库的版本，如果要打开的数据库版本与存在的数据库版本不一致，则需要进行数据库的迁移和升级操作。

openCallback 参数需要指定为一个 RdbOpenCallback 对象，其中需要实现数据库打开和升级的回调方法。

resultSetHook 参数需要设置为实现了 ResultSetHook 接口的对象，示例代码中暂时未使用。

调用 getRdbStore 方法后，会执行 RdbOpenCallback 中的 onCreate 方法，当一个新的数据库被创建时，其内部是没有任何数据表的，需要通过 SQL 语句来创建数据表，如下：

```
rdbStore.executeSql("CREATE TABLE IF NOT EXISTS student (id INTEGER PRIMARY KEY
            AUTOINCREMENT, name TEXT NOT NULL, age INTEGER, subject TEXT)");
```

这句 SQL 语句的意思是：判断数据库中是否已经存在 student 表，如果不存在，则进行创建，创建的表结构有 4 列，字段的意义分别为唯一标识、名称、年龄和科目。其中，id 列被指定为整数类型，且是自增的主键；name 列被约束为不可为空的文本列，age 列为整数列，subject 列为文本列。需要注意，id 列为自增长键，即此列的值会在插入数据时自动增长，无须手动设置，且此列的值在表中是唯一的。

如果在打开数据库时，设置的数据库版本与存储的数据库版本不一致，则会调用 RdbOpenCallback 中的 onUpgrade 方法，需要在此方法中完成数据库的升级操作。onUpgrade 的方法定义如下：

```
void onUpgrade(RdbStore rdbStore, int currentVersion, int targetVersion)
```

其中，currentVersion 为当前存在的数据库版本，targetVersion 为目标数据库版本，可根据这两个版本的差异来编写 SQL 语句执行升级操作。

数据库成功打开后，即可使用获取的 RdbStore 实例进行数据的增删改查操作。

7.2.3 新增与修改数据

新增数据是指在数据库指定的表中插入一条数据，修改数据是指修改数据库表中存在的数据。数据的新增和修改都无须手动编写 SQL 语句，而是直接调用 RdbStore 实例对应的方法即可。

如果要新增一条数据，直接使用 RdbStore 实例的 insert 方法即可，代码如下：

```
ValuesBucket valuesBucket = new ValuesBucket();
valuesBucket.putString("name", "huishao");
valuesBucket.putString("subject", "HarmonyOS");
valuesBucket.putInteger("age", 30);
rdbStore.insert("student", valuesBucket);
```

insert 方法的第 1 个参数需要设置为表名，指定要往哪个表中插入数据，第 2 个参数为数据对象。在构造 ValuesBucket 对象时，通过 put 相关的方法对指定的列进行赋值，如上面代码所示，将 name 字段设置为“huishao”，age 字段设置为 30，subject 字段设置为 "HarmonyOS"，subject 表中的每条数据还有一个 id 字段，此字段自增，不需要显式设置。调用 insert 方法后，即可将这条数据插入数据库表中。

修改数据，需要调用 RdbStore 实例的 replace 或 update 方法，先来看这两个方法的定义：

```
long replace(String table, ValuesBucket value);
int update(ValuesBucket value, AbsRdbPredicates predicates);
```

replace 方法意如其名，用一个新的数据对象来替换数据库中的某条记录。其第 1 个参数指定对应的表名，第 2 个参数为新的数据对象。设置的数据对象中必须包含主键，因为主键是每条数据的唯一标识，有了主键才能够找到具体要替换的数据，示例如下：

```
ValuesBucket valuesBucket = new ValuesBucket();
valuesBucket.putString("name", "Even");
valuesBucket.putInteger("id", 1);
rdbStore.replace("student", valuesBucket);
```

上面的代码会将数据库表中 id 为 1 的数据的 name 修改为 "Even"。

有时可能需要批量修改数据，或不能确定要修改的数据的 id，这时就可以使用条件更新，通过在 update 方法中指定一个检索条件，数据库表中所有满足条件的数据都会被更新，例如：

```
ValuesBucket valuesBucket = new ValuesBucket();
valuesBucket.putString("name", "Even");
rdbStore.update(valuesBucket, new RdbPredicates("student").equalTo("name",
                                                        "huishao"));
```

上面的代码会将数据库表中所有等于 "huishao" 的数据的 name 字段都更新为 "Even"。关于数据的检索条件会在下一小节更详细地介绍。

7.2.4 查询数据

查询数据库中的数据一般分为以下 4 步：

- 指定要查询的数据列字段。
- 构建查询的检索条件。
- 调用查询接口进行查询。
- 处理查询结果。

调用 RdbStore 实例的 query 方法进行数据查询，此方法定义如下：

```
ResultSet query(AbsRdbPredicates var1, String[] var2);
```

其中，第 1 个参数用来设置查询条件，第 2 个参数指定要查询的字段，如之前定义的 student 表包含 id、name、age 和 subject 字段。如果要查询这些字段的值，则定义字符串列举如下即可：

```
String[] columns = new String[] {"id", "name", "age", "subject"};
```

需要注意，定义的查询字段列表中的字段必须是库表中所有字段的子集。AbsRdbPredicates 本身是一个抽象类，在构建查询条件时，一般会用 RdbPredicates 类来初始化，代码如下：

```
RdbPredicates rdbPredicates = new RdbPredicates("student");
```

RdbPredicates 的构造方法确定了要查询的表，之后调用其实例方法来定义查询条件，基础查询条件分类具体见表 7.3。

表 7.3　基础查询条件分类

方法名	意　义
equalTo	定义字段值相等条件
notEqualTo	定义字段值不相等条件
between	定义字段值在指定的范围内条件
notBetween	定义字段值不在指定的范围内条件
greaterThan	定义字段值大于指定值条件
lessThan	定义字段值小于指定值条件
greaterThanOrEqualTo	定义字段值大于等于指定值条件
lessThanOrEqualTo	定义字段值小于等于指定值条件
in	定义字段值在指定的集合中条件
notIn	定义字段值不在指定的集合中条件

上面列举的方法都有多种类型的重载，支持各种数据类型。下面以 equalTo 方法为例进行介绍，其他方法也类似，见表 7.4。

表 7.4　equalTo 方法定义

方法定义	重载意义
RdbPredicates equalTo(String field, byte value)	支持二进制类型数据的等于比较条件
RdbPredicates equalTo(String field, short value)	支持短整型数据的等于比较条件
RdbPredicates equalTo(String field, int value)	支持整型数据的等于比较条件
RdbPredicates equalTo(String field, long value)	支持长整型数据的等于比较条件
RdbPredicates equalTo(String field, double value)	支持双精度浮点型数据的等于比较条件
RdbPredicates equalTo(String field, float value)	支持浮点型数据的等于比较条件
RdbPredicates equalTo(String field, boolean value)	支持布尔型数据的等于比较条件
RdbPredicates equalTo(String field, Date value)	支持 Date 类型数据的等于比较条件
RdbPredicates equalTo(String field, Time value)	支持 Time 类型数据的等于比较条件
RdbPredicates equalTo(String field, Timestamp value)	支持 Timestamp 类型数据的等于比较条件
RdbPredicates equalTo(String field, Calendar value)	支持 Calendar 类型数据的等于比较条件
RdbPredicates equalTo(String field, String value)	支持字符串类型数据的等于比较条件

例如，查找 student 表中 name 为 "huishao" 的所有数据，定义查询条件如下：

```
RdbPredicates rdbPredicates = new RdbPredicates("student").equalTo("name", "huishao");
```

RdbPredicates 在调用定义查询条件的实例方法时，大多方法都会返回当前 RdbPredicates 实例。因此，通过链式调用的方式来组合多个条件。RdbPredicates 类中定义了表 7.5 中的两个方法来支持条件的组合。

表 7.5　RdbPredicates 类定义的两个方法

方法名	意　义
and	定义“与”关系的查询条件
or	定义“或”关系的查询条件

例如，查询 student 表中 name 为 "huishao"，并且 age 为 30 的数据，定义查询条件如下：

```
RdbPredicates rdbPredicates = new RdbPredicates("student").equalTo("name",
"huishao").and().equalTo("age", 30);
```

调用 query 方法返回的查询结果为一组数据集合，同时也要定义需要查询的数据数量，以及开始查询的初始位置。示例如下：


```
RdbPredicates rdbPredicates = new RdbPredicates("student").offset(0).limit(10);
```

SQLite 数据库是以表来存储数据的，因此每行数据是有顺序的。offset 方法定义要查询的初始位置，设置为 0 时表示从表的第一行数据开始查，limit 设置要查询的数据条数。通过 offset 和 limit 方法，可以方便地实现分页查询。对于查询到的结果集，也可以设置排序规则。例如，按照学生的年龄从小到大进行排序，查询条件定义如下：

```
RdbPredicates rdbPredicates = new RdbPredicates("student").orderByAsc("age");
```

orderByAsc 方法设置以某个字段作为排序字段，升序排序。对应地，orderByDesc 方法设置降序排序。

RdbPredicates 也支持定义更高级的数据库操作，如组合、模糊匹配以及直接使用 SQL 语句定义查询条件等。这些高级操作对于某些特殊的查询场景非常有用，如果在实际项目中使用，可以进一步详细查询相关的用法。

7.2.5　处理查询结果

查询数据的返回结果为 ResultSet 实例，ResultSet 本身是一个接口，简单理解，ResultSet 中封装的是多行数据。通过调用 goToNextRow 方法来获取下一行数据，行数据中具体每一列的数据可使用对应的 get 方法来获取，例如：

```
while (resultSet.goToNextRow()) {
    int id = resultSet.getInt(0);
    String name = resultSet.getString(1);
    int age = resultSet.getInt(2);
    String subject = resultSet.getString(3);
}
```

上面的代码通过 while 循环读取数据集合中的每一行数据，在获取具体列数据时，需要使用到列的下标。在前面示例的 student 表中，id 列的下标为 0，name 列的下标为 1，age 列的下标为 2，subject 列的下标为 3。

ResultSet 协议中定义的常用方法见表 7.6。

表 7.6　ResultSet 协议中定义的常用方法

方法名	参数 / 类型	返回值类型	意　义
getAllColumnNames	无	字符串	获取结果中的所有列名组成的列表
getColumnCount	无	整型	获取结果中数据的列数
getColumnTypeForIndex	参数 1/ 整型：列下标	Column 类型	获取指定列的数据类型，Column 类型枚举如下： TYPE_NULL：空 TYPE_INTEGER：整数 TYPE_FLOAT：浮点数 TYPE_STRING：字符串 TYPE_BLOB：二进制
getColumnIndexForName	参数 1/ 字符串：列名	整型	通过列名获取指定列的下标
getColumnNameForIndex	参数 1/ 整型：列下标	字符串	通过列的下标获取指定列的名字
getRowCount	无	整型	获取数据结果的行数
getRowIndex	无	整型	获取当前数据行在数据结果中的下标
goTo	参数 1/ 整型：行数	布尔型	将当前数据向前或向后移动指定的行数，返回布尔值表示是否成功

续表

方法名	参数 / 类型	返回值类型	意　义
goToRow	参数 1/ 整型：行下标	布尔型	将当前数据定位到指定的行，返回布尔值表示是否成功
goToFirstRow	无	布尔型	将当前数据定位到第一行，返回布尔值表示是否成功
goToLastRow	无	布尔型	将当前数据定位到最后一行，返回布尔值表示是否成功
goToNextRow	无	布尔型	将当前数据定位到下一行，返回布尔值表示是否成功
goToPreviousRow	无	布尔型	将当前数据定位到上一行，返回布尔值表示是否成功
isEnded	无	布尔型	判断当前行定位是否已经超出最后一行
isStarted	无	布尔型	判断当前行定位是否在第一行前
isAtFirstRow	无	布尔型	判断当前定位是否在第一行
isAtLastRow	无	布尔型	判断当前定位是否在最后一行
getBlob	参数 1/ 整型：列下标	二进制类型	获取二进制类型的指定列数据
getString	参数 1/ 整型：列下标	字符串	获取字符串类型的指定列数据
getShort	参数 1/ 整型：列下标	短整型	获取短整型类型的指定列数据
getInt	参数 1/ 整型：列下标	整型	获取整型类型的指定列数据
getLong	参数 1/ 整型：列下标	长整型	获取长整型类型的指定列数据
getFloat	参数 1/ 整型：列下标	浮点型	获取浮点型类型的指定列数据
getDouble	参数 1/ 整型：列下标	双精度浮点型	获取双精度浮点型类型的指定列数据
isColumnNull	参数 1/ 整型：列下标	布尔型	判断某列的数据是否为空

7.2.6 数据库的其他操作

前面已经介绍了数据库中数据的新增、修改和查找操作，还剩下“增删改查”中的“删”未涉及，本小节将介绍如何删除数据库中的数据。

熟练掌握数据的查询方式后，要删除数据就非常容易。删除数据库中的数据也是通过查询条件来实现的，调用 RdbStore 实例的 delete 方法即可删除符合条件的数据，此方法定义如下：

```
int delete(AbsRdbPredicates var1);
```

例如，要删除 student 表中所有 age 字段为 30 的数据，使用如下代码：

```
rdbStore.delete(new RdbPredicates("student").equalTo("age", 30));
```

RdbStore 也支持使用事务，事务是数据库中常用的操作，有时需要将几步数据库操作作为一个整体来执行，这样做的好处是如果其中某一步操作失败，则此次整体的操作不会被提交，数据不会损坏。举个生活中的例子，银行的自动转账业务需要一个账户先转出另一个账户后存入。那么转出操作和存入操作就应该被看作一个整体，若转出成功但是存入失败，则最终整体的操作都应失败，否则对账就会出问题。RdbStore 调用 beginTransaction 来开启事务，调用 endTransaction 来结束事务，在开始和结束之间，定义任意步数据库操作，这些操作都会被自动封装为整体执行，例如：

```
// 开启事务
rdbStore.beginTransaction();
// 更新数据
rdbStore.update(valuesBucket,  new  RdbPredicates("student").equalTo("name",
            "huishao"));
// 删除数据
rdbStore.delete(new RdbPredicates("student").equalTo("age", 30));
// 结束事务，此时更新操作和删除操作会被一起提交
rdbStore.endTransaction();
```

最后，还有一点需要注意，当不再需要使用此数据库时，需要手动关闭数据库，这就好比文件操作中的打开文件和关闭文件要成对出现一样。数据库的打开和关闭操作也要成对出现，调用 RdbStore 实例的 close 方法来关闭数据库，如下：

```
rdbStore.close();
```

现在，已经对关系型数据库 SQLite 在 HarmonyOS 中的应用做了完整的介绍。在实际项

目开发中，业务中的数据更多是以数据类的方式出现，因此，如何将数据库中的数据对应地映射成类对象也是需要熟练掌握的。当然，可以选择手动读取数据，再根据数据来构造数据模型对象，但这个过程比较烦琐。HarmonyOS 中提供了数据库数据映射到对象的方法，在后续小节会进行介绍。

7.3 数据模型映射数据库技术

在实际项目开发中，工程的组织结构往往会采用 MVC 或 MVVM 架构。不论是 MVC、MVVM 还是其他软件开发架构，其中的数据部分都是以数据模型的方式存在。封装数据模型有很多好处，其中最为突出的是增强数据的结构性，使其易于实现面向接口的编程方式，并且，数据模型在代码层面规范了数据的命名和类型，从而提高了程序的健壮性。

HarmonyOS 提供了数据库与数据关系间进行映射的功能，可以方便地将数据库中的数据映射成对象，也可以将对象描述的数据映射到数据库中。

7.3.1 将数据模型与数据库做映射

在前面小节中，尝试定义了一个 student 表用来描述学生信息，现在尝试将学生信息抽象为类。

为实现数据模型与数据库的映射，需要使用一些特殊的注解。首先需要在编译配置文件中设置开启注解功能，找到工程 entry 文件夹下的 build.gradle 文件，修改如下：

7

```
apply plugin: 'com.huawei.ohos.hap'
apply plugin: 'com.huawei.ohos.decctest'
ohos {
    compileSdkVersion 7
    defaultConfig {
        compatibleSdkVersion 7
    }
    buildTypes {
        release {
            proguardOpt {
                proguardEnabled false
                rulesFiles 'proguard-rules.pro'
            }
        }
```

```
    }
    compileOptions {
        annotationEnabled true
    }
}
dependencies {
    implementation fileTree(dir: 'libs', include: ['*.jar', '*.har'])
    testImplementation 'junit:junit:4.13.1'
    ohosTestImplementation 'com.huawei.ohos.testkit:runner:2.0.0.400'
}
decc {
    supportType = ['html','xml']
}
```

上面 build.gradle 文件中的配置大部分都是模板自动生成的，无须修改，只有 compileOptions 一项是新加的，在其中配置了 annotationEnabled true 表示开启注解功能。

下面，在 slice 文件夹下新建一个命名为 MyDB 的 Java 类，这个类对应映射到之前创建的 MyDB.db 数据库文件。在其中编写如下代码：

```
// 包名和模块引入
package com.example.databasedemo.slice;
import ohos.data.orm.OrmDatabase;
import ohos.data.orm.annotation.Database;
// 使用 Database 注解来标注此类为数据库映射类
@Database(entities = {Student.class}, version = 1)
// 此类不需要有任何实现，将其设置为抽象类即可
public abstract class MyDB extends OrmDatabase {}
```

上面的代码中，@Database 注解用来标注当前类为一个数据库映射类，其中的 entities 参数用来配置数据库中的表，version 参数用来设置数据库版本号，数据库映射类需要继承自 OrmDatabase 类。

同样，需要创建一个 Student 类映射数据库中的学生表，此类实现如下：

```
// 包名和模块引入
package com.example.databasedemo.slice;
import ohos.data.orm.OrmObject;
import ohos.data.orm.annotation.Entity;
```

7

```
import ohos.data.orm.annotation.PrimaryKey;
// 标注当前类为数据库表的映射类
@Entity(tableName = "student")
public class Student extends OrmObject {
    // 定义表中的字段
    @PrimaryKey(autoGenerate = true)
    private int id;
    private String name;
    private int age;
    private String subject;
    // 对应地定义 setter 与 getter 方法
    public void setId(int id) {
        this.id = id;
    }
    public void setName(String name) {
        this.name = name;
    }
    public void setAge(int age) {
        this.age = age;
    }
    public void setSubject(String subject) {
        this.subject = subject;
    }
    public int getId() {
        return id;
    }
    public String getName() {
        return name;
    }
    public int getAge() {
        return age;
    }
    public String getSubject() {
        return subject;
    }
}
```

代码中，@Entity 注解用于将当前类映射到数据库中具体的表，其中的 tableName 参数用于设置数据库中具体的表名，对于数据库中的列字段，需要通过实现 setter 和 getter 方法来定义，如上述代码所示，对 student 表定义了 4 列，字段名分别为 id、name、age 和 subject。数据库表映射类必须继承自 OrmObject 类。

现在，就可以采用面向对象的方式与数据库进行交互，修改 MainAbilitySlice 类的 onStart 方法如下：

```
public void onStart(Intent intent) {
    super.onStart(intent);
    super.setUIContent(ResourceTable.Layout_ability_main);
    // 获取模板自动生成的 Text 组件
    Text text = findComponentById(ResourceTable.Id_text_helloworld);
    // 以面向对象的方式与数据库交互
    // 获取 DatabaseHelper 实例
    DatabaseHelper helper = new DatabaseHelper(this);
    // 初始化数据库交互对象
    OrmContext ormContext = helper.getOrmContext("MyDB", "MyDB.db", MyDB.class);
    // 新建两个描述学生的数据模型
    Student student1 = new Student();
    Student student2 = new Student();
    student1.setName("huishao");
    student1.setAge(30);
    student1.setSubject("HarmonyOS");
    student1.setId(0);
    student2.setName("Even");
    student2.setAge(29);
    student2.setSubject("Java");
    student2.setId(1);
    // 插入数据到数据库
    ormContext.insert(student1);
    ormContext.flush();
    ormContext.insert(student2);
    // 同步到文件
    ormContext.flush();
    // 构建查询条件
```

```
    OrmPredicates predicates = ormContext.where(Student.class);
    // 直接将数据库中的数据读取成对象列表
    List<Student> studentList = ormContext.query(predicates);
    String string = "";
    for (int i = 0; i < studentList.size(); i++) {
        Student student = studentList.get(i);
        string += String.format("id:%d\nname:%s\nage:%d\nsubject:%s\n\n", student.
                getId(), student.getName(), student.getAge(), student.getSubject());
    }
    text.setText(string);
    // 关闭数据库
    ormContext.close();
}
```

相比之前直接操作数据库，通过对象操作来映射到数据库操作的代码简单很多，结构也清晰很多。其中需要注意，在实例化 DatabaseHelper 对象时，context 参数要传递当前的 AbilitySlice 实例，之后再调用 getOrmContext 方法获取映射到对应数据库的操作对象。getOrmContext 方法的定义如下：


```
public <T extends OrmDatabase> OrmContext getOrmContext(String alias, String
name, Class<T> ormDatabase, OrmMigration... migrations)
```

其中，第 1 个参数用于设置别名，第 2 个参数用于设置数据库文件的名字，第 3 个参数用于设置为对应的数据库映射类，后面还有一些用于进行数据库迁移和升级的参数，暂且不提。

获取 OrmContext 对象后，即可通过此对象进行数据库的操作，如代码中所示，新建了两个 Student 对象并调用 insert 方法实现数据的入库存储，Student 数据会被自动解析并存储到数据库的 student 表中。OrmContext 实例的 flush 方法用于刷新缓冲区，确保数据的更改立即同步到数据库文件中。

OrmContext 的查询操作也很简单，使用 where 方法指定要查询的表映射类，同时也支持查询条件的设置，调用 query 方法来具体执行查询操作，其查询的结果会被自动解析为对象列表，可以直接遍历列表获取信息，非常方便。

运行上面的代码，效果见图 7.4。

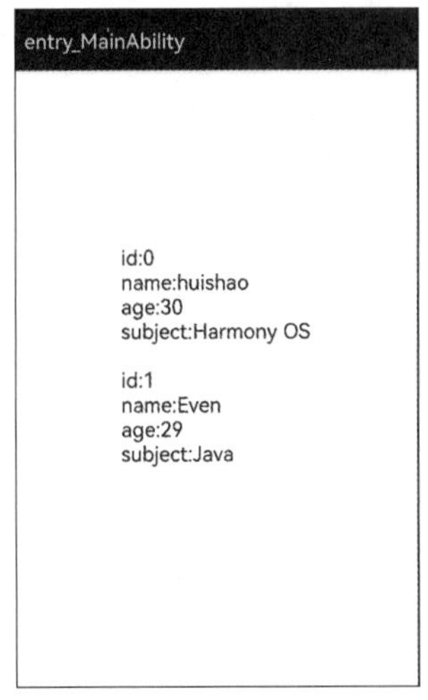

图 7.4　使用面向对象的方式与数据库交互

7.3.2　数据库表映射类的高级配置

使用 @Entity 注解对类进行标注时，还有一些高级的配置项可用，见表 7.7。

表 7.7　高级的配置项

配置项	意　义
tableName	配置当前数据模型类映射的表名
primaryKeys	配置表中的主键
foreignKeys	配置外键
indices	配置索引
ignoredColumns	配置忽略某些列字段

tableName 无须作过多的解释，其制定了当前数据类对应数据库中的哪个表，是必须设置的。

primaryKeys 用于配置当前表的主键，主键可以是一个也可以是多个。主键用于唯一标识表中的一行记录，也就是说，主键相同的数据会被认为是同一条数据，单个主键比较好理解，如学生的学号和车辆信息的车牌号等都可以作为主键。但也有些数据表可能没有单个的唯一标识，如交易记录信息如果存到表中，就使用交易发起方账号、接收方账号和交易时间这 3 个字段来唯一确定，那么这 3 个字段就会组成联合主键。

foreignKeys 用于配置外键，前面提到过，HarmonyOS 中的数据库操作基于 SQLite 数据库，SQLite 是一种关系型数据库，关系型数据库的特点是通过外键来描述不同数据结构间的关系。

例如，如果班级信息也由一张表来存储，则要把学生和班级关联起来，就可以通过设置外键的方式实现。

indices 用来配置索引，索引可以显著地提高数据的查询速度。如果某个数据列经常出现在查询条件中，就将其设置为索引以提高查询效率。

最后，要着重介绍 ignoredColumns 配置项。在将数据模型与数据库进行映射时，ignoredColumns 配置项用于设置哪些字段是被忽略的，这是非常重要的。有时候程序中的数据模型还会存储很多临时字段，以 Student 类为例，假如学生当前正在上课，则此模型中临时存储当前学生所在的教室，很明显此教室信息是实时变化的，因此不适合存储到本地的数据库中，这时就将其设置为忽略字段，如下：

```
// 设置忽略 classroom 字段
@Entity(tableName = "student", ignoredColumns = {"classroom"})
public class Student extends OrmObject {
    // 定义表中的字段
    @PrimaryKey(autoGenerate = true)
    private int id;
    private String name;
    private int age;
    private String subject;
    private String classroom;
    public String getClassroom() {
        return classroom;
    }
    public void setClassroom(String classroom) {
        this.classroom = classroom;
    }
    // 下面省略其他 setter 和 getter 方法
}
```

此时，数据库中的 student 表中将不会有 classroom 列，在存储数据时，模型中的 classroom 字段会被自动忽略。

7.3.3 关于 OrmContext 与 OrmPredicates 类

在面向对象的数据库开发中，所有的数据交互操作都是通过 OrmContext 对象实现的。因此了解并熟练使用 OrmContext 实例非常重要。

OrmContext 类中封装的基础的增删改查方法见表 7.8。

表 7.8　增删改查方法

方法名	参数 / 类型	返回值类型	意　义
insert	参数 1/ 泛型：数据对象	布尔型	在数据库中存储一条数据，参数必须为继承 OrmObject 的类，返回值表示是否成功
update	参数 1/ 泛型：数据对象	布尔型	更新数据库中的一条数据，参数必须为继承 OrmObject 的类，返回值表示是否成功
delete	参数 1/ 泛型：数据对象	布尔型	删除数据库中的一条数据，参数必须为继承 OrmObject 的类，返回值表示是否成功
where	参数 1/Class：数据表映射类	OrmPredicates	创建指定表的查询条件对象
query	参数 1/OrmPredicates：查询条件	泛型列表	根据指定的查询条件查询数据，返回数据对象列表
delete	参数 1/OrmPredicates：查询条件	整型	删除指定条件的数据

查询条件主要是通过 OrmPredicates 类来描述的，OrmPredicates 类与前面学习的 RdbPredicates 类的用法基本一致，其内部也是通过 equalTo、notEqualTo、between、notBetween 等方法来构建查询条件，这里不再赘述。

除了基本的增删改查操作外，OrmContext 类中还封装了几个可用性很强的函数。由于数据库通常用于存储大量的结构化数据，因此对数据做简单的统计计算是常用的操作。OrmContext 支持对数据库表中的数据进行求最值、求和、求平均值等操作，对应方法见表 7.9。

表 7.9　统计计算对应方法

方法名	参数 / 类型	返回值类型	意　义
count	参数 1/OrmPredicates：查询条件	长整型	获取指定查询条件下查询到的数据条数
max	参数 1/OrmPredicates：查询条件。 参数 2/ 字符串：求最大值的列名	双精度浮点型	计算指定查询条件下指定列的最大值
min	参数 1/OrmPredicates：查询条件。 参数 2/ 字符串：求最小值的列名	双精度浮点型	计算指定查询条件下指定列的最小值
avg	参数 1/OrmPredicates：查询条件。 参数 2/ 字符串：求平均值的列名	双精度浮点型	计算指定查询条件下指定列的所有数据的平均值
sum	参数 1/OrmPredicates：查询条件。 参数 2/ 字符串：求和的列名	双精度浮点型	计算指定查询条件下指定列的所有数据的总和

以前面编写的示例代码为例，优化代码如下：

```
// 创建查询条件对象，设置要查询的表
```

```
OrmPredicates predicates = ormContext.where(Student.class);
// 将表中所有的数据查询出来
List<Student> studentList = ormContext.query(predicates);
String string = "";
// 读取查询到的学生数据
for (int i = 0; i < studentList.size(); i++) {
    Student student = studentList.get(i);
    string += String.format("id:%d\nname:%s\nage:%d\nsubject:%s\nclassroom:%s\
n\n", student.getId(), student.getName(), student.getAge(), student.
getSubject(), student.getClassroom());
}
// 求所有学生中最大的年龄
Double max = ormContext.max(predicates, "age");
// 求所有学生中最小的年龄
Double min = ormContext.min(predicates, "age");
// 求所有学生年龄的总和
Double sum = ormContext.sum(predicates, "age");
// 求所有学生年龄的平均值
Double avg = ormContext.avg(predicates, "age");
string += String.format("\n 年龄：最大 %.2f，最小 %.2f，平均 %.2f，总和 :%.2f", max,
min, avg, sum);
```

运行代码，效果如图 7.5 所示。

图 7.5　对数据做简单的统计运算

OrmContext 也支持使用事务，通过调用 beginTransaction 方法来开启事务，调用 commit 方法来提交事务。

7.4　分布式数据服务

HarmonyOS 系统的显著特点之一是具有分布式功能。分布式数据库即体现了其分布式的特点。

分布式数据服务为应用程序提供扩设备同步数据的能力。通过将数据库、用户账号和应用程序三者之间建立联系，来保障数据库的数据安全与快捷的跨应用服务。在通过认证的设备间，分布式数据库可以方便地进行数据同步。

日常生活中，分布式数据存储的应用很广泛。例如，在平板电脑上观看的电影可以无缝地切换到手机上继续观看，在电脑设备上编写的工作文档可以实时地在手机设备上查看等。

7.4.1　分布式数据服务简介

分布式数据库采用的是 KV 数据模型，即 Key-Value 结构的存储方式，这和前面学习的轻量级数据存储类似。

KV 结构的数据库没有太多复杂的数据关系，因此，它比 SQL 类型的数据库拥有更好的性能和更方便的使用方式。分布式数据库的数据同步是由底层通信组件完成的，关于设备的发现和认证以及应用间的同步等细节都无须开发者管理，开发者只需要关注自己的数据业务逻辑即可。

分布式数据库是一个单版本的数据库，其数据是以键值作为唯一标识进行存储的，因此，一个键只能存储一条数据。当多个设备都对某条数据进行修改时，将默认以修改的时间为标准来处理冲突，以最近的修改为准。

7.4.2　分布式数据库的简单应用

使用分布式数据服务时，需要先声明对应的权限，在工程 config.json 文件中的 module 选项中新增一个 reqPermissions 项，如下：

```
"reqPermissions": [{
  "name": "ohos.permission.DISTRIBUTED_DATASYNC"
}]
```

需要注意，reqPermissions 在 config.json 文件中的位置与 abilities 选项同级。

使用分布式数据库的步骤可大致概括为如下几步：

- 获取应用上下文实例。
- 通过应用上下文对象新建数据库管理类配置实例。
- 使用数据库管理工厂类创建管理类实例。
- 定义数据库配置项。
- 创建或打开数据库。
- 进行数据交互。
- 同步数据到其他设备。

新建一个示例工程，修改 MainAbilitySlice 类中的 onStart 方法如下：

```
public void onStart(Intent intent) {
    super.onStart(intent);
    super.setUIContent(ResourceTable.Layout_ability_main);
    // 获取应用上下文
    Context context = getApplicationContext();
    // 创建数据库管理配置对象
    KvManagerConfig config = new KvManagerConfig(context);
    // 创建数据库管理类
    KvManager kvManager = KvManagerFactory.getInstance().createKvManager(config);
    // 创建数据库配置对象
    Options options = new Options();
    // 设置配置项为：如果数据库不存在则进行创建、设置加密、设置为单版本类型
    options.setCreateIfMissing(true).setEncrypt(false).setKvStoreType
    (KvStoreType.SINGLE_VERSION);
    // 获取指定名称的数据库
    String storeId = "MyAppDB";
    SingleKvStore singleKvStore = kvManager.getKvStore(options, storeId);
    // 向数据库中存储数据
    singleKvStore.putString("todo", "学习编程技能");
    // 获取数据库中的数据
    String value = singleKvStore.getString("todo");
    // 展示到文本组件
    Text text = findComponentById(ResourceTable.Id_text_helloworld);
    text.setText(value);
    // 获取已经连接的设备列表
```

7

```
    List<ohos.data.distributed.device.DeviceInfo> deviceInfoList = kvManager.
    getConnectedDevicesInfo(DeviceFilterStrategy.NO_FILTER);
    List<String> deviceIdList = new ArrayList<>();
    for (DeviceInfo deviceInfo : deviceInfoList) {
        deviceIdList.add(deviceInfo.getId());
    }
    // 向设备列表中的设备同步数据
    if (deviceIdList.size() > 0) {
        singleKvStore.sync(deviceIdList, SyncMode.PUSH_ONLY);
    }
    // 关闭数据库
    kvManager.closeKvStore(singleKvStore);
}
```

运行上面的代码，之后尝试使用不同的设备，数据都能正常读取，如图 7.6 所示。

图 7.6　分布式数据库示例

在上面的代码中，Options 对象用来在打开数据库时做配置，其中封装了许多配置方法，常用方法见表 7.10。

表 7.10　Options 对象封装常用配置方法

方法名	参数 / 类型	返回值类型	意　义
setCreateIfMissing	参数 1/ 布尔型：设置是否自动创建	Options：当前实例	设置当数据库不存在时是否自动创建

续表

方法名	参数 / 类型	返回值类型	意　义
setEncrypt	参数 1/ 布尔型：设置数据库是否加密	Options：当前实例	设置数据库是否进行加密
setAutoSync	参数 1/ 布尔型：设置数据库是否自动同步	Options：当前实例	设置数据库是否自动同步

KvManager 类是数据库管理类，用来进行数据库的新建、打开、关闭和删除操作。getKvStore 方法用来打开或新建数据库，对应地，当不再需要使用此数据库时，要调用 closeKvStore 方法关闭，如果要彻底删除一个数据库，则使用 deleteKvStore 方法。

SingleKvStore 是具体的数据库操作类，由于其存储的数据的结构都是 Key-Value 格式的，因此，其存储数据非常简单，并且其内也封装了数据同步的方法，可以在合适的时机手动调用方法在设备间同步数据。SingleKvStore 中封装的常用方法见表 7.11。

表 7.11　SingleKvStore 中封装的常用方法

方法名	参数 / 类型	返回值类型	意　义
getBoolean	参数 1/ 字符串：键	布尔型	获取存储的布尔型的数据
getInt	参数 1/ 字符串：键	整型	获取存储的整型的数据
getFloat	参数 1/ 字符串：键	浮点型	获取存储的浮点型的数据
getDouble	参数 1/ 字符串：键	双精度浮点型	获取存储的双精度浮点型的数据
getString	参数 1/ 字符串：键	字符串	获取存储的字符串型的数据
getByteArray	参数 1/ 字符串：键	二进制类型	获取存储的二进制型的数据
getEntries	参数 1/ 字符串：键	List<Entry>	获取存储的 List<Entry> 类型的数据
sync	参数 1/ 字符串列表：设备列表。 参数 2/SyncMode：同步模式	无	手动进行数据同步

其中，Entry 是一个实体对象，可以理解为封装了一组键值对的对象，本质上也是 Key-Value 结构。

7.5　网络技术

互联网应用的基础便是网络，生活中经常使用的移动端应用程序都与网络有着密不可分的联系。例如，天气预报类的应用程序，其天气数据是从网络上每天实时获取和更新的。电商类应用的商品信息、物流信息、下单和付款流程等都离不开网络数据的传输。还有对实时性要求更高的社交类应用、文本消息、音视频通话等更是需要强大的网络技术的支持。因此，学习如何在应用程序中使用网络技术是开发完整的互联网应用必不可少的过程。

7.5.1　使用网络接口获取互联网上的数据

在互联网上浏览网页时，实际上是通过 URL 来具体定位到要访问的某个页面。例如，常用的搜索引擎“百度”，其 URL 链接为 https://www.baidu.com。在应用程序中获取网络数据也是一样的逻辑。

若想在 HarmonyOS 应用中使用网络能力，则需要先声明对应的权限，在 config.json 文件的 module 选项下新增如下权限声明：

```
"reqPermissions": [
  {
    "name": "ohos.permission.INTERNET",
    "reason": "使用网络连接来提供更好的服务体验"
  },
  {
    "name": "ohos.permission.GET_NETWORK_INFO",
    "reason": "获取网络状态来提供更好的服务体验"
  }
]
```

其中，ohos.permission.INTERNET 声明对网络功能的使用权限，ohos.permission.GET_NETWORK_INFO 声明对网络状态信息的获取权限。如果需要对网络连接做配置，则还需要额外声明 ohos.permission.SET_NETWORK_INFO 权限。

完成权限声明后，在 MainAbilitySlice 类中进行简单的网络测试。在 onStart 方法中编写如下代码：

```
public void onStart(Intent intent) {
    super.onStart(intent);
    super.setUIContent(ResourceTable.Layout_ability_main);
    // 获取网络管理类实例
    NetManager netManager = NetManager.getInstance(getContext());
```

```
// 获取默认的网络操作实例
NetHandle netHandle = netManager.getDefaultNet();
// 获取页面上的 Text 组件
Text text = findComponentById(ResourceTable.Id_text_helloworld);
// 网络连接配置
try {
    // 定义要请求数据的 URL 连接地址
    URL url = new URL("https://www.baidu.com");
    // 打开连接
    connection = (HttpURLConnection) netHandle.openConnection(url, java.
            net.Proxy.NO_PROXY);
    // 设置请求方法为 GET 请求
    connection.setRequestMethod("GET");
} catch (IOException e) {
    e.printStackTrace();
}
// 网络请求不在主线程执行，这里放入全局任务队列中
TaskDispatcher globalTaskDispatcher = getGlobalTaskDispatcher(TaskPriori
                                        ty.DEFAULT);
// 异步执行任务
Revocable revocable = globalTaskDispatcher.asyncDispatch(new Runnable() {
    @Override
    public void run() {
        try {
            // 开始连接
            connection.connect();
            // 获取请求的数据流
            InputStream inputStream = connection.getInputStream();
            // 将数据流转换成二进制数据
            byte[] data = read(inputStream);
            // 将二进制数据转换成字符串
            String html = new String(data, "utf-8");
            // 切换到主线程进行 UI 操作
            getUITaskDispatcher().syncDispatch(() -> {
                // 设置页面上的 Text 组件的内容
```

```
                    text.setText(html);
                });
            } catch(Exception e) {
                // 如果有异常，则在这里处理
            }
        }
        // 读取数据流的方法
        public byte[] read(InputStream inStream) throws Exception{
            ByteArrayOutputStream outStream = new ByteArrayOutputStream();
            byte[] buffer = new byte[1024];
            int len = 0;
            while((len = inStream.read(buffer)) != -1)
            {
                outStream.write(buffer,0,len);
            }
            inStream.close();
            return outStream.toByteArray();
        }
    });
}
```

运行代码，如果设备的网络连接正常，则能顺利地将“百度”首页的 HTML 代码下载下来，页面展示效果如图 7.7 所示。

图 7.7 “百度”主页的 HTML 数据

上面的示例代码很长，核心的逻辑都有注释。下面再来详细地对发起网络请求的过程以及接收数据的过程进行梳理。

整个网络请求的过程分为如下几步：

- 获取网络管理器与网络操作实例（声明了对应权限的前提下）。
- 定义要请求数据的 URL 以及创建和配置 HttpURLConnection 连接。
- 在非主线程进行网络连接和数据获取。
- 处理获取的数据流，转换为可使用的字符串或模型。
- 业务使用网络数据（一般会切换回主线程）。

NetManager 是 HarmonyOS 中提供的网络管理类，通过调用 getInstance 静态方法获取实例对象。若需要获取网络状态的变化，则可以通过向此实例对象添加网络状态变化回调来实现。如下：

```
// 获取网络管理实例对象
NetManager netManager = NetManager.getInstance(getContext());
// 定义状态
NetStatusCallback callback = new NetStatusCallback() {
    // 网络状态变为可用时回调
    @Override
    public void onAvailable(NetHandle handle) {
        super.onAvailable(handle);
    }
    // 网络阻塞状态变化时回调，blocked 参数表示当前网络是否阻塞
    @Override
    public void onBlockedStatusChanged(NetHandle handle, boolean blocked) {
        super.onBlockedStatusChanged(handle, blocked);
    }
    // 网络正在断开时回调
    @Override
    public void onLosing(NetHandle handle, long maxMsToLive) {
        super.onLosing(handle, maxMsToLive);
    }
    // 网络断开后回调
    @Override
    public void onLost(NetHandle handle) {
```

```
        super.onLost(handle);
    }
    // 网络状态变为不可用时回调
    @Override
    public void onUnavailable() {
        super.onUnavailable();
    }
    // 网络能力变化的回调
    @Override
    public void onCapabilitiesChanged(NetHandle handle, NetCapabilities
    networkCapabilities) {
        super.onCapabilitiesChanged(handle, networkCapabilities);
    }
    // 网络连接参数变化的回调
    @Override
    public void onConnectionPropertiesChanged(NetHandle handle, ConnectionProperties
                                              connectionProperties) {
        super.onConnectionPropertiesChanged(handle, connectionProperties);
    }
};
// 添加网络状态变更的回调处理对象
netManager.addDefaultNetStatusCallback(callback);
```

NetHandle 实例的主要作用是打开一个网络连接，并调用 openConnection 方法开启连接，之后的请求配置和网络数据的获取都使用这个方法返回的连接对象来操作。

HttpURLConnection 实例是 HTTP 协议的连接对象，在请求前，一般需要对连接做一些配置。使用 setRequestMethod 方法设置请求所使用的方法，比较常用的有 GET、POST、PUT、PATCH、DELETE 等，不同的方法对应的请求结构和返回的数据结构略有差异，并且这些方法也具有一些语义性，如要从服务端获取某些数据时通常会使用 GET 方法，要将某些数据提交到服务端时会使用 POST 方法。

HttpURLConnection 中还封装了一些非常有用的配置方法，见表 7.12。

表 7.12 HttpURLConnection 封装的常用配置方法

方法名	参数 / 类型	返回值类型	意 义
setConnectTimeout	参数 1/ 整型：超时时间	无	设置连接超时时间，单位为毫秒
setReadTimeout	参数 1/ 整型：超时时间	无	设置读取数据的超时时间，单位为毫秒
setUseCaches	参数 1/ 布尔型：是否开启缓存	无	设置是否开启数据缓存
setRequestProperty	参数 1/ 字符串：键。 参数 2/ 字符串：值	无	修改请求头字段
addRequestProperty	参数 1/ 字符串：键。 参数 2/ 字符串：值	无	添加请求头字段，已经存在的不会重复添加

HttpURLConnection 实例调用 connect 方法打开连接后，通过 getInputStream 方法获取网络传输过来的数据。需要注意，网络请求一般是比较耗时的过程，HarmonyOS 要求在非主线程中打开连接和获取数据。上面的示例代码中，通过异步任务来处理网络请求，并将请求到的数据转换成可读的字符串，最后切换到主线程进行 UI 相关的渲染操作。

7.5.2 使用互联网上的 API 服务

上一小节中请求了“百度”主页的数据，此数据是 HTML 文本。HTML 文本是专门被浏览器所解析的一种格式化数据，在移动端应用开发中，更多的是使用 JSON 格式的数据。

首先，互联网应用都需要后台服务来提供数据支持。开发一个可用的服务接口除了要有数据的支持外，还需要一定的服务端开发经验，这相对来说要求较高。本小节为了学习方便，直接使用互联网上提供的免费测试的服务接口。

“聚合数据”网站中提供了许多开发好的 API 服务，包括生活服务类、新闻资讯类、电子商务类、金融科技类等诸多方面的接口服务。其中，有些服务提供了免费调用次数，使用它们来进行学习非常合适。需要注意，互联网上的内容具有很强的实时性，无法保证“聚合数据”的 API 接口服务始终可用，因此，建议用户也可以寻找其他合适的接口服务提供商。

“聚合数据”的官网地址为 https://www.juhe.cn/，在使用接口服务前，需要先注册为会员，会员的注册网址为：https://www.juhe.cn/register，注册页面如图 7.8 所示。

图 7.8　“聚合数据”会员注册页面

注册过程很简单，只需要有一个真实可用的手机号，并通过手机号接收验证码即可。

注册完成后，即可在 API 列表中选择要使用的 API 服务，这里选择免费接口中的天气预报接口进行测试，如图 7.9 所示。

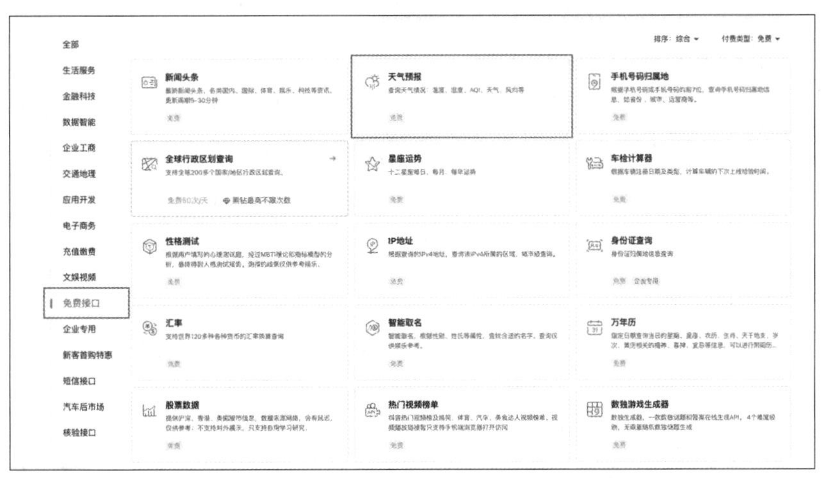

图 7.9　选择要测试的 API 接口服务

天气预报接口每天可以免费调用 50 次，对于用户学习测试来说足够用了。在 API 接口的详情页面可以看到此 API 的文档，该文档会说明接口的调用方法以及参数和返回数据的结构。天气预报接口的使用说明如图 7.10 所示。

接口地址： http://apis.juhe.cn/simpleWeather/query

返回格式： json

请求方式： http get/post

请求示例： http://apis.juhe.cn/simpleWeather/query?city=%E8%8B%8F%E5%B7%9E&key=

接口备注： 通过城市名称或城市ID查询天气预报情况

API测试工具

请求Header：

名称	值
Content-Type	application/x-www-form-urlencoded

请求参数说明：

名称	必填	类型	说明
city	是	string	要查询的城市名称/id，城市名称如：温州、上海、北京，需要utf8 urlencode
key	是	string	在个人中心->我的数据,接口名称上方查看

图 7.10　天气预报接口的使用说明

接口文档中有以下几项需要特别关注。

（1）接口地址：告诉访问接口的 URL，天气预报的请求地址为 http://apis.juhe.cn/simpleWeather/query，这里将 HTTP 协议升级为 HTTPS 协议。

（2）请求方式：此接口支持 get 或 post 类型的请求，使用 get 方法进行请求。

（3）请求 Header：请求时，请求头中需要携带 key 为 Content-Type、值为 application/x-www-form-urlencoded 的键值对。

（4）参数：此请求有两个参数，city 参数表明要请求天气数据的城市，key 参数用来进行授权认证，后面会介绍。

有了上面的文档信息，就可以成功地发送请求并获取服务端返回的数据。返回的数据为 JSON 格式，文档中对返回数据的结构也有说明，如图 7.11 所示。

返回参数说明：

名称	类型	说明
error_code	int	返回码，0为查询成功
reason	string	返回说明
result	object	返回结果集
-	-	-
realtime	object	天气实况
info	string	天气情况，如：晴、多云
wid	string	天气标识id，可参考小接口2
temperature	string	温度，可能为空
humidity	string	湿度，可能为空
direct	string	风向，可能为空
power	string	风力，可能为空
aqi	string	空气质量指数，可能为空
-	-	-
future	array	近5天天气情况
date	string	日期
temperature	string	温度，最低温/最高温
weather	string	天气情况
direct	string	风向

图 7.11　返回数据的结构说明

准备好 API 服务后，下一小节将尝试在 HarmonyOS 应用中调用此接口。

7.5.3　封装通用的网络请求类

尽管使用 HttpURLConnection 进行网络数据请求的逻辑并不复杂，但仍然需要编写大量代码来处理请求连接的设置、数据的解析、线程的管理等。其实，可以将这些操作封装到一个特定的工具类中，此工具类提供网络请求功能，在使用时，使用方只需要关注要请求的 URL 地址、请求头中要添加的字段和请求参数，以及最终的返回数据即可。

新建一个命名为 WeatherDemo 的示例工程，在其中新建一个名为 NetWork 的类，编写代码如下：

```
// 包名及模块引入
package com.example.weatherdemo;
import ohos.app.Context;
import ohos.app.dispatcher.TaskDispatcher;
import ohos.app.dispatcher.task.Revocable;
```

```
import ohos.app.dispatcher.task.TaskPriority;
import ohos.net.NetHandle;
import ohos.net.NetManager;
import java.io.ByteArrayOutputStream;
import java.io.IOException;
import java.io.InputStream;
import java.net.HttpURLConnection;
import java.net.URL;
import java.util.Map;
import java.util.function.BiConsumer;
// 类的定义
public class NetWork extends Object {
    // 定义一个内部接口，用来传递请求到的结果数据
    public interface NetWorkResult {
        public void onReceiveResult(String content);
    }
    // 结果回调的对象
    public NetWorkResult callback = null;
    // 内部属性
    NetHandle netHandle = null;
    HttpURLConnection connection = null;
    Context context;
    // 自定义构造方法，进行 NetManager 和 NetHandle 的初始化
    public NetWork(Context context) {
        this.context = context;
        NetManager netManager = NetManager.getInstance(context);
        netHandle = netManager.getDefaultNet();
    }
    // 发起请求的方法，请求地址、请求头字段和参数由调用方传递
    public void startRequest(String urlString, Map<String, String>
                        headers,Map<String, String> params) {
        // 默认使用的都是 GET 请求，其参数是拼接到 URL 里面的
        String string = urlString;
        for (int i = 0; i < params.keySet().toArray().length; i++) {
            if (i == 0) {
```

```
            string += "?";
        } else {
            string += "&";
        }
        String key = (String) params.keySet().toArray()[i];
        string += key + "=" + (String) params.get(key);
    }
    try {
        URL url = new URL(string);
        connection = (HttpURLConnection) netHandle.openConnection(url,
                    java.net.Proxy.NO_PROXY);
        connection.setRequestMethod("GET");
        // 设置请求头
        headers.forEach(new BiConsumer<String, String>() {
            @Override
            public void accept(String s, String s2) {
                connection.setRequestProperty(s, s2);
            }
        });
    } catch (IOException e) {
        e.printStackTrace();
    }
    // 开启异步连接
    TaskDispatcher globalTaskDispatcher = context.getGlobalTaskDispatcher
                                            (TaskPriority.DEFAULT);
    Revocable revocable = globalTaskDispatcher.asyncDispatch(new Runnable() {
        @Override
        public void run() {
            try {
                connection.connect();
                // 获取数据，数据解析与回调
                InputStream inputStream = connection.getInputStream();
                byte[] data = read(inputStream);
                String html = new String(data, "utf-8");
                context.getUITaskDispatcher().syncDispatch(()    -> {
```

```
                        if (callback != null) {
                            callback.onReceiveResult(html);
                        }
                    });
                } catch(Exception e) {
                }
            }
            // 读取数据流的方法
            public byte[] read(InputStream inStream) throws Exception{
                ByteArrayOutputStream outStream = new ByteArrayOutputStream();
                byte[] buffer = new byte[1024];
                int len = 0;
                while((len = inStream.read(buffer)) != -1)
                {
                    outStream.write(buffer,0,len);
                }
                inStream.close();
                return outStream.toByteArray();
            }
        });
    }
}
```

有了 NetWork 类之后，后续的网络请求将变得非常容易。下面尝试在 MainAbilitySlice 类中对天气接口的数据进行请求。记得要确定请求的三个要素:URL 地址、请求头字段和参数。

URL 地址在 API 文档页中找到，如下：

```
https://apis.juhe.cn/simpleWeather/query
```

请求头字段在 API 文档中也有详细的说明，添加如下字段即可：

```
key: "Content-Type"
value: "application/x-www-form-urlencoded"
```

此天气接口的参数需要两个，将 city 参数设置为“上海”，key 参数由“聚合数据”个人后台分配，直接使用即可，如图 7.12 所示。

图 7.12　从后台获取请求 key 参数的值

需要注意，此请求 key 参数的值必须在“聚合数据”的后台查看，每个用户所分配的都不同，和每个人的账号绑定。

最后，修改 MainAbilitySlice 类的 onStart 方法如下：

```
public class MainAbilitySlice extends AbilitySlice {
    NetWork netWork =null;
    @Override
    public void onStart(Intent intent) {
        super.onStart(intent);
        super.setUIContent(ResourceTable.Layout_ability_main);
        Text text = findComponentById(ResourceTable.Id_text_helloworld);
        // 初始化网络工具类
        netWork = new NetWork(this);
        // 设置回调
        netWork.callback = new NetWork.NetWorkResult() {
            @Override
            public void onReceiveResult(String content) {
                // 接收到数据后，设置 Text 组件的文本
                text.setText(content);
            }
        };
```

7

```
        // 定义请求头
        HashMap<String, String> header = new HashMap<String, String>();
        header.put("Content-Type","application/x-www-form-urlencoded");
        // 定义参数列表
        HashMap<String, String> params = new HashMap<String, String>();
        params.put("key", "cffe158caf3fe63aa2959767a50xxxxx");
        params.put("city", " 上海 ");
        // 发起请求
        netWork.startRequest("https://apis.juhe.cn/simpleWeather/query",
                             header, params);
    }
}
```

运行代码，效果如图 7.13 所示。

图 7.13　在 HarmonyOS 中请求天气数据

7.6　实战：开发一款小巧的天气预报程序

通过前面章节的学习，了解了如何使用 UI 组件搭建美观的用户交互页面，也了解了如何使用网络技术来获取服务数据。现在，尝试将用户页面与动态数据相结合来开发一款简单实用的天气预报应用程序。

7.6.1　用户页面搭建

通过分析天气信息接口的返回数据结构，可以看到数据大致分为两部分，一部分为当前的天气状况，包括气温、湿度、空气质量、风向等信息，另一部分为最近几日的基本天气信息。在进行页面设计时，也可以分为两部分，上半部分为当前的天气信息，下半部分为列表，用来展示最近几天的天气信息。

修改 ability_main.xml 布局文件中的代码如下：

```
<?xml version="1.0" encoding="utf-8"?>
<DirectionalLayout
    xmlns:ohos="http://schemas.huawei.com/res/ohos"
    ohos:height="match_parent"
    ohos:width="match_parent"
    ohos:orientation="vertical"
    ohos:total_weight="100">
    <!-- 当前的天气信息 -->
    <DirectionalLayout
        ohos:height="300vp"
        ohos:width="match_parent"
        ohos:background_element="#5b89bf"
        ohos:orientation="vertical"
        ohos:padding="20vp"
        >
        <Text
            ohos:id="$+id:city"
            ohos:height="match_content"
            ohos:width="match_content"
            ohos:text=" 城市 "
            ohos:text_color="#ffffff"
            ohos:text_size="20vp">
        </Text>
        <DirectionalLayout
            ohos:height="match_content"
            ohos:width="match_content"
            ohos:orientation="horizontal"
```

```
        ohos:top_margin="20vp">
        <Text
            ohos:id="$+id:current_temp"
            ohos:height="match_content"
            ohos:width="match_content"
            ohos:text="~℃ "
            ohos:text_color="#ffffff"
            ohos:text_size="40vp">
        </Text>
        <Text
            ohos:id="$+id:current_weather"
            ohos:height="match_content"
            ohos:width="match_content"
            ohos:left_margin="20vp"
            ohos:text=" 晴朗 "
            ohos:text_color="#ffffff"
            ohos:text_size="40vp">
        </Text>
    </DirectionalLayout>
    <DirectionalLayout
        ohos:height="match_content"
        ohos:width="match_content"
        ohos:orientation="horizontal"
        ohos:top_margin="20vp">
        <Text
            ohos:id="$+id:current_dir"
            ohos:height="match_content"
            ohos:width="match_content"
            ohos:text=" 风向 "
            ohos:text_color="#ffffff"
            ohos:text_size="30vp">
        </Text>
        <Text
            ohos:id="$+id:current_pow"
            ohos:height="match_content"
```

```
                ohos:width="match_content"
                ohos:left_margin="20vp"
                ohos:text=" 风级 "
                ohos:text_color="#ffffff"
                ohos:text_size="30vp">
            </Text>
        </DirectionalLayout>
        <DirectionalLayout
            ohos:height="match_content"
            ohos:width="match_content"
            ohos:orientation="horizontal"
            ohos:top_margin="20vp">
            <Text
                ohos:id="$+id:current_hum"
                ohos:height="match_content"
                ohos:width="match_content"
                ohos:text=" 湿度 ~"
                ohos:text_color="#ffffff"
                ohos:text_size="30vp">
            </Text>
            <Text
                ohos:id="$+id:current_aqi"
                ohos:height="match_content"
                ohos:width="match_content"
                ohos:left_margin="20vp"
                ohos:text=" 空气质量指数 ~"
                ohos:text_color="#ffffff"
                ohos:text_size="30vp">
            </Text>
        </DirectionalLayout>
    </DirectionalLayout>
    <!-- 用来展示最近几天天气信息的列表 -->
    <ListContainer
        ohos:id="$+id:list_view"
        ohos:width="match_parent"
```

```
        ohos:weight="100">
    </ListContainer>
</DirectionalLayout>
```

由于使用了列表组件，因此还需要为列表项定义布局。在 layout 文件夹下新建一个命名为 list_item.xml 的文件，编写代码如下：

```
<?xml version="1.0" encoding="utf-8"?>
<DirectionalLayout
    xmlns:ohos="http://schemas.huawei.com/res/ohos"
    ohos:height="match_content"
    ohos:width="match_parent"
    ohos:background_element="#f1f1f1"
    ohos:orientation="vertical"
    ohos:padding="20vp">
    <Text
        ohos:id="$+id:date"
        ohos:height="match_content"
        ohos:width="match_content"
        ohos:text=" 日期 "
        ohos:text_size="20vp"></Text>
    <DirectionalLayout
        ohos:height="match_content"
        ohos:width="match_parent"
        ohos:orientation="horizontal">
        <Text
            ohos:id="$+id:temperature"
            ohos:height="match_content"
            ohos:width="match_content"
            ohos:text=" 温度 "
            ohos:text_size="20vp"></Text>
        <Text
            ohos:id="$+id:weather"
            ohos:height="match_content"
            ohos:width="match_content"
            ohos:text=" 天气 "
```

```
            ohos:text_size="20vp"
            ohos:left_margin="10vp"></Text>
        <Text
            ohos:id="$+id:direct"
            ohos:height="match_content"
            ohos:width="match_content"
            ohos:text=" 风向 "
            ohos:text_size="20vp"
            ohos:left_margin="10vp"></Text>
    </DirectionalLayout>
</DirectionalLayout>
```

针对列表组件，还需要定义数据源和数据模型。新建一个命名为 WeatherItem 的类，编写代码如下：

```
package com.example.weatherdemo.slice;
public class WeatherItem {
    private String date;                        // 日期
    private String temperature;                 // 温度
    private String weather;                     // 天气
    private String direct;                      // 风向
    public String getDate() {
        return date;
    }
    public String getTemperature() {
        return temperature;
    }
    public String getWeather() {
        return weather;
    }
    public String getDirect() {
        return direct;
    }
    public void setDate(String date) {
        this.date = date;
    }
```

```
    public void setTemperature(String temperature) {
        this.temperature = temperature;
    }
    public void setWeather(String weather) {
        this.weather = weather;
    }
    public void setDirect(String direct) {
        this.direct = direct;
    }
}
```

WeatherItem 类是用来渲染列表项的数据模型。再新建一个命名为 WeatherListDataProvider 的类作为列表的数据源类，编写代码如下：

```
package com.example.weatherdemo.slice;
import com.example.weatherdemo.ResourceTable;
import ohos.agp.components.*;
import ohos.app.Context;
import java.util.List;
public class WeatherListDataProvider extends BaseItemProvider {
    private List<WeatherItem> list;
    private Context context;
    public WeatherListDataProvider(Context context, List<WeatherItem> data) {
        this.list = data;
        this.context = context;
    }
    // 实现列表数据源接口
    @Override
    public int getCount() {
        return list.size();
    }
    @Override
    public Object getItem(int i) {
        return list.get(i);
    }
    @Override
```

```
    public long getItemId(int i) {
        return i;
    }
    // 提供组件
    @Override
    public Component getComponent(int i, Component convertComponent,
                                  ComponentContainer componentContainer) {
        final Component cpt;
        if (convertComponent == null) {
            cpt = LayoutScatter.getInstance(context).parse(ResourceTable.
                Layout_list_item, null, false);
        } else {
            cpt = convertComponent;
        }
        WeatherItem sampleItem = list.get(i);
        Text t1 = cpt.findComponentById(ResourceTable.Id_date);
        Text t2 = cpt.findComponentById(ResourceTable.Id_temperature);
        Text t3 = cpt.findComponentById(ResourceTable.Id_direct);
        Text t4 = cpt.findComponentById(ResourceTable.Id_weather);
        t1.setText(sampleItem.getDate());
        t2.setText(sampleItem.getTemperature());
        t3.setText(sampleItem.getDirect());
        t4.setText(sampleItem.getWeather());
        return cpt;
    }
}
```

下面提供一些测试数据对编写的代码进行验证，修改 MainAbilitySlice 类的 onStart 方法如下：

```
public void onStart(Intent intent) {
    super.onStart(intent);
    super.setUIContent(ResourceTable.Layout_ability_main);
    // 模拟数据
    ArrayList<WeatherItem> list = new ArrayList<>();
    for (int i = 0; i < 5; i++) {
```

```
        WeatherItem item = new WeatherItem();
        item.setDate("日期" + i);
        item.setDirect("东北风");
        item.setTemperature("30℃");
        item.setWeather("晴朗");
        list.add(item);
    }
    // 初始化列表
    ListContainer listContainer = (ListContainer) findComponentById
                              (ResourceTable.Id_list_view);
    WeatherListDataProvider sampleItemProvider = new WeatherListDataProvider
                                              (this, list);
    listContainer.setItemProvider(sampleItemProvider);
}
```

运行代码，效果如图 7.14 所示。

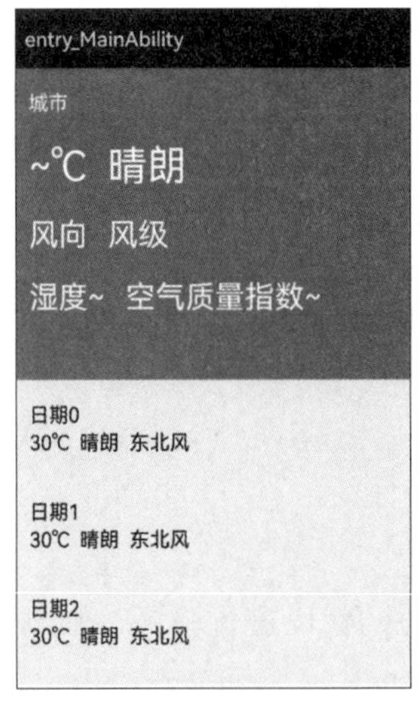

图 7.14　简易天气应用的页面搭建

7.6.2　数据解析与渲染

搭建好应用程序的页面后，下一步的任务是通过 API 服务获取天气信息，然后解析为结构化的数据，最终将数据渲染到对应的组件，从而完成完整的逻辑。

从 API 服务请求到的数据是 JSON 格式的，可以使用 HarmonyOS 原生的 zson 库进行解析。现在，将请求数据的逻辑整合进 MainAbilitySlice 类中，修改此类的实现如下：

```
public class MainAbilitySlice extends AbilitySlice {
    NetWork netWork =null;
    @Override
    public void onStart(Intent intent) {
        super.onStart(intent);
        super.setUIContent(ResourceTable.Layout_ability_main);
        // 进行网络数据请求
        netWork = new NetWork(this);
        netWork.callback = new NetWork.NetWorkResult() {
            @Override
            public void onReceiveResult(String content) {
                // 处理请求到的数据
                handlerData(content);
            }
        };
        HashMap<String, String> header = new HashMap<String, String>();
        header.put("Content-Type","application/x-www-form-urlencoded");
        HashMap<String, String> params = new HashMap<String, String>();
        params.put("key", "cffe158caf3fe63aa2959767a503bbfe");
        params.put("city", "上海");
        netWork.startRequest("https://apis.juhe.cn/simpleWeather/query",
                        header, params);
    }
    private void handlerData(String content) {
        // 获取需要使用的组件实例
        Text t1 = findComponentById(ResourceTable.Id_city);
        t1.setText("上海");
        Text t2 = findComponentById(ResourceTable.Id_current_weather);
        Text t3 = findComponentById(ResourceTable.Id_current_aqi);
        Text t4 = findComponentById(ResourceTable.Id_current_dir);
        Text t5 = findComponentById(ResourceTable.Id_current_hum);
        Text t6 = findComponentById(ResourceTable.Id_current_pow);
        Text t7 = findComponentById(ResourceTable.Id_current_temp);
```

7

```
        // 使用 zson 将字符串数据解析成 JSON 对象
        ZSONObject obj = ZSONObject.stringToZSON(content);
        // 读取 result 对象和 realtime 对象
        ZSONObject result = obj.getZSONObject("result");
        ZSONObject real = result.getZSONObject("realtime");
        // 从 realtime 对象中获取要渲染的当前天气数据
        t2.setText(real.getString("info"));
        t3.setText(" 空气质量指数: " + real.getString("aqi"));
        t4.setText(real.getString("direct"));
        t5.setText(" 湿度: " + real.getString("humidity"));
        t6.setText(real.getString("power"));
        t7.setText(real.getString("temperature") + "℃ ");
        // 获取未来几日的天气数据数组
        ZSONArray future = result.getZSONArray("future");
        // 将数组解析为列表的数据源模型
        ArrayList<WeatherItem> list = new ArrayList<>();
        for (int i = 0; i < future.size(); i++) {
            WeatherItem item = new WeatherItem();
            ZSONObject f = (ZSONObject) future.get(i);
            item.setDate(f.getString("date"));
            item.setDirect(f.getString("direct"));
            item.setTemperature(f.getString("temperature"));
            item.setWeather(f.getString("weather"));
            list.add(item);
        }
        // 初始化列表
        ListContainer listContainer = (ListContainer) findComponentById(ResourceTable.
                                Id_list_view);
        WeatherListDataProvider sampleItemProvider = new WeatherListData
                                                  Provider(this,list);
        listContainer.setItemProvider(sampleItemProvider);
    }
}
```

运行代码，最终效果如图 7.15 所示。

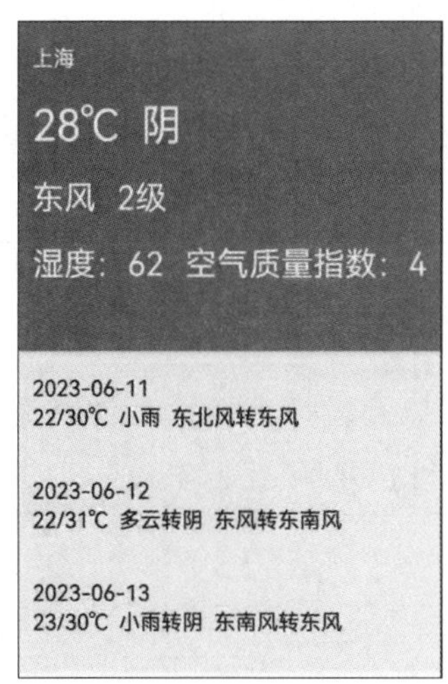

图 7.15　天气信息应用效果

需要注意，使用的天气信息 API 接口服务每日只有 50 次的免费调用额度，可以在成功调用一次后将数据保存，并使用保存后的字符串数据进行数据解析的调试。

7.7　内容回顾

本章介绍了 HarmonyOS 中的数据持久化与网络相关的技术。使用数据持久化技术方便对用户数据进行存储、多设备同步等，网络技术能够使开发出的应用程序有更好的动态性。

本章的最后通过一个简单的天气信息应用将用户交互页面与网络数据渲染结合在了一起。请尝试使用本章所学习的内容，完成如下任务。

1. 请将数据持久化功能增加进天气信息应用中，如果用户在 1 小时内有过数据请求，则使用之前请求的数据进行页面渲染，持久化时间超过 1 小时的数据将按照过期逻辑进行清理。

> **温馨提示：**数据持久化不仅可以增强用户体验，有时也能节省用户流量。例如，对于天气信息这类数据，在短时间内一般不会发生变化，可以对请求的数据进行持久化处理，并标记过期时间。

2. 本章实现的天气信息应用中，城市参数是编码在代码中的，如果要修改城市信息，则需要修改代码，非常不方便。请尝试将城市信息也进行动态化处理，并通过用户的输入来决

定请求哪个城市的天气信息。

> **温馨提示：**使用 TextField 作为用户输入组件，用户输入城市信息后再进行数据的请求和页面的渲染。

3. 如果天气信息应用支持查看历史天气，应该怎么做?

> **温馨提示：**每日更新天气数据后，将数据持久化地存储为文件，可以选择 Key-Value 的结构进行存储，也可以选择使用 SQLite 数据库。

第 8 章

程序中的感官世界——多媒体与传感器的应用

本章涉及的多媒体技术主要是指音视频开发技术，播放音频和视频对某些类型的应用程序来说非常重要，如音乐类软件、视频类软件、社交类软件等都离不开音视频开发技术。

HarmonyOS 也封装了许多操作传感器的功能接口，通过调用这些接口可以方便地实现传感器数据的读取与控制。如通过方位传感器获取空间位置信息，通过光传感器获取环境亮度等。当然并非所有的移动设备都有完整的传感器硬件支持，要根据设备的硬件能力来决定是否使用某些传感器。

通过本章，将学习以下知识点：

- 在应用中进行音频播放。
- 在应用中进行视频播放。
- 获取可用的传感器，并读取传感器数据。
- 获取地理位置信息。
- 控制设备的指示灯与进行振动反馈。

8.1 音视频开发

对智能手机来说，音视频功能已经成为手机设备的基本功能。本小节将介绍在 HarmonyOS 应用中如何进行音视频的播放，并学习如何配置音视频播放器。

8.1.1 音频播放

HarmonyOS 中提供了专门播放音频的 media 模块。本小节以本地的 MP3 音频文件为例，介绍如何在应用中播放音频。需要注意，目前模拟器尚不支持音频的播放，需要使用真机运行才能体验。

首先，新建一个命名为 AudioDemo 的示例工程，在 resources 文件夹下的 base/media 目录下添加一个音频文件，如图 8.1 所示。

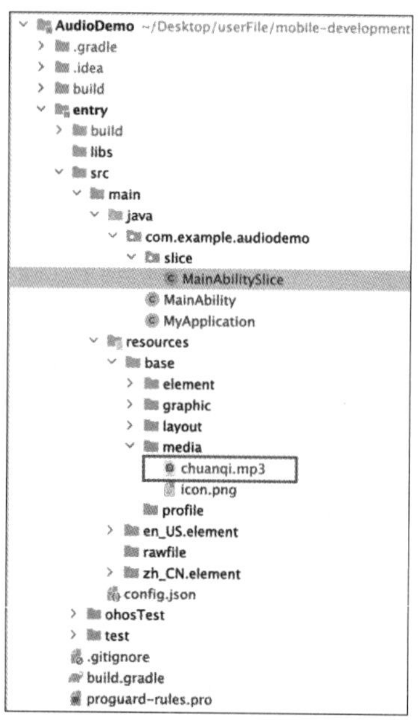

图 8.1 添加音频文件

在 MainAbilitySlice 类中对音频的播放效果进行测试，修改其中代码如下：

```
// 包名与引入模块
package com.example.audiodemo.slice;
import com.example.audiodemo.ResourceTable;
```

```
import ohos.aafwk.ability.AbilitySlice;
import ohos.aafwk.content.Intent;
import ohos.media.common.Source;
import ohos.media.player.Player;
public class MainAbilitySlice extends AbilitySlice {
    // 播放器实例
    private Player player = null;
    @Override
    public void onStart(Intent intent) {
        super.onStart(intent);
        super.setUIContent(ResourceTable.Layout_ability_main);
        // 创建播放器实例
        player = new Player(this);
        try {
            // 获取音频资源路径
            String url = "entry/resources/base/media/chuanqi.mp3";
            // 创建资源对象
            RawFileDescriptor fd = getContext().getResourceManager().
                                getRawFileEntry(url).openRawFileDescriptor();
            Source source = new Source(fd.getFileDescriptor(), fd.getStartPosition(),
                        fd.getFileSize());
            // 为播放器实例设置资源
            player.setSource(source);
            // 准备播放
            player.prepare();
            // 开始播放音频
            player.play();
        } catch (Exception e) {
            e.printStackTrace();
        }
    }
}
```

音频播放的核心是 Player 类，使用此类实例化出一个播放器对象，对音频的操作都由此播放器完成。Player 类中封装的常用方法见表 8.1。

表 8.1　Player 类中封装的常用方法

方法名	参数 / 类型	返回值类型	意　义
prepare	无	布尔型	进行播放前的环境准备和缓冲数据准备
play	无	布尔型	开始播放音频
isNowPlaying	无	布尔型	获取当前是否正在播放音频
pause	无	布尔型	暂停播放
stop	无	布尔型	停止播放。暂停播放与停止播放的区别是暂停后从暂停位置恢复，停止后只能重新播放
rewindTo	参数 1/ 长整型：对播放位置进行设置，单位为微秒	布尔型	对播放的位置进行定位，即设置从某个时间点播放
setVolume	参数 1/ 浮点型：音量，取值为 0 ~ 1	布尔型	设置播放音量
enableSingleLooping	参数 1/ 布尔值：设置是否循环	布尔型	设置是否循环播放
isSingleLooping	无	布尔型	获取当前是否循环播放
getCurrentTime	无	整型	获取当前音频播放时间
getDuration	无	整型	获取音频时长，单位为毫秒
setPlaybackSpeed	参数 1/ 浮点型：播放速度，取值为 0.01 ~ 20	布尔型	设置播放速度
getPlaybackSpeed	无	浮点型	获取当前的播放速度
setNextPlayer	参数 1/Player 类型：播放器实例	布尔型	设置下一个播放器，当前播放完成后，会自动切换
reset	无	布尔型	将播放器重置到初始状态
release	无	布尔型	释放播放器资源

对于这些配置方法的作用，可以手动设置体验下，如音量控制、播放位置控制等。

8.1.2　视频播放

视频播放与音频播放类似，也是使用 Player 类来实现，上一小节介绍的所有与音频播放相关的方法也都适用于视频播放。除此之外，视频播放与音频播放的最大区别在于视频播放有画面，需要通过 SurfaceProvider 渲染到屏幕上。

将一个 MP4 视频文件添加至工程的 media 目录中，首先修改页面布局文件 ability_main.xml 如下：

```
<?xml version="1.0" encoding="utf-8"?>
<DirectionalLayout
    xmlns:ohos="http://schemas.huawei.com/res/ohos"
    ohos:height="match_parent"
    ohos:width="match_parent"
    ohos:orientation="vertical">
    <!-- 渲染视频的占位组件 -->
    <SurfaceProvider ohos:width="match_parent"
                     ohos:height="300vp"
                     ohos:id="$+id:surface">
    </SurfaceProvider>
</DirectionalLayout>
```

对应地，修改 MainAbilitySlice 类如下：

```
// 包名与模块引入
package com.example.audiodemo.slice;
import com.example.audiodemo.ResourceTable;
import ohos.aafwk.ability.AbilitySlice;
import ohos.aafwk.content.Intent;
import ohos.agp.components.surfaceprovider.SurfaceProvider;
import ohos.agp.graphics.SurfaceOps;
import ohos.media.common.Source;
import ohos.media.player.Player;
public class MainAbilitySlice extends AbilitySlice {
    // 播放器实例
    private Player player = null;
    @Override
    public void onStart(Intent intent) {
        super.onStart(intent);
        super.setUIContent(ResourceTable.Layout_ability_main);
        // 初始化播放器
        player = new Player(this);
```

8

```
        // 获取 SurfaceProvider 实例
        SurfaceProvider surfaceProvider = (SurfaceProvider)findComponentById
                                            (ResourceTable.Id_surface);
        // 设置播放层在窗口最上层
        surfaceProvider.pinToZTop(true);
        // 加载视频资源
        try {
            String url = "entry/resources/base/media/video.mp4";
            RawFileDescriptor fd = getContext().getResourceManager().
                            getRawFileEntry(url).openRawFileDescriptor();
            Source source = new Source(fd.getFileDescriptor(), fd.getStartPosition(),
                        fd.getFileSize());
            player.setSource(source);
        } catch (Exception e) {
            e.printStackTrace();
        }
        // 添加 surfaceProvider 的状态回调
        surfaceProvider.getSurfaceOps().get().addCallback(new SurfaceOps.Callback() {
            @Override
            public void surfaceCreated(SurfaceOps surfaceOps) {
                // 播放容器创建完成后的回调，在此回调中进行播放器的绑定和播放操作
                player.setVideoSurface(surfaceOps.getSurface());
                player.prepare();
                player.play();
            }
            // 下面两个回调暂不实现
            @Override
            public void surfaceChanged(SurfaceOps surfaceOps, int i, int i1, int i2) {
            }
            @Override
            public void surfaceDestroyed(SurfaceOps surfaceOps) {
            }
        });
    }
}
```

8

Player 类中与视频播放相关的常用配置方法见表 8.2。

表 8.2　Player 类中与视频播放相关的常用配置方法

方法名	参数 / 类型	返回值类型	意　义
setVideoSurface	参数 1/Surface 类型：窗口实例	布尔型	设置视频播放窗口
enableScreenOn	参数 1/ 布尔型：是否保持屏幕常亮	布尔型	设置视频播放时是否保持屏幕常亮状态
setVideoScaleType	参数 1/ 整型：设置缩放模式	布尔型	设置视频的缩放模式
getVideoWidth	无	整型	获取视频宽度
getVideoHeight	无	整型	设置视频高度

其中，setVideoScaleType 用来设置视频的缩放模式，可配置的缩放模式有：VIDEO_SCALE_TYPE_CROP 和 VIDEO_SCALE_TYPE_FIT。在 VIDEO_SCALE_TYPE_CROP 模式下，当视频尺寸与播放窗口尺寸不一致时，会对视频进行裁切；在 VIDEO_SCALE_TYPE_FIT 模式下，当视频尺寸与播放窗口尺寸不一致时，会对视频进行缩放调整以适应窗口。

运行代码，播放效果如图 8.2 所示。

图 8.2　视频播放示例

通常视频播放器都会有进度条来提示用户播放的进度，要实现此功能也非常容易，只需要通过定时器按照一定频率来刷新播放进度即可。Player 实例可以直接获取视频总时长以及当前的播放进度。

例如，使用 EventHandler 来构建定时器。首先在 ability_main.xml 布局文件中新增一个 Text 组件用来显示播放进度：

```
<?xml version="1.0" encoding="utf-8"?>
<DirectionalLayout
    xmlns:ohos="http://schemas.huawei.com/res/ohos"
    ohos:height="match_parent"
    ohos:width="match_parent"
    ohos:orientation="vertical">
    <SurfaceProvider ohos:width="match_parent"
                     ohos:height="300vp"
                     ohos:id="$+id:surface">
    </SurfaceProvider>
    <Text ohos:id="$+id:video_time"
        ohos:width="match_content"
        ohos:height="match_content"
        ohos:top_margin="30vp"
        ohos:text_size="30vp"
        ohos:text=" 时间 "></Text>
</DirectionalLayout>
```


修改 MainAbilitySlice 类的实现如下：

```
public class MainAbilitySlice extends AbilitySlice {
    // 播放器实例
    private Player player = null;
    // 文本组件实例
    Text text = null;
    // 定义内部类，EventHandler 用来触发定时事件
    class VideoTimer extends EventHandler {
        public VideoTimer(EventRunner runner) throws IllegalArgumentException {
            super(runner);
        }
        // 此方法用来处理定时任务
        @Override
```

```
        protected void processEvent(InnerEvent event) {
            super.processEvent(event);
            if (event.eventId == 0) { // 匹配事件 ID
                // 如果播放器已经实例化且正在播放中
                if (player != null && player.isNowPlaying()) {
                    // 获取视频总时长
                    int duration = player.getDuration();
                    // 获取当前播放时长
                    int currentTime = player.getCurrentTime();
                    // 在主线程中进行页面的刷新
                    getUITaskDispatcher().syncDispatch(new Runnable() {
                        @Override
                        public void run() {
                            text.setText(String.format("播放时长: %ds/ 总时长: %ds",
                                        currentTime / 1000, duration / 1000));
                        }
                    });
                }
            }
            // 每次执行结束后，重新开启一个定时任务
            updateVideoTime();
        }
    }
    // 定时器对象
    VideoTimer timer = null;
    @Override
    public void onStart(Intent intent) {
        super.onStart(intent);
        super.setUIContent(ResourceTable.Layout_ability_main);
        // 组件定义与播放器逻辑
        text = (Text)findComponentById(ResourceTable.Id_video_time);
        player = new Player(getContext());
        SurfaceProvider surfaceProvider = (SurfaceProvider)findComponentById
                                (ResourceTable.Id_surface);
        surfaceProvider.pinToZTop(true);
        try {
```

8

```
            String url = "entry/resources/base/media/video.mp4";
            RawFileDescriptor  fd  =  getContext().getResourceManager().
            getRawFileEntry(url).K;openRawFileDescriptor();
            Source source = new Source(fd.getFileDescriptor(), fd.getStartPosition(),
                        fd.getFileSize());
            player.setSource(source);
            player.setVideoScaleType(Player.VIDEO_SCALE_TYPE_FIT);
        } catch (Exception e) {
            e.printStackTrace();
        }
        surfaceProvider.getSurfaceOps().get().addCallback(new  SurfaceOps.
                                                            Callback() {
            @Override
            public void surfaceCreated(SurfaceOps surfaceOps) {
                player.setVideoSurface(surfaceOps.getSurface());
                player.prepare();
                player.play();
            }
            @Override
            public void surfaceChanged(SurfaceOps surfaceOps, int i, int i1, int i2) {}
            @Override
            public void surfaceDestroyed(SurfaceOps surfaceOps) {}
        });
        // 创建事件驱动，其 create 方法参数设置为 true 表示在单独线程执行任务
        EventRunner runner = EventRunner.create(true);
        // 初始化定时器
        timer = new VideoTimer(runner);
        // 执行定时任务
        updateVideoTime();
    }
    // 定义定时任务
    void updateVideoTime() {
        // 触发事件
        timer.sendEvent(0, 1000, EventHandler.Priority.IMMEDIATE);
    }
}
```

上面的代码中，sendEvent 方法用来触发定时事件，其第 1 个参数设置事件的 ID；第 2 个参数设置延迟多久后触发，这里设置为 1000 毫秒，即 1 秒；第 3 个参数设置优先级。运行代码，效果如图 8.3 所示。

图 8.3　显示播放进度

8.2　传感器的开发

传感器本身是指感知外界环境数据的硬件。如今的移动设备功能非常完善，尤其是手机设备，其已拥有测量加速度、测量空间位置、测量运动情况、感知温度和感知环境亮度等功能。这些功能实际上都是由对应的传感器来支持的，本节将学习如何使用这些传感器，以及如何读取这些传感器的数据。

8.2.1　传感器概述

在 HarmonyOS 中提供了许多与传感器相关的 API。框架层已经对硬件的传感器进行了抽象，并根据传感器的类型定制了对应的算法，应用层使用起来非常简单方便。

从功能上看，传感器大致可以分为 6 大类：运动类传感器、环境类传感器、方向类传感器、光线类传感器、健康类传感器和其他类传感器。

下面介绍这些传感器所提供的功能。

运动类传感器通过与 CategoryMotionAgent 相关的 API 进行使用，其包含加速度传感器、重力传感器、陀螺仪传感器、大幅动作传感器、跌落传感器和计步传感器等。其中，加速度传感器测量空间中的 x、y、z 三个方向上的加速度量；重力传感器测量空间中的 x、y、z 三个方向上的重力加速度量；陀螺仪传感器测量空间中的 x、y、z 三个方向上的旋转加速度量；大幅动作传感器用来测量设备是否正在进行大幅度的运动；跌落传感器用来检测设备是否正在发生跌落；计步传感器用来测量用户的行走步数。

环境类传感器通过与 CategoryEnvironmentAgent 相关的 API 进行使用，包括温度传感器、磁场传感器、湿度传感器、气压传感器和比吸收率传感器。这些传感器的功能也容易理解，温度传感器用来测量环境温度；磁场传感器用来测量环境的磁场；湿度传感器用来测量环境的湿度；气压传感器用来测量环境的气压；比吸收率传感器用来测量设备的电磁波吸收比值。

方向类传感器主要提供设备旋转方向、屏幕旋转方向等设备方向信息的测量，使用与 CategoryOrientationAgent 相关的 API 来实现功能。

光线类传感器通过与 CategoryLightAgent 相关的 API 进行使用，包括环境光传感器、色温传感器等。

健康类传感器通常在可穿戴设备上使用，需要使用与 CategoryBodyAgent 相关的 API，如测量心率的心率传感器等。

其他类传感器包括磁力传感器、压力传感器等。

这些传感器并非在任何设备上都有提供，不同应用场景的设备可能支持的传感器也不相同。在开发传感器时，首先需要明确目标设备，通过 HarmonyOS 提供的接口可对设备支持的传感器列表进行查询。

8.2.2 传感器的应用

本小节主要通过使用运动类传感器来介绍 HarmonyOS 中传感器框架的使用方法。

运动类传感器获取的数据属于敏感类数据，因此在使用前需要声明权限。新建一个命名为 SensorDemo 的示例工程，首先修改工程的 config.json 文件，在该文件与 abilities 文件代码相同的结构中增加如下配置：

```
"reqPermissions": [{
  "name": "ohos.permission.ACCELEROMETER",
  "reason": "",
  "usedScene": {
```

```
      "when": "inuse",
      "ability": [".MianAbility"]
    }
    },
    {
      "name": "ohos.permission.GYROSCOPE",
      "reason": "",
      "usedScene": {
        "when": "inuse",
        "ability": [".MianAbility"]
      }
    },{
      "name": "ohos.permission.ACTIVITY_MOTION",
      "reason": "使用步数信息",
      "usedScene": {
        "when": "inuse",
        "ability": [".MianAbility"]
    }
}]
```

其中，ohos.permission.ACCELEROMETER 用来声明使用加速度传感器数据的相关权限，ohos.permission.GYROSCOPE 用来声明使用陀螺仪传感器数据的相关权限，ohos.permission.ACTIVITY_MOTION 用来声明使用用户运动传感器的相关权限。其中，用户运动数据的敏感度是属于用户级别的，因此除了权限声明外，还需要在代码中对权限进行申请。修改 MainAbility 类的代码如下，需要注意，这里修改的是 MainAbility 类，不是 MainAbilitySlice 类。

```
// 包名与模块引入
package com.example.sensordemo;
import com.example.sensordemo.slice.MainAbilitySlice;
import ohos.aafwk.ability.Ability;
import ohos.aafwk.content.Intent;
import ohos.hiviewdfx.HiLog;
import ohos.sensor.agent.CategoryOrientationAgent;
import ohos.sensor.bean.CategoryOrientation;
import java.util.List;
```

```
import java.util.function.Consumer;
// MainAbility 类实现
public class MainAbility extends Ability {
    @Override
    public void onStart(Intent intent) {
        super.onStart(intent);
        super.setMainRoute(MainAbilitySlice.class.getName());
        // 先进行权限的请求
        requestPermission();
    }
    // 权限请求方法
    void requestPermission() {
        // verifySelfPermission 是内置函数，检查权限请求状态
        if (verifySelfPermission("ohos.permission.ACTIVITY_MOTION") != 0) {
            // 检查是否可进行权限请求
            if (canRequestPermission("ohos.permission.ACTIVITY_MOTION")) {
                // 请求用户权限
                requestPermissionsFromUser(new String[] {"ohos.permission.
                                    ACTIVITY_MOTION"}, 1);
            }
        }
    }
    // 当用户对请求的权限做出回应后，会调用下面的方法
    @Override
    public void onRequestPermissionsFromUserResult(int requestCode, String[]
    permissions, int[] grantResults) {
        super.onRequestPermissionsFromUserResult(requestCode, permissions,
                                    grantResults);
        if (requestCode == 1) {
            if (grantResults.length > 0 && grantResults[0] == 0) {
                // 权限被授予
                // 输出所支持的运动类传感器
                CategoryOrientationAgent agent = new CategoryOrientationAgent();
                List<CategoryOrientation> sensorList = agent.getAllSensors();
                sensorList.forEach(new Consumer<CategoryOrientation>() {
```

8

```
                    @Override
                    public void accept(CategoryOrientation categoryOrientation) {
                        HiLog.info(null, "支持的传感器" + categoryOrientation.getName());
                    }
                });
            } else {
                // 权限被拒绝
            }
        }
    }
}
```

当申请用户权限时，系统会弹窗让用户进行选择，用户可以选择允许或禁止，如图 8.4 所示。

图 8.4　申请用户权限的弹窗

如果用户禁止授予权限，则不再使用相关的传感器数据；只有用户允许授予权限，才能使用传感器数据。运动类传感器由与 CategoryOrientationAgent 相关的 API 提供支持，此类继承自抽象类 SensorAgent，SensorAgent 类中封装了一些所有类型的传感器框架都需要的方法，常用的见表 8.3。

表 8.3　SensorAgent 类中封装的常用方法

方法名	参数 / 类型	返回值类型	意　义
getAllSensors	无	列表类型	获取所有可使用的传感器，返回一个泛型元素的列表，按传感器的类型区分
setSensorDataCallback	参数 1/ 接口：设置回调接口。 参数 2/ 传感器类型：设置要监听数据的传感器。 参数 3/ 长整型：设置回调间隔时间。 参数 4/ 长整型：设置最大延迟	布尔型	监听某个传感器的数据
releaseSensorDataCallback	参数 1/ 接口：释放回调接口。 参数 2/ 传感器类型：设置要释放监听数据的传感器	布尔型	释放对某个传感器的监听，不再接收数据

其中，setSensorDataCallback 方法需要和 releaseSensorDataCallback 方法成对出现。

在使用 getAllSensors 方法获取所有可用传感器的列表时，不同类型的传感器被抽象为不同的 Java 类。以运动类传感器为例，将得到 CategoryOrientation 类型的实例对象，其继承自 SensorBase 基类，这个类中封装的常用方法见表 8.4。

表 8.4　CategoryOrientation 类中封装的常用方法

方法名	参数 / 类型	返回值类型	意　义
getSensorId	无	整型	获取当前传感器的 id
getName	无	字符串	获取当前传感器的名称
getVendor	无	字符串	获取当前传感器的制造商
getVersion	无	整型	获取当前传感器的版本
getUpperRange	无	浮点型	传感器的最大测量范围
getResolution	无	浮点型	获取传感器的分辨率
getFlags	无	整型	获取传感器的标志
getCacheMaxCount	无	整型	获取传感器支持的最大硬件数
getMinInterval	无	长整型	获取传感器的最小采样间隔
getMaxInterval	无	长整型	获取传感器的最大采样间隔

以运动类传感器为例，使用如下代码来设置传感器数据的监听：

```
// 创建运动类传感器代理实例
CategoryOrientationAgent agent = new CategoryOrientationAgent();
// 设置数据回调监听
agent.setSensorDataCallback(new ICategoryOrientationDataCallback() {
    // 传感器数据改变回调的方法
    @Override
    public void onSensorDataModified(CategoryOrientationData category
                                    OrientationData) {}
    // 传感器精度变更回调的方法
    @Override
    public void onAccuracyDataModified(CategoryOrientation categoryOrientation, int i) {}
    // 传感器命令执行完成回调的方法
    @Override
    public void onCommandCompleted(CategoryOrientation categoryOrientation) {}
}, agent.getSingleSensor(CategoryOrientation.SENSOR_TYPE_ORIENTATION), (long)1);
```

当运动类传感器的数据发生变化时，回调的方法中会传入 CategoryOrientationData 类型的数据对象，此对象封装了设备的角度、方向等信息。

其他类型传感器的使用方法也类似，只是使用不同的 Agent 代理类，对应使用不同的传感器实例类与数据实例类即可。

8.3 地理位置信息

移动设备的定位功能为生活带来了很大的便利，如预报天气、本地新闻推送、出行线路规划等常用的应用都离不开地理位置信息的支持。

要使用设备的定位能力，需要用户主动开启位置开关，如果用户没有开启，则任何应用都无法使用设备的位置数据。除此之外，位置数据也属于用户的敏感数据，除了要声明权限外，还需要向用户进行权限申请，待用户允许授权后才能使用。

8.3.1 获取设备位置信息

获取位置信息需要在 config.json 文件中声明 ohos.permission.LOCATION 权限。在 HarmonyOS 中，与基础地理位置功能相关的 API 都封装在 Locator 模块中。新建一个命名为 LocationDemo 的示例工程，在 MainAbility 类中编写如下代码：

```
// 包名与模块引入
package com.example.locationdemo;
import com.example.locationdemo.slice.MainAbilitySlice;
import ohos.aafwk.ability.Ability;
import ohos.aafwk.content.Intent;
import ohos.hiviewdfx.HiLog;
import ohos.location.Location;
import ohos.location.Locator;
import ohos.location.LocatorCallback;
import ohos.location.RequestParam;
// 类定义
public class MainAbility extends Ability {
    Locator locator = null;
    @Override
    public void onStart(Intent intent) {
        super.onStart(intent);
        super.setMainRoute(MainAbilitySlice.class.getName());
        // 先申请用户授予权限
        requestPermission();
    }
    // 申请定位权限
    void requestPermission() {
        if (verifySelfPermission("ohos.permission.LOCATION") != 0) {
            if (canRequestPermission("ohos.permission.LOCATION")) {
                requestPermissionsFromUser(new String[] {"ohos.permission.
                                            LOCATION"}, 1);
            }
        }
    }
    // 申请权限的结果回调
    @Override
    public void onRequestPermissionsFromUserResult(int requestCode, String[]
    permissions, int[] grantResults) {
        super.onRequestPermissionsFromUserResult(requestCode, permissions,
        grantResults);
        if (requestCode == 1) {
```

```
            // 权限被授予
            if (grantResults.length > 0 && grantResults[0] == 0) {
                // 初始化 Locator 实例
                locator = new Locator(getContext());
                // 定义请求参数
                RequestParam requestParam = new RequestParam(RequestParam.
                                              SCENE_NAVIGATION, 0, 0);
                // 定义回调
                LocatorCallback callback = new LocatorCallback() {
                    @Override
                    public void onLocationReport(Location location) {
                        // 位置信息报告
                        HiLog.info(null, "位置信息: " + location.toString());
                    }
                    @Override
                    public void onStatusChanged(int i) {
                        // 状态改变回调
                    }
                    @Override
                    public void onErrorReport(int i) {
                        // 异常报告
                    }
                };
                // 开启定位
                locator.startLocating(requestParam, callback);
            } else {
                // 权限被拒绝
            }
        }
    }
}
```

与使用某些敏感的传感器数据类似，请求位置权限时，系统会弹窗要求用户进行选择，用户确认授权后才能进行后续的定位行为，如图 8.5 所示。

图 8.5　申请用户授权定位权限

获取位置信息的过程简单概括为如下几步：①初始化 Locator 实例；②设置位置信息请求参数；③定义定位行为的回调；④启动定位。

其中，Locator 实例用来执行开启定位、结束定位等操作；RequestParam 用来控制定位请求的精度要求以及频率要求等；LocatorCallback 接口约定了定位信息的回调方式。之后会详细介绍这些核心类的应用。

8.3.2　与位置服务相关的几个重要的类

8

最先需要介绍的是 Locator 类，其在实例化时需要传入当前的 Context 上下文。Locator 类主要用来管理定位的开启与关闭等行为，常用方法见表 8.5。

表 8.5　Locator 类常用方法

方法名	参数 / 类型	返回值类型	意　义
isLocationSwitchOn	无	布尔型	判断是否允许使用定位功能
startLocating	参数 1/RequestParam：设置开启定位请求的参数。 参数 2/LocatorCallback：回调对象	无	开启指定回调的定位服务
stopLocating	参数 1/LocatorCallback：回调对象	无	停止指定回调的定位服务
requestOnce	参数 1/RequestParam：设置开启定位请求的参数。 参数 2/LocatorCallback：回调对象	无	开启定位，只会定位一次，得到结果后即自动停止
getCachedLocation	无	Location	获取缓存的位置信息

开启定位时需要传入 RequestParam 对象，RequestParam 类用来对定位请求进行配置，如下：

```
RequestParam requestParam = new RequestParam(RequestParam.SCENE_NAVIGATION, 0, 0);
```

RequestParam 在实例化时有 3 个参数，第 1 个参数设置优先级；第 2 个参数设置定位请求的间隔时间，即多长时间请求一次定位；第 3 个参数设置定位请求的距离间隔，即设备移动多长距离后请求一次定位。

请求的优先级有两套可配置的方案，一套是通过性能策略来设定，另一套是通过场景策略来设定。通过性能策略来设定优先级时，可选配置见表 8.6。

表 8.6　使用性能策略设置优先级时可选配置常量值

配置常量值	意　义
PRIORITY_ACCURACY	高精确度模式
PRIORITY_FAST_FIRST_FIX	快速模式
PRIORITY_LOW_POWER	低功耗模式

通过场景策略来设置定优先级时，可选配置见表 8.7。

表 8.7　使用场景策略来设置优先级时可选配置常量值

配置常量值	意　义
SCENE_CAR_HAILING	适用于打车出行场景，以最短 1 秒间隔报告位置信息
SCENE_DAILY_LIFE_SERVICE	适用于生活服务场景，不需要特别精确的位置时使用，如天气预报
SCENE_NAVIGATION	适用于实时导航的场景
SCENE_NO_POWER	无功耗场景，当系统被其他应用触发定位请求时，同时通知当前应用
SCENE_TRAJECTORY_TRACKING	适用于记录用户位置轨迹的场景

最后再来看下用来描述位置信息的 Location 类，Location 类中封装了描述地理位置信息的数据，如经纬度、方向等，对应的 getter 方法及其描述见表 8.8。

表 8.8　getter 方法及其描述

方法名	参数 / 类型	返回值类型	意　义
getDirection	无	双精度浮点型	获取当前移动方向。单位为角度数
getTimeSinceBoot	无	长整型	获取从开启定位服务到获取本地定位信息的时间。单位为纳秒
getLatitude	无	双精度浮点型	获取当前位置的纬度

续表

方法名	参数 / 类型	返回值类型	意　义
getLongitude	无	双精度浮点型	获取当前位置的经度
getAltitude	无	双精度浮点型	获取当前位置的海拔高度
getAccuracy	无	浮点型	获取本次定位的精度。单位为米
getSpeed	无	浮点型	获取设备的移动速度。单位为米每秒
getTimeStamp	无	长整型	获取时间戳

8.4　LED 灯与振动器

LED 灯与振动器也被称为控制类小组件，LED 灯主要用来提示用户，如充电时保持常亮。振动器能够触发设备的振动，当收到新信息或闹钟触发时通常会伴随振动来提醒用户。

8.4.1　LED 灯开发

LED 灯的开发非常简单，其所有的方法都封装在 LightAgent 类中，但是需要注意，并非所有的设备都有 LED 灯，因此在使用前需要获取所支持的硬件列表，选择支持的硬件进行使用。

LightAgent 类中的常用方法见表 8.9。

表 8.9　LightAgent 类中的常用方法

方法名	参数 / 类型	返回值类型	意　义
getLightIdList	无	List<Integer>	获取可用的 LED 硬件列表，返回的列表中存储的是硬件的 ID 值
isSupport	参数 1/ 整型：硬件 ID	布尔型	获取某个 ID 编号硬件 LED 是否可用
isEffectSupport	参数 1/ 整型：硬件 ID。 参数 2/ 字符串：闪烁类型	布尔型	查询指定的某个 LED 是否支持某种闪烁模式
turnOn	参数 1/ 整型：硬件 ID。 参数 2/ 字符串：闪烁类型	布尔型	指定某个 LED 开启指定的闪烁模式
turnOn	参数 1/ 整型：硬件 ID 参数 2/LightEffect 类型：自定义闪烁对象	布尔型	指定某个 LED 开启自定义的闪烁模式
turnOff	参数 1/ 整型：硬件 ID	布尔型	关闭闪烁模式

通过 LightEffect 来定义 LED 灯的闪烁模式，表 8.10 列出了系统默认定义的几种模式。

表 8.10　系统默认模式

模式名	意　义
LIGHT_ID_BELT	跑马灯闪烁
LIGHT_ID_BUTTONS	按钮灯闪烁
LIGHT_ID_KEYBOARD	键盘灯闪烁
LIGHT_ID_LED	LED 闪烁

可以通过如下方式自定义闪烁模式：

```
LightEffect effect = new LightEffect(new LightBrightness(100 ,100, 100), 5000, 5000);
```

LightEffect 的构造方法有 3 个参数，第 1 个参数设置闪烁色彩，通过 RGB 的 3 个色彩值来确定；第 2 个参数设置灯亮的时间；第 3 个参数设置灯暗的时间，通过亮暗的间隔来实现闪烁。

8.4.2　振动器开发

与 LED 灯的开发类似，与振动器开发的相关接口都封装在 VibratorAgent 类中。需要注意的是，若要控制振动器，则需要在 config.json 文件中进行权限声明，代码如下：

```
"reqPermissions": [
  {
    "name": "ohos.permission.VIBRATE",
    "reason":"使用振动器提供服务",
    "usedScene": {
      "when": "inuse"
    }
  }
]
```

VibratorAgent 类的使用也非常简单，其是核心方法见表 8.11。

表 8.11　VibratorAgent 类的方法

方法名	参数 / 类型	返回值类型	意　义
getVibratorIdList	无	List<Integer>	可用的振动器硬件列表
isSupport	参数 1/ 整型：硬件 ID	布尔型	判断某个振动器是否可用

续表

方法名	参数 / 类型	返回值类型	意　义
isEffectSupport	参数 1/ 整型：硬件 ID。 参数 2/ 字符串：震动模式	布尔型	判断某个振动器的某个震动模式是否可用
startOnce	参数 1/ 整型：硬件 ID。 参数 2/ 字符串：震动模式	布尔型	进行一次震动，指定震动模式
startOnce	参数 1/ 整型：硬件 ID 参数 2/ 整型：时长	布尔型	进行一次震动，指定震动时长，单位为毫秒
start	参数 1/ 字符串：震动模式。 参数 2/ 布尔：是否循环	布尔型	开启震动，可指定是否循环
start	参数 1/VibrationPattern：震动模式对象	布尔型	开启震动，可指定震动模式
stop	无	布尔型	停止震动

VibrationPattern 类用来自定义震动的模式，可以配置如震动次数、震动时长等属性，这里不再赘述。

8.5 内容回顾

本章主要介绍了音视频功能以及一些传感器的应用，这些技术并不是在所有应用中都会使用，但在某些垂直的场景中必不可少。HarmonyOS 本身有着很强的开放性，在未来可能会有越来越多的移动设备和可穿戴设备搭载 HarmonyOS，也会有越来越多种类的传感器被提供使用。本章介绍了一些基础传感器的用法，相信在未来的开发中可助用户一臂之力。

1. 如何开发一款包含视频播放器功能的应用？

温馨提示： HarmonyOS 中的 media 模块提供了播放音视频的功能，可使用封装好的接口快速地开发音视频功能，如实现音视频的播放、进度显示和控制、音量控制等。

2. 在进行传感器相关功能的开发时，有哪些需要注意的点？

温馨提示： 并非所有设备都有指定的传感器可用，从代码的健壮性和可扩展性方面考虑，在进行传感器相关功能的开发前，需要先检查设备中有哪些可用的传感器。除此之外，对于用户敏感的数据，还需要声明权限以及向用户申请授权。

第 9 章

精致美观的小组件——服务卡片开发

服务卡片是一种特殊的功能应用，其允许应用程序将重要的信息或交互展示在设备的桌面上，从而让用户快速直达要访问的应用功能。

服务卡片通常需要绑定到一个主应用中，服务卡片是主应用的某一部分功能，也是连接用户和主应用某些功能模块的快捷入口集合。本章将介绍服务卡片的应用场景以及如何开发服务卡片。

通过本章，将学习以下知识点：

- 服务卡片的创建。
- 服务卡片内容的更新。
- 使用远程真机进行代码调试。

9.1 认识服务卡片

在开始学习服务卡片开发前，本节先来认识下什么是服务卡片，并尝试创建自己的第一款包含服务卡片的应用程序。

9.1.1 服务卡片简介

在日常生活中，手机设备会安装各种各样的应用，通常要使用应用提供的功能时，打开对应的应用程序，并且找到要使用的功能所在的位置即可。当安装的应用程序越来越多或单个应用程序的功能越来越多时，并不容易找到对应的应用或对应的功能模块。服务卡片即是基于这种场景出现的一种应用快捷入口。应用程序将自己的核心功能包装成独立的服务卡片，用户可以将这些服务卡片放置在桌面上，从而对使用频繁的功能进行快速访问。

服务卡片的应用场景大致分可以为两大类，分别是展示信息类和提供快捷入口类。

展示信息类的服务卡片很好理解，有些应用本身提供的就是信息服务功能，如天气预报类应用、新闻资讯类应用、快递物流类应用等。用户使用这些应用都是为了获取信息，这类应用一般也都会提供服务卡片的功能，允许用户将当日的天气情况、热点咨询以及快递的物流信息等内容直接展示在桌面上，查看起来一目了然，非常方便。

提供快捷入口类的服务卡片也很常见，可以帮助用户快速直达常用的功能模块。对于同一个应用程序来说，每个用户常用的功能模块也可能不同，这种支持用户定制的机制对用户来说非常友好。例如，当今移动支付无处不在，一些支付类应用也会提供自己的服务卡片，帮助用户需要进行“扫码支付”时一键直达。

进行服务卡片开发需要把握 3 个核心点：卡片的提供、卡片的使用和卡片的管理。其中，卡片的提供需要开发者负责，开发者来定义卡片要展示的内容、内容的布局方式、卡片的尺寸以及其中控件的交互行为等；卡片的使用则由用户决定，用户选择性地将主应用提供的卡片放置在桌面上的某个位置；卡片的管理则需要开发者和用户协同使用，开发者来制定卡片的刷新频率、内部的配置选项等，用户来进行具体的配置。作为开发者，最需要关注的是服务卡片内容本身的开发。HarmonyOS 开发者官网上提供了一张示意图，该图清楚地描述了服务卡片的整体架构，如图 9.1 所示。

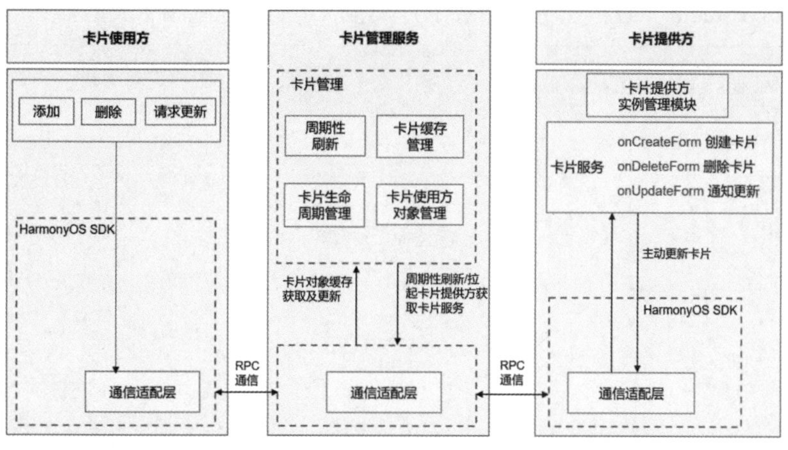

图 9.1　官方文档提供的服务卡片运行机制示意图

9.1.2　体验服务卡片

现在，用户已经对服务卡片有了基本的了解，可以尝试自定义一个服务卡片来体验一下。DevEco Studio 提供了创建服务卡片模板的功能，因此，要创建一个带有服务卡片的模板应用非常容易。

新建一个命名为 CardDemo 的示例工程，工程的创建无须做任何额外的操作，DevEco Studio 支持在创建好的工程中加入服务卡片模块。

创建好工程后，选中默认的 entry 模块，之后选择菜单中的 File->New->Service Widget 选项来创建服务卡片模块，如图 9.2 所示。

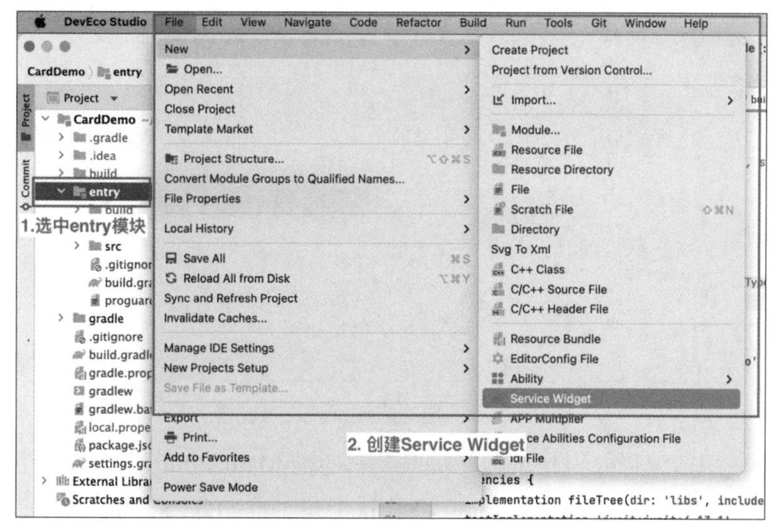

图 9.2　创建服务卡片模块

目前，DevEco Studio 只提供了一种服务卡片模板，UI 展现是上图下文的样式，如图 9.3 所示。

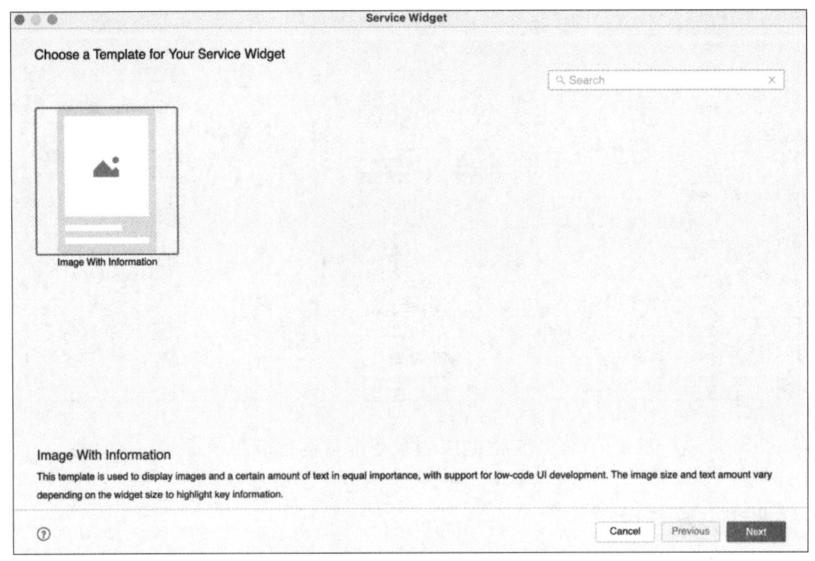

图 9.3　选择服务卡片模板

选择此模板后，输入服务卡片的名称、描述，选择使用的语言和卡片的尺寸等信息，如图 9.4 所示。

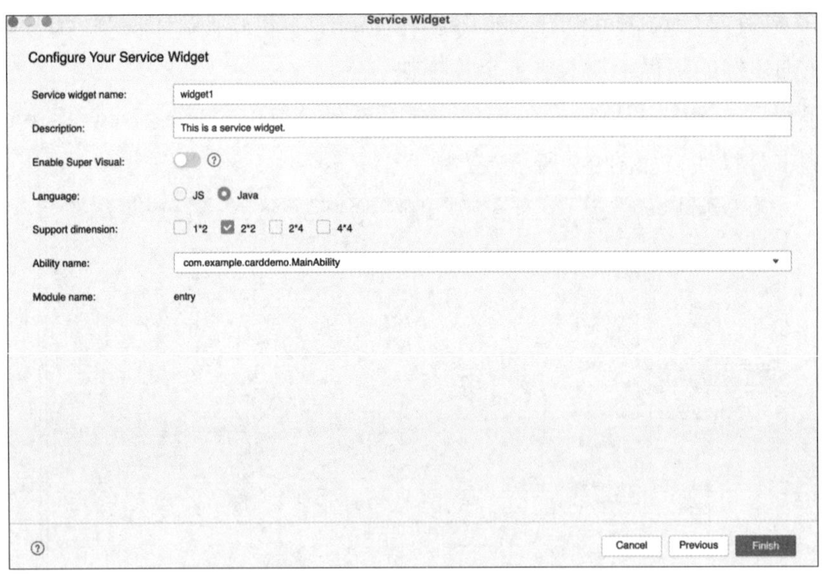

图 9.4　对创建的服务卡片进行配置

这里，选择使用的编程语言是 Java，关联到对应的 MainAbility 并且选择只支持 2*2 的尺寸。之后会弹出一系列的确认弹窗，都选择确认即可，DevEco Studio 会自动对 MainAbility

代码进行重构，并加入服务卡片的相关功能，具体的代码后面会详细介绍。在 com.example.carddemo 包中会自动生成一个 widget 文件夹，其中存放的即是与服务卡片相关的代码，在 resources 目录下的 layout 文件夹和 media 文件夹中也会生成对应的资源文件和布局文件。如果观察 config.json 配置文件的内容，可以看到其中也增加了一些有关服务卡片的配置。

尝试运行此代码，之后在桌面长按当前应用图标，可以看到弹出的菜单中包含服务卡片的选项，如图 9.5 所示。

选择“服务卡片”选项，会进入系统的服务卡片配置页面，如图 9.6 所示。

图 9.5　包含服务卡片的选项

图 9.6　服务卡片配置页面

可以看到，其默认配置的为上滑卡片，即在应用图片上进行上滑以打开服务卡片，也可以切换成桌面常驻，这两种模式的服务卡片分别如图 9.7 和图 9.8 所示。

图 9.7　在应用图标上上滑唤起服务卡片

图 9.8　将服务卡片常驻到桌面

9.2 开发服务卡片

9.1.2 小节中使用 DevEco Studio 提供的模板创建了一个带有服务卡片功能的应用。模板的作用只是帮助开发者自动生成了一些代码，即使不使用模板，也可手动添加相关代码让应用支持服务卡片功能。本小节将详细介绍服务卡片的完整开发流程。

9.2.1 服务卡片的配置

服务卡片是一种特殊的 Ability 服务，需要在 config.json 文件中配置 forms 相关选项。系统通过 config.json 文件中的 forms 选项的配置来识别服务卡片，并注册到系统中。下面是自动生成的模板中 forms 选项的配置：

```
"forms": [
  {
    "landscapeLayouts": [
      "$layout:form_image_with_info_widget_2_2"
    ],
    "isDefault": true,
    "scheduledUpdateTime": "10:30",
    "defaultDimension": "2*2",
    "name": "widget",
    "description": "This is a service widget.",
    "colorMode": "auto",
    "type": "Java",
    "supportDimensions": [
      "2*2"
    ],
    "portraitLayouts": [
      "$layout:form_image_with_info_widget_2_2"
    ],
    "updateEnabled": true,
    "updateDuration": 1
  }
]
```

其中，landscapeLayouts 和 portraitLayouts 设置服务卡片的布局文件，区分横竖屏的场景。scheduledUpdateTime 设置服务卡片的更新时间。defaultDimension 设置默认的卡片尺寸，这是设置为 2*2 的尺寸样式；与其对应的，supportDimensions 设置服务卡片所能支持的尺寸样式。type 设置服务卡片的类型，这里采用 Java 编程语言。

完整的 forms 选项支持配置的字段见表 9.1。

表 9.1　forms 选项支持配置的字段

字段名	类型	意　义	是否必选
name	字符串	服务卡片的名称	是
description	字符串	服务卡片的描述内容	否
isDefault	布尔值	表示该卡片是否为默认卡片，每个 Ablility 可能有多个服务卡片，但是只能有一个默认的	否
type	字符串	表示当前服务卡片的类型。支持 Java 和 JS	是
colorMode	字符串	设置卡片的主题样式，支持： auto：自适应。 dark：深色主题。 light：浅色主题	否
supportDimensions	字符串列表	设置支持的尺寸模式，支持： 1*2：1 行 2 列模式。 2*2：2 行 2 列模式。 2*4：2 行 4 列模式。 4*4：4 行 4 列模式	是
defaultDimension	字符串	设置默认尺寸模式	是
landscapeLayouts	字符串列表	设置横屏时的卡片布局。与 supportDimensions 需要对应	是
portraitLayouts	字符串列表	设置竖屏时的卡片布局。与 supportDimensions 需要对应	是
updateEnabled	布尔值	设置卡片是否支持周期性刷新	是
scheduledUpdateTime	字符串	设置周期性刷新的定点刷新事件，采用 24 小时制	否
updateDuration	数值	设置周期性刷新的刷新间隔时间，单位为 30 分钟，例如设置为 1 表示每 30 分钟刷新一次	否
formConfigAbility	字符串	卡片的跳转路径	否
jsComponentName	字符串	当卡片类型为 JS 卡片时，此字段必选，设置 Component 名称	JS 卡片必选，Java 卡片无
metaData	对象	卡片的自定义信息	否
customizeData	对象	卡片的自定义数据	否

9.2.2 创建服务卡片

完成 config.json 文件中的配置后，系统会自动完成服务卡片的注册。服务卡片本身会绑定一个具体的 Ability，通过覆写 Ability 的一些方法来实现服务卡片的数据渲染、更新等操作，其中常用到的 3 个方法见表 9.2。

表 9.2　常用的 3 个方法

方法名	参数 / 类型	返回值类型	意　义
onCreateForm	参数 1/Intent	ProviderFormInfo	卡片创建时回调，Intent 参数中获取卡片的名称、尺寸类型等信息。需要返回 ProviderFormInfo 对象来提供具体的卡片数据
onDeleteForm	参数 1/ 长整型：服务卡片的 ID	无	当卡片被删除时回调
onUpdateForm	参数 1/ 长整型：服务卡片的 ID	无	如果卡片支持更新，则当卡片触发更新时会回调此方法

本小节主要关注 onCreateForm 方法的使用，当用户请求使用服务卡片时，对应的应用程序会启动并调用 onCreateForm 方法，并在 Intent 参数中获取所需的卡片信息，例如：

```
// 获取服务卡片的 ID
long formId = intent.getLongParam(AbilitySlice.PARAM_FORM_IDENTITY_KEY, -1);
// 获取服务卡片的名称
String formName = intent.getStringParam(AbilitySlice.PARAM_FORM_NAME_KEY);
// 获取要创建的服务卡片的尺寸模式
int dimension = intent.getIntParam(AbilitySlice.PARAM_FORM_DIMENSION_KEY, 2);
// 获取用户设置的自定义数据
IntentParams intentParams = intent.getParam(AbilitySlice.PARAM_FORM_CUSTOMIZE_KEY);
```

onCreateForm 方法需要返回 ProviderFormInfo 实例，此对象用来具体配置要展示的服务卡片尺寸和服务卡片中要展示的数据。

例如，修改服务卡片的布局文件，为文本组件增加 ID 标识，代码如下：

```
<?xml version="1.0" encoding="utf-8"?>
<DependentLayout
    xmlns:ohos="http://schemas.huawei.com/res/ohos"
    ohos:height="match_parent"
```

```
ohos:width="match_parent"
ohos:background_element="#FFFFFFFF"
ohos:remote="true">
<DependentLayout
    ohos:height="80vp"
    ohos:width="126vp"
    ohos:horizontal_center="true"
    ohos:top_margin="17vp">
    <Image
        ohos:height="match_parent"
        ohos:width="match_parent"
        ohos:image_src="$media:form_image_with_info_widget_default_image_2"
        ohos:scale_mode="stretch"/>
</DependentLayout>
<DirectionalLayout
    ohos:height="match_content"
    ohos:width="126vp"
    ohos:align_parent_bottom="true"
    ohos:bottom_margin="12vp"
    ohos:horizontal_center="true"
    ohos:orientation="vertical">
    <Text
        ohos:id="$+id:widget_titlt_text"
        ohos:height="match_content"
        ohos:width="match_parent"
        ohos:text="$string:widget_title"
        ohos:text_color="#E5000000"
        ohos:text_size="16fp"
        ohos:text_weight="500"
        ohos:truncation_mode="ellipsis_at_end"/>
    <Text
        ohos:id="$+id:widget_titlt_desc"
        ohos:height="match_content"
        ohos:width="match_parent"
        ohos:text="$string:widget_introduction"
```

9

```
            ohos:text_color="#99000000"
            ohos:text_size="12fp"
            ohos:text_weight="400"
            ohos:top_margin="2vp"
            ohos:truncation_mode="ellipsis_at_end"/>
    </DirectionalLayout>
</DependentLayout>
```

在 MainAbility 中完整实现 onCreateForm 方法的代码如下：

```
@Override
protected ProviderFormInfo onCreateForm(Intent intent) {
    // 获取服务卡片的 ID、name 和尺寸模式
    long formId = intent.getLongParam(AbilitySlice.PARAM_FORM_IDENTITY_KEY,
                                    INVALID_FORM_ID);
    String formName = intent.getStringParam(AbilitySlice.PARAM_FORM_NAME_KEY);
    int dimension = intent.getIntParam(AbilitySlice.PARAM_FORM_DIMENSION_KEY,
                                    DEFAULT_DIMENSION_2X2);
    // 通过尺寸模式创建 ProviderFormInfo 实例，绑定布局文件
    ProviderFormInfo formInfo = new ProviderFormInfo(ResourceTable.Layout_
                            form_image_with_info_widget_2_2, this);
    // 获取组件管理器
    ComponentProvider componentProvider = formInfo.getComponentProvider();
    // 对服务卡片上的文本组件进行赋值
    componentProvider.setText(ResourceTable.Id_widget_titlt_text, "自定义卡片标题");
    componentProvider.setText(ResourceTable.Id_widget_titlt_desc, "自定义卡片描
                            述文案");
    formInfo.mergeActions(componentProvider);
    return formInfo;
}
```

需要注意，服务卡片的相关回调目前只在真机中有效，需要使用搭载 HarmonyOS 的真机设备进行测试。如果没有对应的设备，则可以使用远程真机设备。在 DevEco Studio 的 Device Manager 页面中选择 Remote Device 即可，如图 9.9 所示。

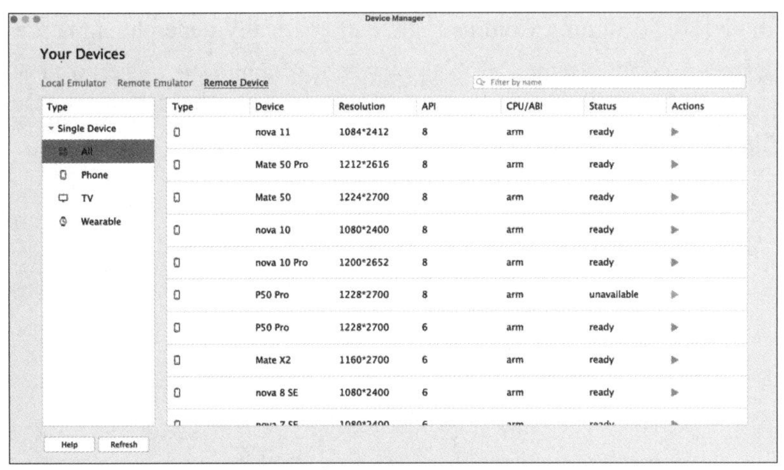

图 9.9　申请远程真机设备

连接真机后，如果需要将当前测试应用安装进去，还应配置签名。简单起见，选择自动配置签名信息，选择 File->Project Structure 选项，如图 9.10 所示。

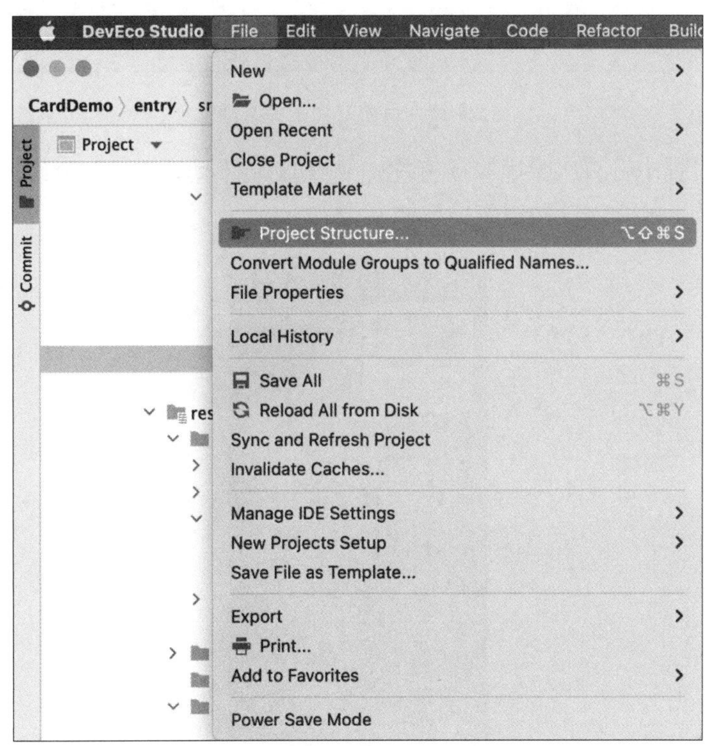

图 9.10　选择 Project Structure 选项

在弹出的窗口中勾选 Signing Configs 中的 Automatically generate signature 复选框，只要登录华为开发者账号，DecEco Studio 会自动完成签名文件的配置，如图 9.11 所示。

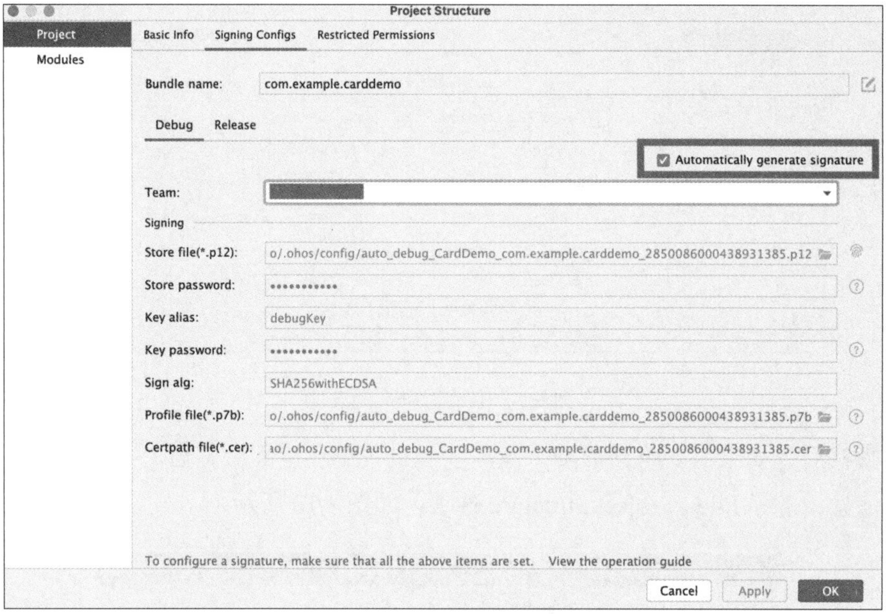

Project Structure
Project
Modules
Basic Info　Signing Configs　Restricted Permissions
Bundle name: com.example.carddemo
Debug　Release
Automatically generate signature
Team:
Signing
Store file(*.p12): o/.ohos/config/auto_debug_CardDemo_com.example.carddemo_2850086000438931385.p12
Store password: ••••••••••••
Key alias: debugKey
Key password: ••••••••••••
Sign alg: SHA256withECDSA
Profile file(*.p7b): o/.ohos/config/auto_debug_CardDemo_com.example.carddemo_2850086000438931385.p7b
Certpath file(*.cer): ıo/.ohos/config/auto_debug_CardDemo_com.example.carddemo_2850086000438931385.cer
To configure a signature, make sure that all the above items are set.　View the operation guide
Cancel　Apply　OK

图 9.11　自动配置签名文件

在真机运行过程中，再次唤出服务卡片，对应的 onCreateForm 方法会被执行，可以看到页面中的服务卡片上的文本已经更新，如图 9.12 所示。

图 9.12　自定义服务卡片数据

9.2.3 服务卡片的更新与删除

服务卡片一旦注册到系统，并且配置了周期性更新规则，当触发更新条件时，就会提醒提供方进行数据更新。需要注意，服务卡片的宿主应用往往都不是常驻的服务，服务卡片更新过程中不会再调用 onCreateForm 方法，因此，需要在调用 onCreateForm 方法时对服务卡片的信息进行更新，主要是对服务卡片的名称、尺寸模式和标识 ID 进行存储。当服务卡片需要更新时，可以通过 ID 值来获取具体要更新的服务卡片。

首先，定义一个存储方法，在创建服务卡片时调用，代码如下：

```
public void createFormToSave(long formId, String formName, int dimension) {
    // 数据有效性判断
    if (formId < 0 || formName.isEmpty()) {
        return;
    }
    // 数据库帮助类实例
    DatabaseHelper databaseHelper = new DatabaseHelper(getApplicationContext());
    // 获取 Preferences 实例
    Preferences preferences = databaseHelper.getPreferences("form_info_sp");
    if (preferences != null) {
        // 定义 JSON 对象进行存储
        ZSONObject formObj = new ZSONObject();
        formObj.put( “name” , formName);
        formObj.put( “type” , dimension);
        preferences.putString(Long.toString(formId), ZSONObject.toZSONString(formObj));
        preferences.flushSync();
    }
}
```

当触发服务卡片更新条件时，需要从持久化的数据中获取服务卡片信息，对应的定义读取数据的方法如下：

```
public ZSONObject getForm(long formId) {
    // 数据库帮助类实例
    DatabaseHelper databaseHelper = new DatabaseHelper(getApplicationContext());
    // 获取 Preferences 实例
    Preferences preferences = databaseHelper.getPreferences("form_info_sp");
```

```
    // 获取存储的所有服务卡片数据
    Map<String, ?> forms = preferences.getAll();
    String formIdString = Long.toString(formId);
    // 读取 JSON 对象返回
    return ZSONObject.stringToZSON((String) forms.get(formIdString));
}
```

完整的 onUpdateForm 方法实现如下：

```
@Override
protected void onUpdateForm(long formId) {
    super.onUpdateForm(formId);
    ComponentProvider componentProvider = new ComponentProvider(ResourceTable.
    Layout_form_image_with_info_widget_2_2, this);
    // 获取服务卡片实例需要更新的服务卡片数据，对服务卡片进行更新
    ZSONObject object = getForm(formId);
    componentProvider.setText(ResourceTable.Id_widget_titlt_desc, "更新后的描述文案");
    try {
        // 调用 updateForm 方法来更新服务卡片
        updateForm(formId, componentProvider);
    } catch (FormException e) {
        e.printStackTrace();
    }
}
```

记得在 onCreateForm 方法中调用 createFormToSave 存储服务卡片数据。

9

onDeleteForm 方法在服务卡片被用户删除时调用，对应地，覆写此方法来删除本地持久化的服务卡片数据，示例如下：

```
@Override
protected void onDeleteForm(long formId) {
    super.onDeleteForm(formId);
    deleteForm(formId);
}
public void deleteForm(long formId) {
    // 数据库帮助类实例
    DatabaseHelper databaseHelper = new DatabaseHelper(getApplicationContext());
    // 获取 Preferences 实例
```

```
    Preferences preferences = databaseHelper.getPreferences("form_info_sp");
    preferences.delete(Long.toString(formId));
    preferences.flushSync();
}
```

9.2.4 服务卡片的跳转

用户在桌面单击服务卡片时，会直接唤醒应用程序，服务卡片的一部分功能是提供快捷功能入口。当用户通过服务卡片打开应用程序时，Ability 的 onStart 方法会传递一些特殊的参数，通过识别这些参数，来控制跳转到指定的功能模块。

通过 onStart 方法 Intent 参数中的 "ohos.extra.param.key.form_identity" 字段来读取服务卡片的 ID（如果是从服务卡片跳转进来的），例如：

```
@Override
public void onStart(Intent intent) {
    super.onStart(intent);
    super.setMainRoute(MainAbilitySlice.class.getName());
    long formId = intent.getLongParam(AbilitySlice.PARAM_FORM_IDENTITY_KEY, -1);
    if (formId != -1) {
        // 说明是从某个服务卡片跳转进来的，自定义处理要展示的 AbilitySlice 逻辑
        // ...
    }
}
```

对于不需要周期性更新的服务卡片来说，也可以选择当用户从服务卡片唤醒应用程序时进行服务卡片的数据更新，这时只要知道服务卡片的标识 ID，就可以通过 Ability 实例调用 updateForm 方法对服务卡片进行数据更新。例如，在页面中添加一个更新按钮，修改 ability_main.xml 布局文件如下：

```
<?xml version="1.0" encoding="utf-8"?>
<DirectionalLayout
    xmlns:ohos="http://schemas.huawei.com/res/ohos"
    ohos:height="match_parent"
    ohos:width="match_parent"
    ohos:alignment="center"
    ohos:orientation="vertical">
```

```
    <Text
        ohos:id="$+id:text_helloworld"
        ohos:height="match_content"
        ohos:width="match_content"
        ohos:background_element="$graphic:background_ability_main"
        ohos:layout_alignment="horizontal_center"
        ohos:text=" 更新服务卡片 "
        ohos:text_size="40vp"
        />
</DirectionalLayout>
```

修改 MainAbilitySlice 中的代码，定义按钮的单击事件，onStart 方法如下：

```
@Override
public void onStart(Intent intent) {
    super.onStart(intent);
    super.setUIContent(ResourceTable.Layout_ability_main);
    // 获取 Text 组件
    Text text = (Text) findComponentById(ResourceTable.Id_text_helloworld);
    // 设置用户单击的交互方法
    text.setClickedListener(new Component.ClickedListener() {
        @Override
        public void onClick(Component component) {
            // 从 Ability 获取跳转进来的服务卡片 ID
            long formCardId =  ((MainAbility) getAbility()).formId;
            if (formCardId != -1) {
                // 进行数据更新
                ProviderFormInfo formInfo = new ProviderFormInfo(ResourceTable.
                Layout_form_image_with_info_widget_2_2, getContext());
                ComponentProvider componentProvider = formInfo.
                getComponentProvider();
                componentProvider.setText(ResourceTable.Id_widget_titlt_text,
                " 更新后的卡片标题 ");
                componentProvider.setText(ResourceTable.Id_widget_titlt_desc,
                " 更新后的卡片描述文案 ");
                try {
                    getAbility().updateForm(formCardId, componentProvider);
```

9

```
                } catch (FormException e) {
                    e.printStackTrace();
                }
            }
        }
    });
}
```

对应地，修改 MainAbility 类的 onStart 方法如下：

```
// 此属性用来存储跳转进来的服务卡片标识
public long formId = -1;
@Override
public void onStart(Intent intent) {
    super.onStart(intent);
    super.setMainRoute(MainAbilitySlice.class.getName());
    formId = intent.getLongParam(AbilitySlice.PARAM_FORM_IDENTITY_KEY, -1);
}
```

运行代码，尝试通过服务卡片唤醒应用，并通过单击应用中的按钮对服务卡片的数据进行更新，如图 9.13 所示。

图 9.13　主动更新服务卡片的数据

9.3 内容回顾

本章主要介绍了如何开发 HarmonyOS 中的服务卡片，服务卡片使用简单，开发过程也很简洁，并且它支持主动和被动两种更新方式。对于生活服务类的应用，服务卡片可以增强用户体验，提高用户对应用的使用频率。

1. 如何开发一款服务卡片？开发服务卡片的基本流程是怎样的？

温馨提示： 服务卡片需要绑定到一个具体的宿主应用，以及绑定到一个具体的 Ability 上，开发服务卡片的大致过程概括如下：

（1）在 config.json 文件中添加服务卡片的声明，进行类型配置等。

（2）在对应的 Ability 中覆写服务卡片相关的方法，主要包括卡片创建、卡片更新和卡片删除的回调方法，为卡片的渲染提供数据支持。

（3）处理卡片跳转逻辑以及主动更新逻辑。

2. 服务卡片有哪些应用场景？

温馨提示： 某个功能模块是否适合提供服务卡片，有以下几个判断标准：

（1）功能是独立闭环的，如快捷支付、扫码等。

（2）功能使用频率高并且无须复杂的前置操作。

（3）某些提供信息的功能，且可周期性更新信息。

（4）根据用户的使用习惯来定义功能的入口优先级。

第 10 章

应用安全与 AI 能力

HarmonyOS 系统非常注重应用的安全性，应用的安全性中最主要的部分便是指隐私安全。作为应用开发者，需要切实地保护用户的数据隐私和行为隐私，保障应用数据不被其他方恶意获取和攻击。

HarmonyOS 也内置了许多 AI 能力，如二维码生成、文字识别、语音识别和意图识别等。这些功能已经封装了框架模块，开发者可以直接使用。在某些应用场景下，引入这些 AI 能力能够让应用程序变得更“聪明”，从而为用户带来更加惊艳的使用体验。

本章将介绍 HarmonyOS 中有关隐私安全和 AI 能力的内容。安全相关的内容本身很简单，却是商业应用必不可少的一部分；AI 能力使用起来也很简单，却可以让应用程序拥有非常强大的“智能”。

通过本章，将学习以下知识点：

- 权限系统的工作原理。
- 系统预定义的权限以及自定义权限。
- 使用生物识别技术增强应用的安全性。
- 在应用内生成二维码。
- 对图片中的文字进行识别。

10.1 应用安全

应用安全主要是指用户的数据安全和用户的行为安全。数据安全主要靠权限系统来保证，通过权限的授予，用户可以明确知道应用使用了哪些数据，将哪些敏感数据的权限授予应用。行为安全是指应用执行敏感行为时，对操作的用户进行认证识别，如金融类应用的转账、敏感信息查看等。

10.1.1 了解权限系统

HarmonyOS 有着比较严格的权限系统，这虽然给应用的开发者和使用者带来了一些限制，却极大地增强了用户数据安全。

首先，系统通过沙盒机制来对应用程序进行资源隔离。简单来说，将系统理解为一个大的空间，每安装一个应用程序，系统都会为其分配一个盒子，并将此应用程序放入这个盒子内。通常来说，每个应用程序只能访问自己盒子内的资源，无法访问盒子外部的资源，盒子内部和盒子外部是隔离的，且每个盒子之间也是隔离的。这样，某些恶意的应用程序便不能对系统造成危险，也无法攻击其他的应用程序。当然，有时应用程序之间确实需要进行数据交互，对于这种正常的数据访问，HarmonyOS 也提供了扩展能力，这就好比在盒子与盒子之间建立了受信任的安全通道，在此安全通道的基础上数据进行互相访问是允许的。这就是用户权限系统的作用。

应用权限是指程序对某些数据或功能的访问许可。所有受保护的数据被访问时都需要权限的认证。所谓受保护的数据包括用户的相册数据、通讯录数据、日历日程数据、位置信息数据，还有与设备的硬件相关的数据，如相机的使用、麦克风的使用、设备标识符的使用，以及调用设备的打电话功能、发短信功能等。其中涉及用户的敏感数据，除了要声明使用权限外，还需要显式地获取用户的授权，后面会具体介绍。

需要注意，对应用程序声明权限时，须遵守最小必要原则，即申请最少的权限来满足应用程序的核心功能正常运行。例如，对于 K 歌类的应用程序，声明录音权限是必要的，相机权限则是不必要的。

系统本身定义的权限可以满足应用的基本需要，若有应用间互相访问的需求，则通常需要通过自定义权限来实现。权限的声明和定义都在 config.json 文件中进行配置，配置的权限需要遵守以下几个原则：

- 同一个应用的自定义权限个数不能超过 1024 个。
- 同一个应用申请权限的个数不能超过 1024 个。

- 自定义权限的名称不能以 ohos 开头（避免与系统权限冲突），且权限的命名长度不能超过 256 个字符。
- 自定义权限的授予方式不能是 user_grant 方法。
- 自定义权限的开放范围不能是 restricted 模式。

关于权限的授予方式和开放范围，后面会做具体介绍。

10.1.2　权限的申请与定义

权限的申请在前面的章节中已有涉及，对于需要使用权限的功能，开发者需要在 config.json 文件下的 reqPermissions 选项中进行配置，以相机权限为例，配置如下：

```
{
    "module": {
        "reqPermissions": [
            {
                "name": "ohos.permission.CAMERA",
                "reason": "使用权限的原因说明",
                "usedScene":
                {
                    "ability": ["AbilityA", "AbilityB"],
                    "when": "always"
                }
            }
        ]
    }
}
```

以 reqPermissions 选项配置为列表，列表中元素的个数不能超过 1024 个。每个元素的结构见表 10.1。

表 10.1　reqPermissions 配置列表中元素的结构

字段名	类型	意　义
name	字符串	必填项，要声明的权限的名称
reason	字符串	当申请权限的授予方式为 user_grant 时必选，用来描述使用对应功能或数据的原因

续表

字段名	类型	意　义

usedScene	对象，结构为 {
	ability：字符串列表
	when：字符串
	}
		用来描述权限的使用场景。对于授予方式为 user_grant 的权限，ability 必填，指定使用权限的 Ability 场景；when 选项设置权限的使用方法，包括：
		● inuse：使用时授予权限。
		● always：始终授予权限

表 10.1 中的 reason 字段是否必填与声明权限的授予方式有关，其实任何权限在定义时就会明确授予方式，当一个权限被定义时，所定义的内容包含表 10.2 所列的字段。

表 10.2　字段

字段名	类　型	意　义
name	字符串	权限的名称
grantMode	字符串	授予方式，可选： ● user_grant：需要用户授予。 ● system_grant：需要系统授予
availableScope	字符串列表	设置权限的限制范围，如果不填，则表示对所有应用开发使用。如果填，可选： ● restricted：需要开发者申请对应证书才能使用。 ● signature：定义方和使用方必须签名一致才能使用。 ● privileged：预置在系统中的特权应用申请使用
label	字符串	权限的简单描述
description	字符串	权限的详细描述

自定义权限的操作很简单，在 config.json 文件中新增 defPermissions 字段即可，其需要配置为列表，列表中的元素可以通过表 10.2 中的字段进行定义，例如：

```
{
    "module": {
        "defPermissions": [
            {
                "name": "com.myability.permission.MYPERMISSION",
                "grantMode": "system_grant",
                "availableScope": ["signature"]
            }
        ]
```

```
    }
}
```

在定义 grantMode 字段时，如果设置为 system_grant 模式，则在应用安装后，系统会自动授予其对应权限；如果设置为 user_grant 模式，则需要在应用使用相关的功能场景时，向用户申请权限，由用户决定是否授予。

也可以指定某个 Ability 被保护，被保护的 Ability 只有在应用拥有对应的权限时才能访问，在 config.json 文件中的配置示例如下：

```
"abilities": [
    {
        "name": ".MainAbility",
        "description": "$string:description_main_ability",
        "icon": "$media:helloworld",
        "label": "HelloWorld",
        "launchType": "standard",
        "orientation": "portrait",
        "visible": false,
        "permissions": [
            "ohos.permission.CAMERA"
        ],
    }
]
```

上面的配置将保护 MainAbility，只有当应用拥有 ohos.permission.CAMERA 权限时才能访问此 Ability。

编写代码时，如果需要根据授权情况分别处理逻辑，则使用 verifyCallingPermission 方法进行权限检查，例如：

```
// 检查是否被授予了权限

if (verifyCallingPermission("ohos.permission.CAMERA") != IBundleManager.
                                                    PERMISSION_GRANTED) {
    // 调用者无权限，做错误处理
}
// 调用者有权限
```

对于需要用户授权的权限，当检查到未授权时，需要主动请求用户授权，完整的请求授权的代码如下：

```
// 检查是否授予了相机使用权限
if (verifySelfPermission("ohos.permission.CAMERA") != IBundleManager.
                          PERMISSION_GRANTED) {
    // 应用未被授予权限，检查是否请求权限
    if (canRequestPermission("ohos.permission.CAMERA")) {
        // 进行权限的申请
        requestPermissionsFromUser(
                new String[] { "ohos.permission.CAMERA" }, requestId);
    } else {
        // 无法再主动请求用户授权，提示用户自己设置授予
    }
} else {
    // 权限已被授予
}
```

需要注意，requestPermissionsFromUser 方法只有在用户未作出过明确选择时有效，如果用户拒绝授予，则之后不能再主动进行权限的申请，这样设计的好处在于不会对用户造成频繁的打扰。上面示例代码中的 requestId 参数是自定义的字符串，其用来对当次请求进行标记。调用 requestPermissionsFromUser 方法之后，如果用户做了选择，则会回调 Ability 的 onRequestPermissionsFromUserResult 方法，在此方法中获取用户的授权结果完成后续业务逻辑，如下：

```
@Override
public void onRequestPermissionsFromUserResult (int requestCode, String[]
permissions, int[] grantResults) {
    switch (requestCode) {
        case requestId: {
            // 匹配到对应的授权请求
            if (grantResults.length > 0
                && grantResults[0] == IBundleManager.PERMISSION_GRANTED) {
                // 权限被授予，做后续业务逻辑


            } else {
                // 权限被拒绝
            }
```

10

```
            return;
        }
    }
}
```

10.1.3 系统预定义的权限

HarmonyOS 系统本身预定义了许多权限，可分为敏感权限和非敏感权限。敏感权限需要 user_grant 授权权限。在开发者模式中，可以查看表 10.3 和表 10.4 来确认要使用的权限类别。

表 10.3 敏感权限

权限名	意 义
ohos.permission.LOCATION	获取用户位置信息权限
ohos.permission.LOCATION_IN_BACKGROUND	获取在后台持续获取用户位置信息的权限，首先需要有 ohos.permission.LOCATION 权限
ohos.permission.CAMERA	使用设备相机拍摄权限
ohos.permission.MICROPHONE	使用麦克风录音权限
ohos.permission.READ_CALENDAR	读取用户日历信息权限
ohos.permission.WRITE_CALENDAR	修改、添加与删除用户日历数据的权限
ohos.permission.ACTIVITY_MOTION	获取用户运动状态的权限
ohos.permission.READ_HEALTH_DATA	获取用户健康数据的权限
ohos.permission.DISTRIBUTED_DATASYNC	允许不同设备间数据交换的权限
ohos.permission.DISTRIBUTED_DATA	允许应用使用分布式数据能力的权限
ohos.permission.MEDIA_LOCATION	获取访问用户媒体文件中地理位置信息的权限
ohos.permission.READ_MEDIA	允许读取外部存储中的媒体文件的权限
ohos.permission.WRITE_MEDIA	允许修改外部存储中的媒体文件的权限

表 10.4 非敏感权限

权限名	意 义
ohos.permission.GET_NETWORK_INFO	获取网络信息权限
ohos.permission.GET_WIFI_INFO	获取 WLAN 信息权限
ohos.permission.USE_BLUETOOTH	查看蓝牙配置权限

续表

权限名	意　义
ohos.permission.DISCOVER_BLUETOOTH	允许配置本地蓝牙的权限
ohos.permission.SET_NETWORK_INFO	允许配置网络信息的权限
ohos.permission.SET_WIFI_INFO	允许配置 WLAN 信息的权限
ohos.permission.SPREAD_STATUS_BAR	允许在状态栏上展示应用图标的权限
ohos.permission.INTERNET	允许使用网络 Socket 的权限
ohos.permission.MODIFY_AUDIO_SETTINGS	修改音频设置的权限
ohos.permission.RECEIVER_STARTUP_COMPLETED	接收设备启动完成广播的权限
ohos.permission.RUNNING_LOCK	休眠运行锁执行操作权限
ohos.permission.ACCESS_BIOMETRIC	生物识别进行身份认证权限
ohos.permission.RCV_NFC_TRANSACTION_EVENT	接收 NFC 事件权限
ohos.permission.COMMONEVENT_STICKY	发布公共剪贴板事件权限
ohos.permission.SYSTEM_FLOAT_WINDOW	系统悬浮窗能力权限
ohos.permission.VIBRATE	使用震动权限
ohos.permission.USE_TRUSTCIRCLE_MANAGER	调用设备间认证能力权限
ohos.permission.USE_WHOLE_SCREEN	全屏使用权限
ohos.permission.SET_WALLPAPER	设置壁纸权限
ohos.permission.SET_WALLPAPER_DIMENSION	设置壁纸尺寸权限
ohos.permission.REARRANGE_MISSIONS	调整任务栈权限
ohos.permission.CLEAN_BACKGROUND_PROCESSES	清理后台进程权限
ohos.permission.KEEP_BACKGROUND_RUNNING	服务后台运行权限
ohos.permission.GET_BUNDLE_INFO	查询其他应用信息权限
ohos.permission.ACCELEROMETER	读取速度传感器数据权限
ohos.permission.GYROSCOPE	读取陀螺仪传感器数据权限
ohos.permission.MULTIMODAL_INTERACTIVE	订阅语音或手势事件权限
ohos.permission.radio.ACCESS_FM_AM	获取收音机相关服务权限
ohos.permission.NFC_TAG	读写 NFC 卡片的权限
ohos.permission.NFC_CARD_EMULATION	模拟 NFC 卡片功能权限

10.1.4　生物特征识别验证

生物特征识别验证是系统层面提供的一种安全认证方式。使用的手机一般都会有锁定功能，可通过输入手势密码或进行人脸识别等方式来解锁。在开发应用时，如果需要保障用户某些敏感操作的安全，则也要使用系统的这些认证能力。

要使用生物特征识别验证，首先需要申请如下权限：

```
"reqPermissions": [{"name": "ohos.permission.ACCESS_BIOMETRIC"}]
```

生物特征识别相关接口封装在 BiometricAuthentication 模块中，使用非常简单。新建一个命名为 AuthDemo 的示例工程，修改 MainAbility 类中的代码如下：

```
// 包名和模块引入
package com.example.authdemo;
import com.example.authdemo.slice.MainAbilitySlice;
import ohos.aafwk.ability.Ability;
import ohos.aafwk.content.Intent;
import ohos.biometrics.authentication.BiometricAuthentication;
import ohos.biometrics.authentication.IFaceAuthentication;
public class MainAbility extends Ability {
    @Override
    public void onStart(Intent intent) {
        super.onStart(intent);
        super.setMainRoute(MainAbilitySlice.class.getName());

        try {
            // 获取生物特征识别验证实例
            BiometricAuthentication biometricAuthentication = BiometricAuthentication.
            getInstance(this);
            // 检查是否有生物特征识别验证能力
            int canAuth = biometricAuthentication.checkAuthenticationAvailab
            ility(BiometricAuthentication.AuthType.AUTH_TYPE_BIOMETRIC_FACE_
            ONLY, BiometricAuthentication.SecureLevel.SECURE_LEVEL_S2, true);
            // 如果支持识别验证能力
            if (canAuth == BiometricAuthentication.BA_CHECK_SUPPORTED) {
                new Thread(new Runnable() {
```

```
                    @Override
                    public void run() {
                        // 执行验证动作
                        int code = biometricAuthentication.execAuthenticationAction(
                                BiometricAuthentication.AuthType.AUTH_TYPE_
                                BIOMETRIC_FACE_ONLY,
                                BiometricAuthentication.SecureLevel.SECURE_
                                LEVEL_S2, true, false, null);
                        if (code == IFaceAuthentication.FaceAuthResultCode.
                                  FACE_AUTH_RESULT_SUCESS) {
                            // 验证成功，做后续业务逻辑
                        }
                        // 获取提示信息
                        BiometricAuthentication.AuthenticationTips tips =
                        biometricAuthentication.getAuthenticationTips();
                    }
                }).start();
            }
        } catch (IllegalAccessException e) {
            e.printStackTrace();
        }
    }
}
```

上面的代码演示了完整的人脸识别验证流程，其中，checkAuthenticationAvailability 方法用来检查某种验证方式是否可用。其第 1 个参数为 AuthType 类型，用来指定要验证的类型；第 2 个参数为 SecureLevel 类型，用来设置验证的安全等级；第 3 个参数为布尔型，用来设置是否采用本地验证的方式。

AuthType 是枚举类型，枚举值如下：

```
public static enum AuthType {
    // 所有认证方式
    AUTH_TYPE_BIOMETRIC_ALL,
    // 仅使用指纹验证
    AUTH_TYPE_BIOMETRIC_FINGERPRINT_ONLY,
    // 仅使用人脸识别验证
```

```
    AUTH_TYPE_BIOMETRIC_FACE_ONLY;
}
```

SecureLevel 设置安全等级，枚举值如下：

```
public static enum SecureLevel {
    // 安全等级低
    SECURE_LEVEL_S1,
    // 安全等级中等
    SECURE_LEVEL_S2,
    // 安全等级高
    SECURE_LEVEL_S3,
    // 安全等级最高
    SECURE_LEVEL_S4;
}
```

checkAuthenticationAvailability 方法执行后，会返回一个整型数值，可以通过此值判断是否支持对应的验证方式，BiometricAuthentication 中对此值可能的结果进行了定义，如下：

```
// 不支持认证方式
public static final int BA_CHECK_AUTH_TYPE_NOT_SUPPORT = 1;
// 不支持所检查的部分认证方式
public static final int BA_CHECK_DISTRIBUTED_AUTH_NOT_SUPPORT = 3;
// 用户未注册对应认证方式
public static final int BA_CHECK_NOT_ENROLLED = 4;
// 不支持所检查的安全等级
public static final int BA_CHECK_SECURE_LEVEL_NOT_SUPPORT = 2;
// 支持所检查的认证方式
public static final int BA_CHECK_SUPPORTED = 0;
// 检查操作不可用
public static final int BA_CHECK_UNAVAILABLE = 5;
```

认证方式检查通过后，调用 execAuthenticationAction 方法来执行认证操作，此方法的前 3 个参数与 checkAuthenticationAvailability 方法完全一样，第 4 个参数为布尔型，用来设置是否使用自定义的认证提示框，第 5 个参数为 SystemAuthDialogInfo 类型，用来对自定义的认证提示框进行配置。SystemAuthDialogInfo 配置在进行用户认证时弹出的提示框部分可配置项列举见表 10.5。

表 10.5　SystemAuthDialogInfo 类的配置项属性

属性名	类　型	意　义
authDescription	字符串	认证提示框显示的描述文案
authTitle	字符串	认证提示框显示的标题
customButtonText	字符串	认证提示框上按钮显示的文本

需要注意，调用 execAuthenticationAction 方法后会阻塞当前线程，用户的生物识别认证是需要一个过程的，因此，需要开启一个单独的线程来执行此方法。execAuthenticationAction 方法也会返回一个整型数值，用来告知认证结果，定义如下：

```
public static class FaceAuthResultCode {
    // 设备不支持认证
    public static final int FACE_AUTH_NOT_SUPPORT = -1;
    // 认证服务忙，稍后重试
    public static final int FACE_AUTH_RESULT_BUSY = 5;
    // 开启相机失败
    public static final int FACE_AUTH_RESULT_CAMERA_FAIL = 4;
    // 认证被取消
    public static final int FACE_AUTH_RESULT_CANCELED = 2;
    // 认证不通过
    public static final int FACE_AUTH_RESULT_COMPARE_FAILURE = 1;
    // 认证异常
    public static final int FACE_AUTH_RESULT_GENERAL_ERROR = 100;
    // 无效的参数
    public static final int FACE_AUTH_RESULT_INVALID_PARAMETERS = 6;
    // 认证被锁定
    public static final int FACE_AUTH_RESULT_LOCKED = 7;
    // 人脸信息未录入
    public static final int FACE_AUTH_RESULT_NOT_ENROLLED = 8;
    // 认证成功
    public static final int FACE_AUTH_RESULT_SUCCESS = 0;
    // 认证超时
    public static final int FACE_AUTH_RESULT_TIMEOUT = 3;
}
```

有时，人脸识别认证是否成功也取决于用户当时所处的环境，在认证过程中，通过 getAuthenticationTips 方法来获取当前的识别情况，从而给用户提示，此方法会返回 AuthenticationTips 类型的实例，此类中封装的有用属性见表 10.6。

表 10.6　AuthenticationTips 类中封装的有用属性

属性名	类　型	意　义
errorCode	整型	错误码
tipInfo	字符串	可读的提示字符串

其中，错误码的定义如下，比较明确地对失败的原因进行了划分：

```
public static class FaceAuthTipsCode {
    // 认证过程中未检测到人脸
    public static final int FACE_AUTH_TIP_NOT_DETECTED = 11;
    // 认证过程中人脸未面向设备
    public static final int FACE_AUTH_TIP_POOR_GAZE = 10;
    // 认证过程中环境亮度过高
    public static final int FACE_AUTH_TIP_TOO_BRIGHT = 1;
    // 认证过程中人脸离设备太近
    public static final int FACE_AUTH_TIP_TOO_CLOSE = 3;
    // 认证过程中环境亮度太低
    public static final int FACE_AUTH_TIP_TOO_DARK = 2;
    // 认证过程中人脸离设备太远
    public static final int FACE_AUTH_TIP_TOO_FAR = 4;
    // 认证过程中设备过高，人脸无法捕获完整
    public static final int FACE_AUTH_TIP_TOO_HIGH = 5;
    // 认证过程中设备偏左，人脸无法捕获完整
    public static final int FACE_AUTH_TIP_TOO_LEFT = 8;
    // 认证过程中设备过低，人脸无法捕获完整
    public static final int FACE_AUTH_TIP_TOO_LOW = 6;
    // 认证过程中，人脸移动过快
    public static final int FACE_AUTH_TIP_TOO_MUCH_MOTION = 9;
    // 认证过程中设备偏右，人脸无法捕获完整
    public static final int FACE_AUTH_TIP_TOO_RIGHT = 7;
}
```

通过 AuthenticationTips 对象，可以很好地指导用户进行识别认证，提高成功率。

10.2 HarmonyOS 中的 AI 能力

如果没有框架的支持，实现与 AI 相关的能力一般都非常复杂。以基础的二维码生成为例，仅使用简单的绘图技术自行绘制二维码是非常困难的。因此，在这一过程中，开发者不仅需要熟稔二维码的生成算法，还要有非常精湛的图片绘制能力。HarmonyOS 系统本身为开发者准备了许多强大的 AI 能力模块，使用这些框架，可以灵活、简单地选择要使用的 AI 能力，开箱即用，非常方便。

本节主要介绍如何在应用中生成二维码和对图片中的文本进行识别。

10.2.1 生成二维码

HarmonyOS 系统中的 AI 功能模块提供了二维码生成的能力，并使用 IBarcodeDetector 相关接口来实现。下面通过一个例子来体验使用其生成二维码的整体流程。

首先新建一个示例工程，修改 ability_main.xml 布局文件，添加一个 Image 组件用来展示生成的二维码图片，代码如下：

```
<?xml version="1.0" encoding="utf-8"?>
<DirectionalLayout
    xmlns:ohos="http://schemas.huawei.com/res/ohos"
    ohos:height="match_parent"
    ohos:width="match_parent"
    ohos:alignment="center"
    ohos:orientation="vertical">
    <Image ohos:id="$+id:image"
        ohos:height="152vp"
        ohos:width="152vp"
        ohos:background_element="#f1f1f1"
        ohos:scale_mode="stretch">
    </Image>
</DirectionalLayout>
```

修改 MainAbilitySlice 中的代码如下：

```
// 包名和模块引入
package com.example.codedemo.slice;
import com.example.codedemo.ResourceTable;
```

```
import ohos.aafwk.ability.AbilitySlice;
import ohos.aafwk.content.Intent;
import ohos.agp.components.Image;
import ohos.ai.cv.common.ConnectionCallback;
import ohos.ai.cv.common.VisionManager;
import ohos.ai.cv.qrcode.IBarcodeDetector;
import ohos.media.image.ImageSource;
import ohos.media.image.PixelMap;
import ohos.media.image.common.PixelFormat;
import java.io.ByteArrayInputStream;
import java.io.InputStream;
// 类实现
public class MainAbilitySlice extends AbilitySlice {
    // 连接服务的回调对象
    ConnectionCallback connectionCallback;
    @Override
    public void onStart(Intent intent) {
        super.onStart(intent);
        super.setUIContent(ResourceTable.Layout_ability_main);
        Image image = (Image) findComponentById(ResourceTable.Id_image);
        // 创建连接服务回调对象
        connectionCallback = new ConnectionCallback() {
            // 服务连接完成后会回调此方法
            @Override
            public void onServiceConnect() {
                // 获取二维码生成器工具类
                IBarcodeDetector barcodeDetector = VisionManager.getBarcodeDe
                tector(MainAbilitySlice.this);
                // 定义字节数组用来存储图片数据，这里定义图片的尺寸为 152*152，
                // 每个像素由 ARGB4 个值构成
                byte[] bytes = new byte[152 * 152 * 4];
                // 进行二维码的生成
                barcodeDetector.detect("二维码内容", bytes, 152, 152);
                // 将字节数组读取成数据流
                InputStream inputStream = new ByteArrayInputStream(bytes);
                // 通过数据流来创建图片资源对象
```

```
                ImageSource imageSource = ImageSource.create(inputStream,null);
                // 图片解码配置
                ImageSource.DecodingOptions decodingOpts = new ImageSource.
                                                        DecodingOptions();
                decodingOpts.desiredPixelFormat = PixelFormat.ARGB_8888;
                // 创建 PixelMap 对象
                PixelMap pixelMap = imageSource.createPixelmap(decodingOpts);
                // 设置 Image 组件的图片
                image.setPixelMap(pixelMap);
                // 资源释放
                barcodeDetector.release();
                VisionManager.destroy();
            }
            // 服务连接断开后会回调此方法
            @Override
            public void onServiceDisconnect() {}
        };
        // 通过 code 获取方法的调用结果
        int code = VisionManager.init(this, connectionCallback);
    }
}
```

运行代码，看到生成的二维码效果如图 10.1 所示。

图 10.1　生成二维码

生成二维码的整体过程简单概括如下：

- 初始化 VisionManager，并绑定到具体的 Ability 或 AbilitySlice 上，调用 init 方法后会连接服务，当服务连接完成后，会回调 onServiceConnect 方法。
- 服务连接成功后，通过 getBarcodeDetector 方法来获取二维码生成工具实例。
- 进行二维码的生成。
- 解析生成的图片数据，解码为图片资源。
- 进行二维码展示或其他后续业务行为。

VisionManager 框架中提供的很多 AI 工具类都有类似的使用流程，后面会逐步介绍。

10.2.2　文字识别能力

文字识别的核心技术为 OCR，全称为光学字符识别。OCR 在商业项目中有着非常重要的应用，如名片识别、文本扫描、核心信息提取等。本小节介绍的文字识别主要是指图片中的文字识别。

在 HarmonyOS 中，文字识别工具的用法与二维码生成工具的用法类似。核心示例代码如下：

```
public class MainAbility extends Ability {
    @Override
    public void onStart(Intent intent) {
        super.onStart(intent);
        super.setMainRoute(MainAbilitySlice.class.getName());
        // 进行服务的连接
        VisionManager.init(this, new ConnectionCallback() {
            @Override
            public void onServiceConnect() {
                // 读取本地的图片资源
                String filePath = String.format(Locale.ROOT, "assets/entry/
                        resources/base/media/%s", "image.png");
                InputStream stream = this.getClass().getClassLoader().
                            getResourceAsStream(filePath);
                // 创建 ImageSource 对象
                ImageSource.SourceOptions options = new ImageSource.SourceOptions();
                ImageSource source = ImageSource.create(stream, options);
                ImageSource.DecodingOptions decodingOpts = new ImageSource.
                                        DecodingOptions();
```

```
                // 创建 PixelMap 对象
                PixelMap pixelMap = source.createPixelmap(decodingOpts);
                VisionImage image = VisionImage.fromPixelMap(pixelMap);
                // 对识别动作进行配置
                TextConfiguration.Builder builder = new  TextConfiguration.
                                                Builder();
                builder.setProcessMode(VisionConfiguration.MODE_IN);
                builder.setDetectMode(TextDetectType.TYPE_TEXT_DETECT_FOCUS_
                                    SHOOT);
                builder.setLanguage(TextConfiguration.CHINESE);
                TextConfiguration configuration = builder.build();
                // 获取文字识别工具类
                ITextDetector detector = VisionManager.getTextDetector(MainAbility.
                                    this);
                detector.setVisionConfiguration(configuration);
                // 存储识别结果
                Text text = new Text();
                // 进行文字识别
                int result = detector.detect(image, text, null);
                // 显示识别结果的文本组件
                ohos.agp.components.Text textComp = findComponentById(ResourceTable.
                                            Id_result_text);
                textComp.setText(text.getValue());
            }
            @Override
            public void onServiceDisconnect() {
            }
        });
    }
}
```

使用 ITextDetector 工具类进行文字识别本身比较简单，上面的示例代码中有很多是在进行图片资源的读取和类型转换操作。需要注意，代码中的 Text 类是 ohos.ai.cv.text 包中的类，这与 UI 组件中的 Text 类不是同一个类。在同一个作用域内，如果出现了类名的冲突，则冲突的类名需要指明所在的包。例如，上面的代码中，要使用 UI 组件 Text，则需要使用如下方式定义：

```
ohos.agp.components.Text textComp = findComponentById(ResourceTable.Id_result_text);
```

ohos.ai.cv.text包中的Text类封装了文字识别的结果，通过getter方法获取相关的信息，常用方法如表10.7所示。

表10.7 Text类封装的常用方法

方法名	类 型	意 义
getPageLanguage	整型	获取识别到的文本的语言类型
getTextRect	CvRect类型	获取识别到的文本所在图片中的位置
getValue	字符串	识别到的文本

在进行文字识别时，TextConfiguration参数用来配置识别参数，此参数设置识别的模式、语言等。支持的语言定义如下：

```
// 中文
public static final int CHINESE = 1;
// 英文
public static final int ENGLISH = 3;
// 法语
public static final int FRENCH = 7;
// 德语
public static final int GERMAN = 6;
// 意大利语
public static final int ITALIAN = 5;
// 日语
public static final int JAPANESE = 9;
// 韩语
public static final int KOREAN = 10;
// 葡萄牙语
public static final int PORTUGUESE = 4;
// 俄语
public static final int RUSSIAN = 8;
// 西班牙语
public static final int SPANISH = 2;
```

10.3 内容回顾

本章涉及的内容主要有两部分：应用安全和 HarmonyOS 的部分 AI 能力。在应用安全部分，对权限系统做了完整的介绍，充分了解权限系统有助于更好地选择需要使用的权限。同时，HarmonyOS 也提供了生物识别认证的接口，为开发者提供了一种安全认证的方式。本章介绍的与 AI 能力相关的内容不多，以二维码生成和文字识别为例进行了演示。HarmonyOS 中还提供了更丰富的 AI 能力，它们的用法都类似，举一反三，在需要使用具体功能时可在官方文档中深入阅读对应的 API 用法。

请思考，HamonyOS 应用为何需要权限系统？

温馨提示：权限系统是保护用户隐私和数据安全的一种方式。首先，应用要使用某些敏感功能，前提是必须声明权限，用户对应用使用了哪些敏感功能和数据一目了然。同时，对于隐私级别更高的用户敏感数据，用户也可以选择不授权，用户能够对自己的数据安全负责。同时，权限系统也限制了应用间的数据流通，避免了一些恶意应用对数据的窃取和篡改。

第 11 章

从互联到物联——穿戴设备开发

在 HarmonyOS 上，既可以开发在智能穿戴设备上(主要指手表设备)独立运行的应用，也可以开发与手机设备协同工作的应用。当下，智能手表的功能已经非常强大，如在手表上回复信息、查看日程安排、接打电话等。除此之外，与手机相比，智能手表在健康监控、跌倒告警等方面也有独特的应用场景。

本章将介绍如何为应用添加支持智能手表的模块，以及如何在智能手表设备上进行应用的开发。

通过本章，将学习以下知识点：

- 在智能可穿戴设备上开发应用。
- 为已有的项目添加支持可穿戴应用的模块。
- 发布系统通知。

11.1　体验智能手表应用

HarmonyOS 开发框架有着很好的跨平台性，如果有需要，可以开发出独立在智能手机和智能手表上运行的应用程序。当然，也可以以手机应用为主，对应地提供配套的智能手表服务应用。

11.1.1　创建跨平台的应用程序

使用 DevEco Studio 可以直接创建跨平台的应用程序。创建项目时，在 Device type 栏同时勾选 Phone 和 Wearable 复选框即可，如图 11.1 所示。

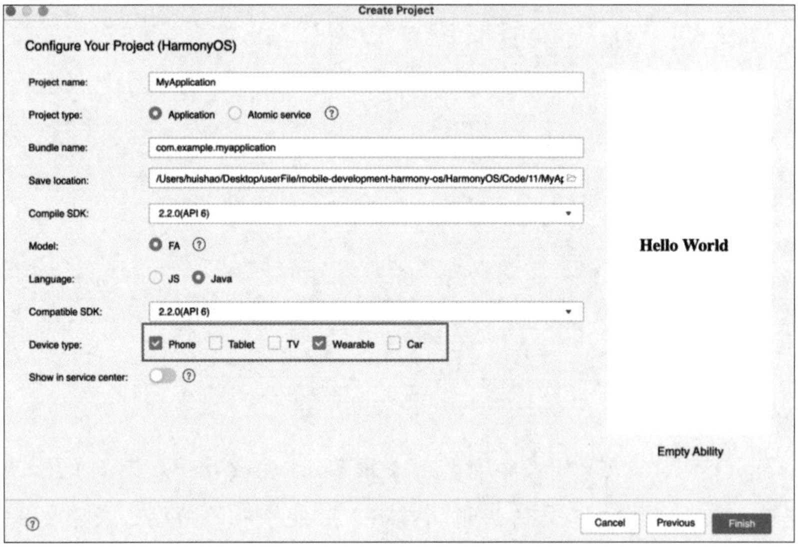

图 11.1　创建跨平台的应用程序

通过观察创建完成的跨平台应用可以发现，模板中的 MainAbility 类、MainAbilitySlice 类以及布局文件等都和单独的手机工程一样，只是在 config.json 配置文件中略有不同，其中 deviceType 选项的配置如下：

```
"deviceType": [
  "phone",
  "wearable"
]
```


此工程可以直接在华为可穿戴设备上运行，如果没有对应的真机，也可以使用远程模拟器进行体验。在 Device Manager 中选中 Wearable 栏，可以看到可用的模拟器，如图 11.2 所示。

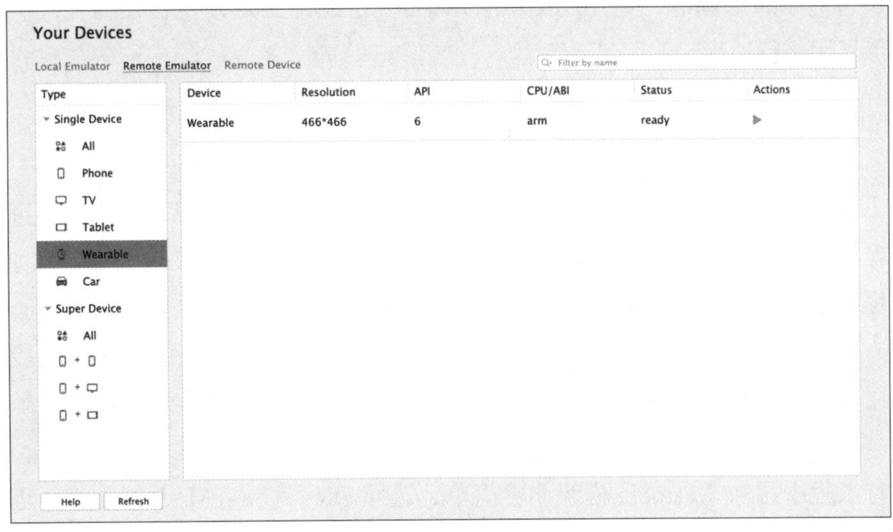

图 11.2　开启远程模拟器

直接运行该工程，效果如图 11.3 所示。

智能手表设备开机后，即会展示表盘页面，系统会内置一些表盘，用户通过表盘可以快速查看时间、天气、计步等关键信息。用户可通过智能手表上的按钮进入应用程序列表，列表中会显示智能手表上所安装的应用程序，如图 11.4 所示。

图 11.3　跨平台应用示例

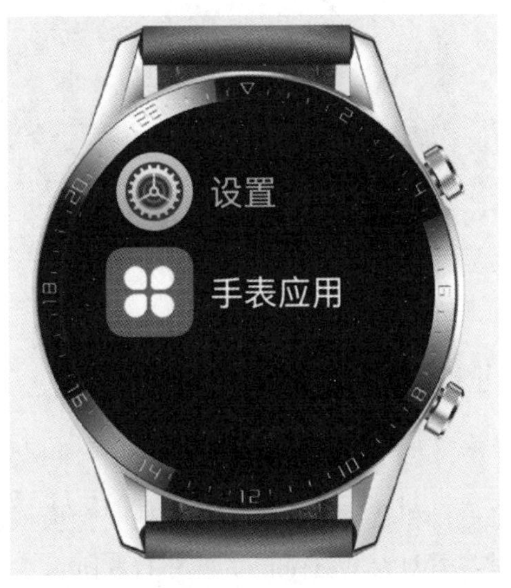

图 11.4　智能手表中的应用列表

在对应的应用上长按，可弹出卸载选项来删除应用程序。

在开发智能手表应用时，通用的 UI 组件都是支持的，只是开发者在编写代码时，要对手表的圆形界面进行适配。

11.1.2 为应用添加智能穿戴模块

上一小节演示了如何创建跨平台的独立应用程序，这类应用程序可以在多个平台独立运行，除了在各个设备上界面的展示样式略有不同外，基本功能是一致的。本小节将介绍另外一类智能穿戴设备应用，此类应用不能独立存在，必须依存于一个主应用。通常会以手机应用作为主应用来提供完整的服务功能，同时为智能手表等可穿戴设备提供部分功能支持。以社交类应用为例，手机应用支持完整的社交行为，同时在智能手表应用上提供基础的消息收发功能。

在已有工程中添加 Wearable 模块非常简单，选择 File->New->Module 选项新建模块，如图 11.5 所示。

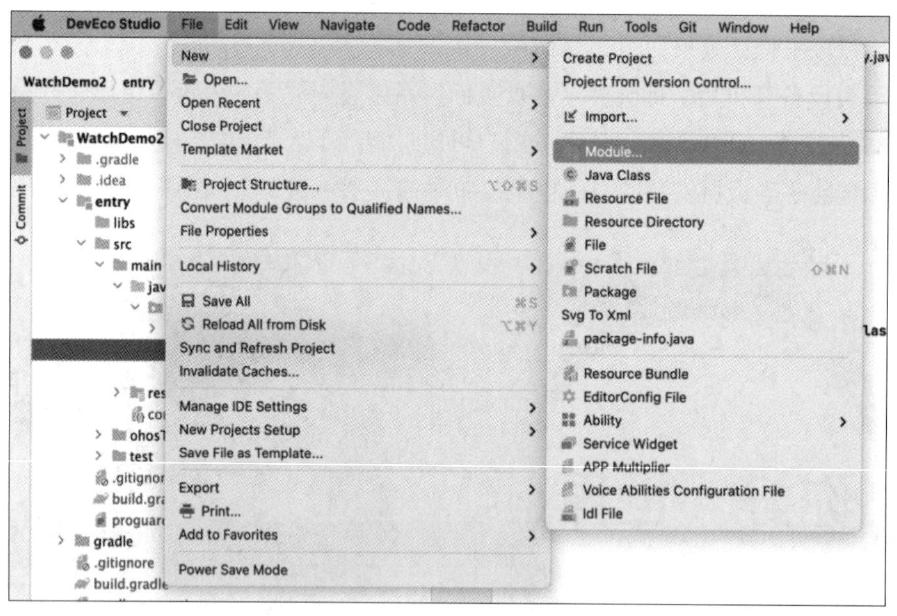

图 11.5 新建模块

之后，和新建工程类似，选择一个模板，并在设置模块选项时，选择模块类型为 entry，选择设备类型为 Wearable，如图 11.6 所示。

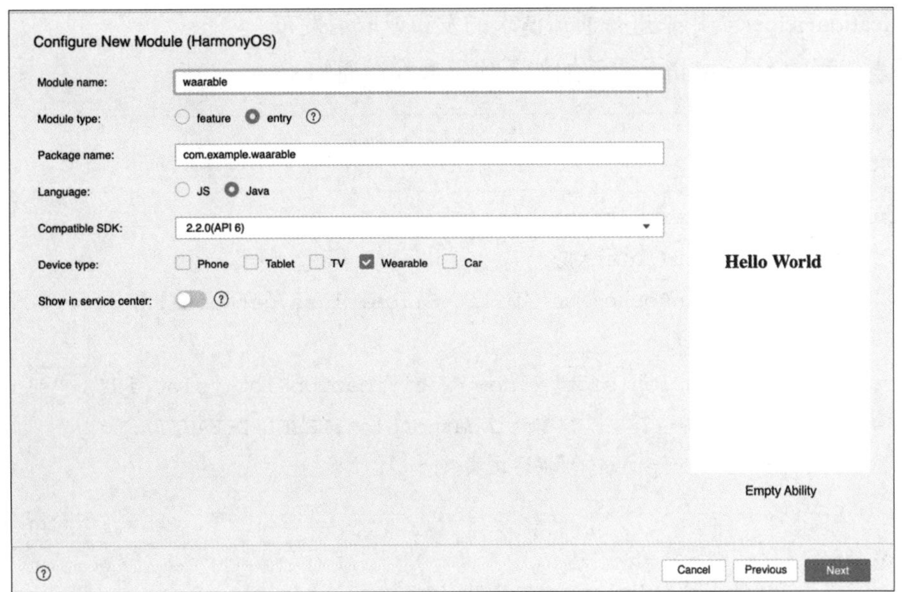

图 11.6　设置模块选项

此时，会发现工程的根目录下新增一个 wearable 文件夹，此文件夹的名字即为所设置的模块名称。此模块中的文件结构与主应用的文件结构是一致的，可以单独修改此模块中的文件以提供和主应用不同的智能手表应用。

11.2　使用通知

通知是系统提供的一种功能，应用本身通过调用接口来向系统发出通知。在智能手表上，通知将以弹窗的形式展示，并且会出现在通知中心。对于智能手表应用，通知功能非常重要，如其用来展示收到的短信、社交消息，也用来展示广告、推荐内容等。

需要注意，通知只支持普通文本、长文本和图片样式，不支持自定义布局。

11.2.1　发出系统通知

使用系统通知主要与三个类有关：NotificationSlot 类、NotificationRequest 类和 Notification Helper 类。

其中，NotificationSlot 类用来定义通知的通道，发送通知前，至少需要先有一个通道。

NotificationRequest 类是通知请求类，用来构建通知本身的内容，如设置通知标题、内容文案、图标等。

11

NotificationHelper 类用来进行通知请求的发布或取消发布。

在手表工程的 MainAbility 中添加如下代码来发送通知：

```
public class MainAbility extends Ability {
    @Override
    public void onStart(Intent intent) {
        super.onStart(intent);
        super.setMainRoute(MainAbilitySlice.class.getName());
        // 定义通知通道
        NotificationSlot slot = new NotificationSlot("slot_id", "slot_name",
                                NotificationSlot.LEVEL_DEFAULT);
        slot.setDescription("描述文案");
        try {
            // 添加通道
            NotificationHelper.addNotificationSlot(slot);
        } catch (RemoteException e) {
            e.printStackTrace();
        }
        // 定义通知请求
        int notification_id = 1;
        NotificationRequest request = new NotificationRequest(notification_id);
        // 设置要使用的通道
        request.setSlotId(slot.getId());
        // 构建通知的标题
        String title = "通知标题";
        // 构建通知的内容
        String text = "通知内容";
        // 构建通知内容对象
        NotificationRequest.NotificationNormalContent content = new
        NotificationRequest.NotificationNormalContent();
        content.setTitle(title)
                .setText(text);
        NotificationRequest.NotificationContent notificationContent = new
        NotificationRequest.NotificationContent(content);
        // 设置通知的小图标
        String filePath = String.format(Locale.ROOT, "assets/waarable/
```

11

```
                resources/base/media/%s", "icon.png");
InputStream stream = this.getClass().getClassLoader().getResource
                AsStream(filePath);
ImageSource.SourceOptions options = new ImageSource.SourceOptions();
ImageSource source = ImageSource.create(stream, options);
ImageSource.DecodingOptions decodingOpts = new ImageSource.DecodingOptions();
PixelMap pixelMap = source.createPixelmap(decodingOpts);
request.setLittleIcon(pixelMap);
// 设置通知的内容对象
request.setContent(notificationContent);
// 指定要启动的 ability 属性
Intent oepnIntent = new Intent();
Operation operation = new Intent.OperationBuilder()
        .withDeviceId("")
        .withBundleName("com.example.waarable")
        .withAbilityName("com.example.waarable.MainAbility")
        .build();
oepnIntent.setOperation(operation);
List<Intent> intentList = new ArrayList<>();
intentList.add(intent);
// 指定启动一个有页面的 ability
IntentAgentInfo intenAgentinfo = new IntentAgentInfo(request.
getNotificationId(), IntentAgentConstant.OperationType.START_ABILITY,
IntentAgentConstant.Flags.UPDATE_PRESENT_FLAG, intentList, null);
// 获取 IntentAgent 实例
IntentAgent intentAgent = IntentAgentHelper.getIntentAgent(this,
                intenAgentinfo);
request.setIntentAgent(intentAgent);
// 设置通知单击后自动消失
request.setTapDismissed(true);
try {
    // 发布通知
    NotificationHelper.publishNotification(request);
} catch (RemoteException e) {
    e.printStackTrace();
```

```
            }
        }
}
```

运行代码，当应用启动时，会自动发送一条系统通知，当有应用在前台运行并触发系统通知时，通知会以如图 11.7 所示的样式进行展示。

如果收到通知时用户不想处理，后续也可在系统的通知中心中找到这些通知信息。在表盘页面上拉即可进入通知中心，如图 11.8 所示。

图 11.7　有应用在前台运行时收到通知

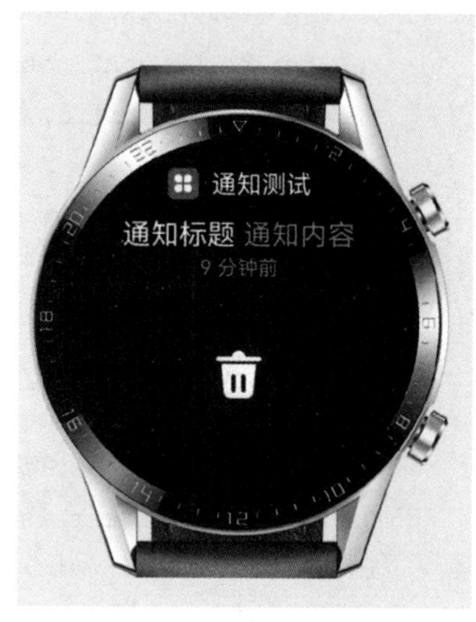

图 11.8　上拉进入通知中心

11.2.2　系统通知的配置与控制

上一小节通过示例简单体验了系统通知的实现方法。本小节将详细介绍其中几个重要的类的用法，以及其可配置的选项。

首先是 NotificationSlot 类，此类用来定义通知通道。简单理解，通知的发送必须绑定在一个指定的通道上，此通道实例可对一些公共的属性进行配置，NotificationSlot 类常用的配置方法见表 11.1。

表 11.1　NotificationSlot 类常用的配置方法

方法名	参数 / 类型	返回值类型	意　义
setLevel	参数 1/ 整型：等级	无	设置此通道的等级

续表

方法名	参数 / 类型	返回值类型	意　义
setName	参数 1/ 字符串：名称	无	设置此通道的名称
setDescription	参数 1/ 字符串：名称	无	设置此通道的描述信息
enableBadge	参数 1/ 布尔型	无	设置此通道发送的通知是否显示未读角标
enableBypassDnd	参数 1/ 布尔型	无	设置此通道发送的通知是否绕过系统勿打扰模式
setEnableVibration	参数 1/ 布尔型	无	设置此通道发送的通知是否支持震动提醒
setLockscreenVisibleness	参数 1/ 整型：配置锁屏模式	无	设置此通道发送的通知在锁屏状态下的展示模式
setSound	参数 1/Uri：资源路径	无	设置此通道发送的通知的音效
setEnableLight	参数 1/ 布尔型	无	设置此通道发送的通知是否允许点亮设备
setLedLightColor	参数 1/ 整型：颜色值	无	设置此通道发送的通知的 LED 提示灯的颜色

其中，setLevel 方法设置的通知等级，可选项枚举如下：

```
// 默认等级，发布后在通知中心展示，且自动弹出提示音
public static final int LEVEL_DEFAULT = 3;
// 与默认等级一致
public static final int LEVEL_HIGH = 4;
// 较低等级，发布后在通知中心展示，不自动弹出，但是会有提示音
public static final int LEVEL_LOW = 2;
// 低等级，发布后在通知中心展示，不自动弹出，也没有提示
public static final int LEVEL_MIN = 1;
// 无等级，通知不发布
public static final int LEVEL_NONE = 0;
```

setLockscreenVisibleness 方法可设置不同的模式来保护用户的隐私，枚举如下：

```
// 保护隐私模式，锁屏只展示基础的信息，如应用图标、标题等，不展示具体内容
public static final int VISIBLENESS_TYPE_PRIVATE = 2;
// 公开的模式，锁屏时展示完整的通知信息
public static final int VISIBLENESS_TYPE_PUBLIC = 1;
// 加密模式，锁屏时不展示通知信息
```

```
public static final int VISIBLENESS_TYPE_SECRET = 3;
```

定义完成通知通道后，发送通知前还需要定义通知请求对象，NotificationRequest 对象配置通知本身的内容，常用方法见表 11.2。

表 11.2　NotificationRequest 对象配置的常用方法

方法名	参数 / 类型	返回值类型	意　义
setNotificationId	参数 1/ 整型	NotificationRequest 实例本身	设置通知的标识 ID，便于追溯
setSlotId	参数 1/ 字符串	NotificationRequest 实例本身	设置绑定到的通道 ID
setLittleIcon	参数 1/PixelMap	NotificationRequest 实例本身	设置通知展示的小图标
setBigIcon	参数 1/PixelMap	NotificationRequest 实例本身	设置通知展示的大图标
setAutoDeletedTime	参数 1/ 长整型	NotificationRequest 实例本身	设置通知发布后，自动删除的时间
setTapDismissed	参数 1/ 布尔型	NotificationRequest 实例本身	设置通知被单击后，是否自动消失
setCreateTime	参数 1/ 长整型	NotificationRequest 实例本身	设置通知创建的时间，如果不设置，则默认为当前时间
setIntentAgent	参数 1/IntentAgent	NotificationRequest 实例本身	设置通知被单击后的跳转逻辑
setContent	参数 1/NotificationContent	NotificationRequest 实例本身	设置通知的内容
setBadgeNumber	参数 1/ 整型	NotificationRequest 实例本身	设置通知要显示的未读角标数

通知的内容由 NotificationContent 类来定义，前面说过，从展现样式上分，通知大致可以分为三类：普通文本、长文本和图标。NotificationContent 类在实例化时，使用 NotificationNormalContent 实例来构造普通文本通知内容；使用 NotificationLongTextContent 实例来构造长文本通知内容；使用 NotificationPictureContent 实例来构造图片通知内容。

NotificationNormalContent 类支持配置的方法见表 11.3。

表 11.3　NotificationNormalContent 类支持配置的方法

方法名	参数 / 类型	返回值类型	意　义
setTitle	参数 1/ 字符串	NotificationNormalContent 实例本身	设置标题
setText	参数 1/ 字符串	NotificationNormalContent 实例本身	设置通知内容
setAdditionalText	参数 1/ 字符串	NotificationNormalContent 实例本身	设置附加文本内容

NotificationLongTextContent 类支持配置的方法见表 11.4。

表 11.4　NotificationLongTextContent 类支持配置的方法

方法名	参数 / 类型	返回值类型	意　义
setTitle	参数 1/ 字符串	NotificationLongTextContent 实例本身	设置标题
setText	参数 1/ 字符串	NotificationLongTextContent 实例本身	设置通知内容
setAdditionalText	参数 1/ 字符串	NotificationLongTextContent 实例本身	设置附加文本内容
setLongText	参数 1/ 字符串	NotificationLongTextContent 实例本身	设置长文本内容
setExpandedTitle	参数 1/ 字符串	NotificationLongTextContent 实例本身	设置展开的标题
setBriefText	参数 1/ 字符串	NotificationLongTextContent 实例本身	设置摘要文本

NotificationPictureContent 类支持配置的方法见表 11.5。

表 11.5　NotificationPictureContent 类支持配置的方法

方法名	参数 / 类型	返回值类型	意　义
setTitle	参数 1/ 字符串	NotificationPictureContent 实例本身	设置标题
setText	参数 1/ 字符串	NotificationPictureContent 实例本身	设置通知内容
setAdditionalText	参数 1/ 字符串	NotificationPictureContent 实例本身	设置附加文本内容
setBriefText	参数 1/ 字符串	NotificationPictureContent 实例本身	设置摘要文本
setExpandedTitle	参数 1/ 字符串	NotificationPictureContent 实例本身	设置展开的标题
setBigPicture	参数 1/PixelMap	NotificationPictureContent 实例本身	设置图片

最后，再来了解下 NotificationHelper 类，这个类比较简单，一般多用来进行通道的添加和通知的发布。当然，也可以将已有的通道删除，或将已经发布但尚未展示的通知取消，只

需分别使用 removeNotificationSlot 方法和 cancelNotification 方法即可。

11.3 内容回顾

本章简要介绍了智能可穿戴设备的开发方法，从本质上讲，在 HarmonyOS 中，手机设备应用开发与可穿戴设备应用开发在逻辑上并没有太大的区别，只需要注意在界面展示上进行适配即可。同时,本章也介绍了如何使用系统通知,系统通知功能在可穿戴设备上非常重要，因为可穿戴设备的使用场景更贴近用户。

至此，已经基本将与 HarmonyOS 开发相关的基础技术介绍完了，这些内容已足够开发一款完整的应用程序，下一章将会以一个相对完整但并不复杂的应用为例，做一些开发练习。

11

第 12 章

实战：咖啡点餐应用实战

本章将综合使用前面所学的内容来开发一款相对完整的点餐应用程序。随着互联网设备的普及，互联网服务也逐渐深入生活中的各个方面。以餐饮行业为例，几乎所有的餐厅都推出了互联网点餐服务，互联网点餐应用帮助餐厅节省了人力成本，提高了点餐效率，同时也方便了用餐顾客。本章将一步步开发出一款咖啡点餐示例应用。

12.1 项目搭建与首页开发

在开发之前，先了解一些点餐的相关应用程序，体验其所提供的功能并进行分析，确定哪些功能是一款点餐应用所必备的，这些也就是将要模拟实现的功能。

12.1.1 需求分析与项目搭建

作为一款点餐应用，最重要的是菜单页面。按照咖啡的类型对菜单进行分类，使用两个相互关联的列表容器来展示咖啡的类别列表和对应类别的商品列表。当然，通常咖啡店也支持到店买和外卖服务，因此，还需要提供选择门店和服务类型的功能。互联网点餐应用相比传统的线下点单服务，最大的优势是便捷，可以提供餐品搜索的服务，让用户快速找到想要的餐品。除此之外，点餐的流程须完整，需要包括确认购买、订单详情查看功能。

在此应用中，将实现 5 个核心页面：首页菜单、店铺列表页、搜索列表页、餐品详情页和订单详情页。本应用项目并不涉及真正的后端服务，所使用的数据都采用本地模拟的方式生成。练习的重点在于客户端页面的搭建和各页面间逻辑的交互处理。

下面，对每个页面要实现的具体功能进行拆分。

1. 首页菜单

首页菜单是核心功能的入口页面，将搜索页面入口、店铺选择页面入口和服务类型切换选项放在首页，当然，必不可少的是餐品的分类列表和每个分类对应的餐品列表。餐品分类比较简单，每个类别使用简单的字符串来描述即可。餐品列表略微复杂，需要将餐品的图片、名称、简介、原始价格以及优惠价格展示出来，并提供一个购买提示按钮，当用户单击餐品列表项时，即可跳转到餐品详情页进行购买。

2. 店铺列表页

单击首页的店铺信息模块进入店铺列表页面，店铺列表页面最核心的组件是一个 ListContainer，它可以把所有店铺的名称、地址、营业时间以及距离展示出来，用户选择指定的店铺后，会同步更新首页的店铺信息模块。

3. 搜索列表页

搜索列表页由搜索框、搜索按钮和结果列表三部分组成，用户在搜索框中输入关键词后，与关键词有关的餐品将会展示出来，用户可直接在搜索页面单击喜欢的餐品进入餐品详情页购买。

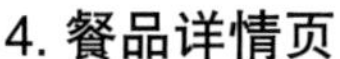

4. 餐品详情页

当用户从首页或者搜索页面中选择一个餐品时，即会跳转到餐品详情页，该页面除了展示基本的商品信息外，还允许用户进行个性化的配置，如选择咖啡的甜度、冷热以及杯型尺寸等。

5. 订单详情页

订单详情页用来展示订单的相关信息，如订单当前的状态、订单的编号、订单中的商品、下单时间以及商家联系电话等。

12.1.2　项目搭建

使用 DevEco Studio 新建一个空的 HarmonyOS 项目。默认生成的项目模板无须做特别的修改。在 com.example.coffee 包下创建一些新的包，示例如下：

```
com.example.coffee.items
com.example.coffee.mock
com.example.coffee.provider
com.example.coffee.slice
com.example.coffee.utils
```

其中，items 包用来存放数据模型文件，如餐品类别模型、餐品模型等；mock 包用来存放模拟数据的类，以生成应用锁需要的模拟数据；provider 包用来存放列表容器的数据提供类；slice 包用来存放子页面类；utils 包用来存放工具类，如页面组件尺寸单位的转换工具等。在开发过程中，将按照类的功能区别将其放入对应的包下。工程 src 目录下的文件结构如图 12.1 所示。

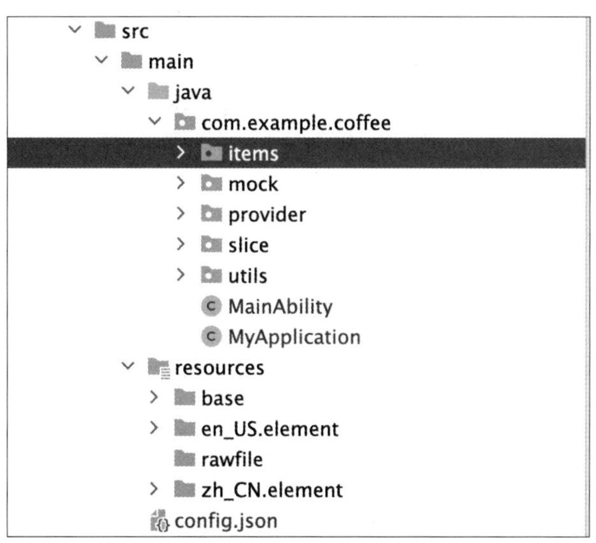

图 12.1　工程目录结构

12

12.2 首页开发

首页是应用程序的入口页面，直接以模板生成的 MainAbilitySlice 类作为首页类即可。先在 ability_main.xml 文件中编写页面的布局框架，需要特别注意的是，两个列表要进行联动处理。

12.2.1 页面整体框架搭建

对于首页，整体采用嵌套定向布局的方式进行搭建。将模板自动生成的代码删掉，在 ability_main.xml 文件中编写如下代码：

```
<?xml version="1.0" encoding="utf-8"?>
<DirectionalLayout
    xmlns:ohos="http://schemas.huawei.com/res/ohos"
    ohos:height="match_parent"
    ohos:width="match_parent"
    ohos:orientation="vertical">
    <!-- 搜索页面的按钮入口  -->
    <Button
        ohos:id="$+id:search_button"
        ohos:margin="20vp"
        ohos:height="48vp"
        ohos:width="match_parent"
        ohos:background_element="$graphic:background_search_bar"
        ohos:text="    🔍: 今天喝点什么 ..."
        ohos:text_size="20vp"
        ohos:text_color="#616161"
        ohos:text_alignment="vertical_center"
        />
    <!-- 头部区域的组件布局 -->
    <DirectionalLayout
        ohos:height="match_content"
        ohos:width="match_parent"
        ohos:orientation="horizontal"
```

```
ohos:left_margin="20vp"
ohos:right_margin="20vp">
<!-- 门店信息 -->
<DirectionalLayout
    ohos:height="match_content"
    ohos:width="match_parent"
    ohos:orientation="vertical"
    ohos:weight="1">
    <Text
        ohos:id="$+id:place_label"
        ohos:width="match_content"
        ohos:height="match_content"
        ohos:text=" 大众广场店 >"
        ohos:text_size="20vp"/>
    <Text
        ohos:id="$+id:distance_label"
        ohos:width="match_content"
        ohos:height="match_content"
        ohos:text=" 距离 500 米 "
        ohos:text_size="15vp"
        ohos:text_color="#818181"/>
</DirectionalLayout>
<!-- 服务类型切换按钮 -->
<Switch
    ohos:width="90vp"
    ohos:height="40vp"
    ohos:text_state_off=" 自提 "
    ohos:text_state_on=" 外送 "
    ohos:text_size="15vp"
    ohos:track_element="$graphic:background_switch"
    ohos:text_color="#ffffff"
    ohos:text_color_on="#ffffff"
    ohos:text_color_off="#ffffff"
    ohos:thumb_element="$graphic:background_thumb"
    />
```

```
    </DirectionalLayout>
    <!-- 二级联动的菜单区域 -->
    <DirectionalLayout
        ohos:height="match_parent"
        ohos:width="match_parent"
        ohos:weight="1"
        ohos:margin="20vp"
        ohos:orientation="horizontal">
        <!-- 分类列表 -->
        <ListContainer
            ohos:id="$+id:list_index_bar"
            ohos:width="100vp"
            ohos:height="match_parent"/>
        <!-- 餐品列表 -->
        <ListContainer
            ohos:id="$+id:list_content"
            ohos:width="match_parent"
            ohos:height="match_parent"/>
    </DirectionalLayout>
</DirectionalLayout>
```

上面的代码中使用了几个背景资源文件，background_search_bar.xml 用来设置搜索栏的背景，代码如下：

```
<?xml version="1.0" encoding="utf-8" ?>
<shape xmlns:ohos="http://schemas.huawei.com/res/ohos"
       ohos:shape="rectangle">
    <solid
        ohos:color="#f1f1f1"/>
    <corners ohos:radius="24vp"/>
</shape>
```

background_switch.xml 用来设置开关按钮的背景，代码如下：

```
<?xml version="1.0" encoding="UTF-8" ?>
<shape xmlns:ohos="http://schemas.huawei.com/res/ohos"
       ohos:shape="rectangle">
```

```
    <solid
        ohos:color="#0000ff"/>
    <corners ohos:radius="20vp"/>
</shape>
```

background_thumb.xml 用来设置开关按钮中滑块的背景，代码如下：

```
<?xml version="1.0" encoding="UTF-8" ?>
<shape xmlns:ohos="http://schemas.huawei.com/res/ohos"
       ohos:shape="rectangle">
    <solid
        ohos:color="#ffccff"/>
    <corners ohos:radius="20vp"/>
</shape>
```

此时运行代码，会发现页面的内容部分是一片空白，核心的列表容器的逻辑比较复杂，在对其进行处理前，还需要先完成一些工具类。

除了直接在 XML 布局文件中进行组件的设置外，开发过程中也会遇到很多要通过代码来配置组件的情况，这时对页面布局单位的转换就非常重要。在 XML 布局文件中，通常采用 vp 作为单位，为了保持单位的一致性，此时，需要封装一个工具类来进行布局单位的转换。

在 utils 包下新建一个命名为 DisplayUtils 的类，实现如下：

```
// 包名与模块引入
package com.example.coffee.utils;
import ohos.agp.window.service.DisplayAttributes;
import ohos.agp.window.service.DisplayManager;
import ohos.app.Context;
// 类实现
public class DisplayUtils {
    // 提供一个静态方法，将 vp 单位转成 px 单位
    public static int vp2px(Context context, float vp) {
        DisplayAttributes attributes = DisplayManager.getInstance().
        getDefaultDisplay(context).get().getAttributes();
        return (int) (attributes.densityPixels * vp);
    }
}
```

目前在 DisplayUtils 类中只定义了一个方法，后面使用更多工具方法时再来补充即可。

12.2.2 餐品类别列表与餐品列表开发

还记得 4.2 节学习的列表容器组件么？使用列表容器组件有几个关键的点：定义数据模型、编写列表项组件以及通过 Provider 将其组合起来。首先来定义数据模型，首页需要用到两种数据模型，即用来表示餐品类别的模型和用来表示餐品的模型。

在 items 包下新建一个命名为 IndexBarItem 的模型类，定义如下：

```
package com.example.coffee.items;
public class IndexBarItem {
    // 类别名
    private String name;
    // 记录当前类别是否被选中
    private boolean isSelected = false;
    // 构造方法
    public IndexBarItem(String name) {
        this.name = name;
    }
    // 对应的 getter 和 setter 方法
    public String getName() {
        return name;
    }
    public boolean isSelected() {
        return isSelected;
    }
    public void setSelected(boolean selected) {
        isSelected = selected;
    }
}
```

其中，isSelected 用来标记当前类别是否被选中，需要根据选中的类别来对应地展示类别下的餐品。

新建一个命名为 CoffeeItem 的模型类，定义如下：

```
package com.example.coffee.items;
public class CoffeeItem {
    // 餐品的图片，这里使用本地资源
```

```
    private int imageId;
    // 餐品名称
    private String name;
    // 餐品价格
    private String price;
    // 餐品描述
    private String description;
    // 餐品原价
    private String originalPrice;
    // 构造方法
    public CoffeeItem(int imageId, String name, String price, String description,
                      String originalPrice) {
        this.imageId = imageId;
        this.name = name;
        this.price = price;
        this.description = description;
        this.originalPrice = originalPrice;
    }
    // 对应的 getter 方法
    public int getImageId() {
        return imageId;
    }
    public String getName() {
        return name;
    }
    public String getPrice() {
        return price;
    }
    public String getDescription() {
        return description;
    }
    public String getOriginalPrice() {
        return originalPrice;
    }
}
```

数据模型类本身并无太多逻辑，下面再来编写对应的列表项组件。

在 layout 文件夹下新建一个命名为 list_index_bar.xml 文件，其用来渲染餐品分类项，每个分类列表项只需要一个文本组件即可，代码如下：

```
<?xml version="1.0" encoding="utf-8"?>
<DirectionalLayout
    xmlns:ohos="http://schemas.huawei.com/res/ohos"
    ohos:height="match_content"
    ohos:width="match_parent"
    ohos:orientation="vertical">
    <Text
        ohos:width="match_parent"
        ohos:id="$+id:text"
        ohos:height="60vp"
        ohos:text=" 好评爆款 "
        ohos:text_size="20vp"
        ohos:text_alignment="center"
        />
</DirectionalLayout>
```

再创建一个命名为 coffee_item.xml 的文件，用来渲染餐品列表项，代码如下：

```
<?xml version="1.0" encoding="utf-8"?>
<DirectionalLayout
    xmlns:ohos="http://schemas.huawei.com/res/ohos"
    ohos:width="match_parent"
    ohos:height="match_content"
    ohos:orientation="horizontal"
    ohos:padding="20vp">
    <!-- 餐品的图片 -->
    <Image
        ohos:width= "80vp"
        ohos:height="120vp"
        ohos:id="$+id:cover"
        ohos:scale_mode="inside"/>
    <!-- 餐品内容区 -->
    <DirectionalLayout
```

```
ohos:height="match_content"
ohos:width="match_parent"
ohos:orientation="vertical"
ohos:weight="1" ohos:left_margin="10vp">
<!-- 餐品名 -->
<Text ohos:id="$+id:coffe_name"
    ohos:width="match_content"
    ohos:height="match_content"
    ohos:text_size="24vp"/>
<!-- 餐品描述 -->
<Text
    ohos:id="$+id:coffe_desc"
    ohos:width="match_content"
    ohos:height="match_content"
    ohos:text_size="16vp"
    ohos:text_color="#a1a1a1"
    ohos:top_margin="10vp"/>
<!-- 餐品价格和购买提示区 -->
<DirectionalLayout
    ohos:height="match_content"
    ohos:width="match_parent"
    ohos:orientation="horizontal"
    ohos:alignment="bottom"
    ohos:top_margin="20vp">
    <Text
        ohos:id="$+id:coffe_price"
        ohos:width="match_content"
        ohos:height="match_content"
        ohos:text_color="#ff0000"
        ohos:text_size="17vp"/>
    <Text
        ohos:id="$+id:coffe_ori_price"
        ohos:width="match_parent"
        ohos:weight="1"
        ohos:height="match_content"/>
```

```
            <Text
                ohos:id="$+id:coffee_add"
                ohos:width="50vp"
                ohos:height="match_content"
                ohos:text=" 购买 "
                ohos:text_size="18vp"
                ohos:text_color="#00aaff"
                />
        </DirectionalLayout>
    </DirectionalLayout>
</DirectionalLayout>
```

下面来编写核心的 Provider 类，首页有两个联动的列表，因此需要编写两个 Provider 类。在 provider 包下新建一个命名为 IndexBarDataProvider 的类，其为分类列表的数据提供类，实现如下：

```
// 包名与模块引入
package com.example.coffee.provider;
import com.example.coffee.ResourceTable;
import com.example.coffee.items.IndexBarItem;
import ohos.agp.components.*;
import ohos.agp.components.element.ShapeElement;
import ohos.agp.utils.Color;
import ohos.app.Context;
import java.util.List;
// 类实现
public class IndexBarDataProvider extends BaseItemProvider {
    // 列表项数据源
    private List<IndexBarItem> dataList;
    // Context 实例
    private Context context;
    // 自定义构造方法，传入数据源和 Context
    public IndexBarDataProvider(List<IndexBarItem> dataList, Context context) {
        this.dataList = dataList;
        this.context = context;
    }
```

```
// 列表项个数
@Override
public int getCount() {
    return dataList == null ? 0 : dataList.size();
}
// 列表项数据
@Override
public Object getItem(int position) {
    if (dataList != null && position >= 0 && position < dataList.size()){
        return dataList.get(position);
    }
    return null;
}
// 列表项标识
@Override
public long getItemId(int i) {
    return i;
}
// 组件与数据绑定
@Override
public Component getComponent(int position, Component convertComponent,
                            ComponentContainer componentContainer) {
    final Component cpt;
    // 获取组件
    if (convertComponent == null) {
        cpt = LayoutScatter.getInstance(context).parse(ResourceTable.
            Layout_list_index_bar, null, false);
    } else {
        cpt = convertComponent;
    }
    // 获取数据模型
    IndexBarItem sampleItem = dataList.get(position);
    // 获取组件中的文本组件
    Text text = (Text) cpt.findComponentById(ResourceTable.Id_text);
    // 根据选中状态来设置文本和背景颜色
```

```
            if (sampleItem.isSelected()) {
                text.setTextColor(Color.BLUE);
                text.setBackground(new ShapeElement(context, ResourceTable.
                                    Graphic_background_index_bar_item));
            } else {
                text.setTextColor(Color.BLACK);
                text.setBackground(null);
            }
            // 设置类别名称
            text.setText(sampleItem.getName());
            return cpt;
        }
    }
```

上面的代码中使用背景资源文件 background_index_bar_item.xml，其为选中的类别增加一个圆角的背景，代码如下：

```
<?xml version="1.0" encoding="utf-8" ?>
<shape xmlns:ohos="http://schemas.huawei.com/res/ohos"
       ohos:shape="rectangle">
    <solid
        ohos:color="#ffccff"/>
    <corners ohos:radius="20vp"/>
</shape>
```

与之类似，编写餐品列表的 Provider 类 ContentListDataProvider，代码如下：

```
// 包名与模块引入
package com.example.coffee.provider;
import com.example.coffee.ResourceTable;
import com.example.coffee.items.CoffeeItem;
import com.example.coffee.utils.DisplayUtils;
import ohos.agp.components.*;
import ohos.agp.text.RichTextBuilder;
import ohos.agp.text.TextForm;
import ohos.agp.utils.Color;
import ohos.app.Context;
import java.util.List;
```

```
// 类实现
public class ContentListDataProvider extends BaseItemProvider {
    // 数据模型列表
    private List<CoffeeItem> dataList;
    // 上下文对象
    private Context context;
    // 更改数据源
    public void setDataList(List<CoffeeItem> dataList) {
        this.dataList = dataList;
    }
    // 自定义构造方法
    public ContentListDataProvider(List<CoffeeItem> dataList, Context context) {
        this.dataList = dataList;
        this.context = context;
    }
    // 列表项个数
    @Override
    public int getCount() {
        return dataList == null ? 0 : dataList.size();
    }
    // 列表项数据
    @Override
    public Object getItem(int position) {
        if (dataList != null && position >= 0 && position < dataList.size()){
            return dataList.get(position);
        }
        return null;
    }
    // 列表项标识
    @Override
    public long getItemId(int i) {
        return i;
    }
    // 绑定数据
    @Override
```

12

```
    public Component getComponent(int position, Component convertComponent,
                                  ComponentContainer componentContainer) {
        final Component cpt;
        if (convertComponent == null) {
            cpt = LayoutScatter.getInstance(context).parse(ResourceTable.
                Layout_coffee_item, null, false);
        } else {
            cpt = convertComponent;
        }
        // 获取数据模型
        CoffeeItem sampleItem = dataList.get(position);
        // 获取组件中的子组件，并进行数据绑定
        Image image = (Image) cpt.findComponentById(ResourceTable.Id_cover);
        image.setPixelMap(sampleItem.getImageId());
        // 设置图片圆角
        image.setCornerRadius(20);
        Text name = (Text) cpt.findComponentById(ResourceTable.Id_coffee_name);
        name.setText(sampleItem.getName());
        Text desc = (Text) cpt.findComponentById(ResourceTable.Id_coffee_desc);
        desc.setText(sampleItem.getDescription());
        Text price = (Text) cpt.findComponentById(ResourceTable.Id_coffee_price);
        price.setText(sampleItem.getPrice());
        Text oriPrice = (Text) cpt.findComponentById(ResourceTable.Id_coffee_ori_price);
        // 原价部分采用富文本，对文本增加删除线
        TextForm form = new TextForm();
        form.setStrikethrough(true);
        form.setTextColor(Color.GRAY.getValue());
        form.setTextSize(DisplayUtils.vp2px(context, 15));
        RichTextBuilder builder = new RichTextBuilder(form);
        builder.addText(sampleItem.getOriginalPrice());
        oriPrice.setRichText(builder.build());
        return cpt;
    }
}
```


ContentListDataProvider 与 IndexBarDataProvider 的代码结构基本一致，需要注意，

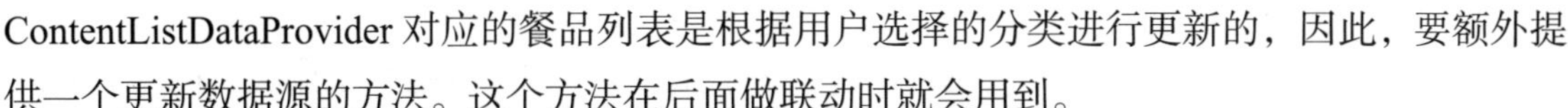

ContentListDataProvider 对应的餐品列表是根据用户选择的分类进行更新的，因此，要额外提供一个更新数据源的方法。这个方法在后面做联动时就会用到。

12.2.3　列表联动

准备好列表组件后，就在 MainAbilitySlice 类中完成列表的配置和联动逻辑。首先，需要生成一些测试数据。在 mock 包下新建一个命名为 DataMockManager 的类，编写代码如下：

```
// 包名与模块引入
package com.example.coffee.mock;
import com.example.coffee.ResourceTable;
import com.example.coffee.items.CoffeeItem;
import com.example.coffee.items.IndexBarItem;
import java.util.ArrayList;
import java.util.List;
// 类实现
public class DataMockManager {
    // 餐品类别列表数据
    static private String[] indexBarData = {
            "好评爆款",  "美式家族", "古典茶饮", "咖啡牛奶",
            "活力果汁",  "畅爽沙冰", "大师甄选", "今日特惠",
            "瑞纳冰", "雪顶咖啡", "塑身无糖", "经典咖啡",
            "新品试喝", "即将上线"
    };
    // 生成餐品类别列表数据模型模拟数据
    static public List<IndexBarItem> mockIndexBarData() {
        List<IndexBarItem> list = new ArrayList<>();
        for (String indexBarDatum : indexBarData) {
            list.add(new IndexBarItem(indexBarDatum));
        }
        return list;
    }
    // 生成餐品列表数据模型模拟数据
    static public List<CoffeeItem> mockCoffeeList(String category) {
        List<CoffeeItem> list = new ArrayList<>();
        for (int i = 'A'; i <= 'Z'; i++) {
```

```
            list.add(new CoffeeItem(ResourceTable.Media_coffee, category +
                    String.format("-%c款", i), "18.8￥", "低糖|超好喝", "27.9￥"));
        }
        return list;
    }
}
```

DataMockManager 类只是一个方便测试所编写的应用功能的类，后面还会再添加其他生成测试数据的方法。

首页的页面布局最终是由 MainAbilitySlice 类来完成的，在此类中主要需要处理列表组件的 Provider 绑定、两个列表的联动以及后续的子页面跳转逻辑。本小节先处理列表渲染和联动逻辑，编写代码如下：

```
// 包名和模块引入
package com.example.coffee.slice;
import com.example.coffee.ResourceTable;
import com.example.coffee.items.CoffeeItem;
import com.example.coffee.items.IndexBarItem;
import com.example.coffee.mock.DataMockManager;
import com.example.coffee.provider.ContentListDataProvider;
import com.example.coffee.provider.IndexBarDataProvider;
import ohos.aafwk.ability.AbilitySlice;
import ohos.aafwk.content.Intent;
import ohos.agp.components.Component;
import ohos.agp.components.ListContainer;
import java.util.List;
// 类实现
public class MainAbilitySlice extends AbilitySlice {
    // 列表组件
    private ListContainer indexBarList = null;
    private ListContainer contentList = null;
    // 分类列表组件的数据 Provider 实例和数据源
    private List<IndexBarItem> indexBarData = null;
    private IndexBarDataProvider indexBarDataProvider = null;
    // 餐品列表组件的数据 Provider 实例和数据源
    private List<CoffeeItem> coffeeItems = null;
```

12

```
private ContentListDataProvider contentListDataProvider = null;
@Override
public void onStart(Intent intent) {
    super.onStart(intent);
    super.setUIContent(ResourceTable.Layout_ability_main);
    // 从布局文件中获取子组件
    findComponents();
    // 进行初始化
    setup();
}
// 获取子组件
private void findComponents() {
    indexBarList = (ListContainer) findComponentById(ResourceTable.Id_list_index_bar);
    contentList = (ListContainer) findComponentById(ResourceTable.Id_list_content);
}
// 初始化方法
private void setup() {
    // 生成模拟数据
    indexBarData = DataMockManager.mockIndexBarData();
    coffeItems = DataMockManager.mockCoffeList(indexBarData.get(0).getName());
    // 将分类列表数据源中的第一个分类设置为默认选中的分类
    indexBarData.get(0).setSelected(true);
    // 创建 Provider 实例
    indexBarDataProvider = new IndexBarDataProvider(indexBarData,this);
    contentListDataProvider = new ContentListDataProvider(coffeeItems, this);
    // 设置列表的 Provider 以及设置监听
    indexBarList.setItemProvider(indexBarDataProvider);
    indexBarList.setBindStateChangedListener(new Component.
    BindStateChangedListener() {
        @Override
        public void onComponentBoundToWindow(Component component) {
            indexBarDataProvider.notifyDataChanged();
        }
        @Override
        public void onComponentUnboundFromWindow(Component component) {
        }
```

12

```
        });
        contentList.setItemProvider(contentListDataProvider);
        contentList.setBindStateChangedListener(new Component.
        BindStateChangedListener() {
            @Override
            public void onComponentBoundToWindow(Component component) {
                contentListDataProvider.notifyDataChanged();
            }
            @Override
            public void onComponentUnboundFromWindow(Component component) {
            }
        });
        // 为类别列表的列表项单击设置监听
        indexBarList.setItemClickedListener(new ListContainer.ItemClickedListener() {
            @Override
            public void onItemClicked(ListContainer listContainer, Component
            component, int position, long l) {
                // 遍历数据源，将所有类别设置为非选中状态（为了清除之前的选中状态）
                for (IndexBarItem indexBarDatum : indexBarData) {
                    indexBarDatum.setSelected(false);
                }
                // 将当前用户单击的类别设置为选中状态
                indexBarData.get(position).setSelected(true);
                // 刷新类别列表
                indexBarDataProvider.notifyDataChanged();
                // 根据类别重新生成餐品列表
                coffeeItems = DataMockManager.mockCoffeeList(indexBarData.
                        get(position).getName());
                // 重新设置餐品列表 Provider 的数据源
                contentListDataProvider.setDataList(coffeeItems);
                // 刷新餐品列表
                contentListDataProvider.notifyDataChanged();
            }
        });
    }
}
```

上面的代码结构非常简单，列表的联动实际上就是当主控列表的选中项发生变化时，受控列表的数据会重新设置，列表重新刷新即可。运行上面的代码，项目的效果如图 12.2 所示。

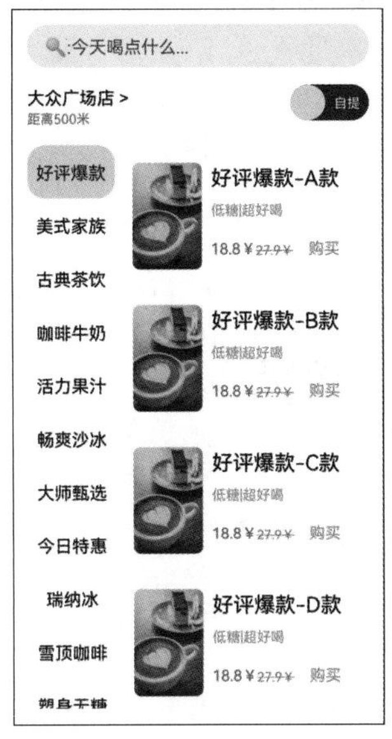

图 12.2　咖啡点餐应用首页开发

当单击切换页面左侧的选中类别时，可以看到餐品列表也会对应地更新。目前，首页的功能开发并不完整，还有很多跳转逻辑以及与子页面的交互逻辑将在后续小节实现。

12.3　店铺列表和搜索页面开发

本节来完成两个独立列表的开发。店铺列表用来展示所有能够提供服务的门店，当用户选择到店取餐或配送服务时，是需要指定门店的。店铺列表和主页间要支持反向传值，当用户选择了具体的门店后，对应地更新主页的店铺信息。

搜索页面比较简单，只需要提供一个输入框供用户输入关键字，之后将与其相关的产品展示出来即可，当然，目前都使用模拟数据进行测试，测试时输入的关键字并不会真正地影响搜索结果。

12.3.1　店铺列表开发

店铺列表页面的核心组件是一个列表，需要使用 ListContainer 组件。在 layout 文件夹下新建一个命名为 store_slice.xml 的布局文件，编写代码如下：

```
<?xml version="1.0" encoding="utf-8"?>
<DirectionalLayout
    xmlns:ohos="http://schemas.huawei.com/res/ohos"
    ohos:height="match_parent"
    ohos:width="match_parent"
    ohos:orientation="vertical"
    ohos:padding="20vp">
    <Text
        ohos:width="match_parent"
        ohos:height="match_content"
        ohos:text="请选择门店："
        ohos:text_size="15vp"
        ohos:text_color="#a1a1a1"/>
    <ListContainer
        ohos:id="$+id:store_list"
        ohos:width="match_parent"
        ohos:height="match_parent"
        ohos:weight="1"/>
</DirectionalLayout>
```

此布局文件比较简单，核心是实现每个列表项的布局。新建 store_item.xml 文件，编写代码如下：

```
<?xml version="1.0" encoding="utf-8"?>
<DirectionalLayout
    xmlns:ohos="http://schemas.huawei.com/res/ohos"
    ohos:height="match_content"
    ohos:width="match_parent"
    ohos:orientation="vertical">
    <!—店铺标题和具体模块 -->
    <DirectionalLayout
        ohos:width="match_parent"
        ohos:height="match_content"
        ohos:orientation="horizontal"
        ohos:top_margin="15vp">
        <Text
```

```
            ohos:id="$+id:store_name"
            ohos:width="match_parent"
            ohos:height="match_content"
            ohos:weight="1"
            ohos:text_size="25vp"/>
        <Text
            ohos:id="$+id:store_distance"
            ohos:width="match_content"
            ohos:height="match_content"
            ohos:text_size="15vp"/>
    </DirectionalLayout>
    <!-- 营业时间模块 -->
    <Text
        ohos:id="$+id:store_time"
        ohos:width="match_parent"
        ohos:height="match_content"
        ohos:text_size="20vp"
        ohos:top_margin="10vp"/>
    <!-- 地址模块 -->
    <Text
        ohos:id="$+id:store_address"
        ohos:width="match_parent"
        ohos:height="match_content"
        ohos:text_size="20vp"
        ohos:top_margin="10vp"/>
    <!-- 分割线 -->
    <Text
        ohos:width="match_parent"
        ohos:height="0.5vp"
        ohos:background_element="#c1c1c1"
        ohos:top_margin="20vp"/>
</DirectionalLayout>
```

下面，按照列表的开发流程来定义数据模型，实现 Provider 类。在 items 包下新建一个名命为 StoreItem 的模型类，定义如下：

```
package com.example.coffee.items;
```

```
public class StoreItem {
    // 私有属性
    private String name;        // 门店名称
    private String distance;    // 距离
    private String time;        // 营业时间
    private String address;     // 地址
    // 定义构造方法
    public StoreItem(String name, String distance, String time, String address) {
        this.name = name;
        this.distance = distance;
        this.time = time;
        this.address = address;
    }
    // 对外提供数据的 getter 方法
    public String getName() {
        return name;
    }
    public String getDistance() {
        return distance;
    }
    public String getTime() {
        return time;
    }
    public String getAddress() {
        return address;
    }
}
```

在 provider 包下新建一个命名为 StoreListDataProvider 的类，此类用来处理门店列表的数据绑定逻辑，实现如下：

```
// 包名和模块引入
package com.example.coffee.provider;
import com.example.coffee.ResourceTable;
import com.example.coffee.items.StoreItem;
import ohos.agp.components.*;
import ohos.app.Context;
```

```
import java.util.List;
// 类实现
public class StoreListDataProvider extends BaseItemProvider {
    // 列表项数据源
    private List<StoreItem> dataList;
    // Context 实例
    private Context context;
    // 构造方法
    public StoreListDataProvider(List<StoreItem> dataList, Context context) {
        this.dataList = dataList;
        this.context = context;
    }
    // 列表项个数
    @Override
    public int getCount() {
        return dataList == null ? 0 : dataList.size();
    }
    // 列表项数据
    @Override
    public Object getItem(int position) {
        if (dataList != null && position >= 0 && position < dataList.size()){
            return dataList.get(position);
        }
        return null;
    }
    // 列表项标识
    @Override
    public long getItemId(int i) {
        return i;
    }
    @Override
    public Component getComponent(int position, Component convertComponent,
                                  ComponentContainer componentContainer) {
        final Component cpt;
        // 获取组件
```

```
        if (convertComponent == null) {
            cpt = LayoutScatter.getInstance(context).parse(ResourceTable.
                  Layout_store_item, null, false);
        } else {
            cpt = convertComponent;
        }
        // 获取数据模型
        StoreItem sampleItem = dataList.get(position);
        // 获取组件中的文本组件
        Text nameText = (Text) cpt.findComponentById(ResourceTable.Id_store_name);
        nameText.setText(sampleItem.getName());
        Text distanceText = (Text)  cpt.findComponentById(ResourceTable.Id_
                            store_distance);
        distanceText.setText(sampleItem.getDistance());
        Text timeText = (Text)  cpt.findComponentById(ResourceTable.Id_store_
                        time);
        timeText.setText(sampleItem.getTime());
        Text addressText = (Text) cpt.findComponentById(ResourceTable.Id_store_
                           address);
        addressText.setText(sampleItem.getAddress());
        return cpt;
    }
}
```

在编写 AbilitySlice 类前，还需要提供一个生成模拟数据的方法，在 DataMockManager 类中新增如下方法：

```
// 生成店铺列表数据模型模拟数据
static  public  List<StoreItem> mockStoreList() {
    List<StoreItem> list = new ArrayList<>();
    for (int i = 'A'; i <= 'Z'; i++) {
        list.add(new StoreItem(" 中山路门店 " + String.format("%c", i), " 距离
        300m", " 早晨 8:00~ 下午 5:30", " 中山路南门 168 号 "));
    }
    return list;
}
```

做好这些准备工作后，在 slice 包下新建一个命名为 StoreSlice 的类，核心代码如下：

```
public class StoreSlice extends AbilitySlice {
    // 列表组件，数据源与 Provider
    private ListContainer storeList = null;
    private List<StoreItem> storeListData = null;
    private StoreListDataProvider storeListProvider = null;
    @Override
    protected void onStart(Intent intent) {
        super.onStart(intent);
        // 加载布局文件
        super.setUIContent(ResourceTable.Layout_store_slice);
        // 初始化工作
        setup();
    }
    private void setup() {
        // 组件与数据源的初始化
        storeList = (ListContainer) findComponentById(ResourceTable.Id_store_list);
        storeListData = DataMockManager.mockStoreList();
        storeListProvider = new StoreListDataProvider(storeListData, this);
        storeList.setItemProvider(storeListProvider);
        storeList.setBindStateChangedListener(new Component.
        BindStateChangedListener() {
            @Override
            public void onComponentBoundToWindow(Component component) {
                storeListProvider.notifyDataChanged();
            }
            @Override
            public void onComponentUnboundFromWindow(Component component) {
            }
        });
        // 列表项的单击事件
        storeList.setItemClickedListener(new ListContainer.ItemClickedListener() {
            @Override
            public void onItemClicked(ListContainer listContainer, Component
                                    component, int i, long l) {
```

12

```
                // 传值到页面的调用方
                Intent intent = new Intent();
                // 传递地址与距离数据
                intent.setParam("distance", storeListData.get(i).getDistance());
                intent.setParam("address", storeListData.get(i).getAddress());
                // 反向传值
                setResult(intent);
                // 关闭当前页面
                terminate();
            }
        });
    }
}
```

最后，还需要在 MainAbilitySlice 类中处理跳转逻辑和传值逻辑。在 MainAbilitySlice 类中定义几个组件属性，如下：

```
// 店铺信息模块
private Component storeComp = null;
private Text placeLabel = null;
private Text distanceLabel = null;
```

其中，placeLabel 和 distanceLabel 用来接收和渲染店铺位置和距离数据。

对应地，在 findComponents 方法中添加获取组件实例的代码：

```
placeLabel = (Text) findComponentById(ResourceTable.Id_place_label);
distanceLabel = (Text) findComponentById(ResourceTable.Id_distance_label);
storeComp = findComponentById(ResourceTable.Id_store);
storeComp.setClickedListener(new Component.ClickedListener() {
    @Override
    public void onClick(Component component) {
        presentForResult(new StoreSlice(), new Intent(), 10);
    }
});
```

presentForResult 方法用来跳转到新的 AbilitySlice 页面，用此方法跳转后，将能接收到后面页面传递回来的数据，此方法的第 3 个参数设置当次跳转的请求码，以便用来区分不同的跳转请求。若要处理后面页面传递回来的数据，则在 MainAbilitySlice 类中实现 onResult 方法，代码如下：

```
@Override
protected void onResult(int requestCode, Intent resultIntent) {
    super.onResult(requestCode, resultIntent);
    // 根据请求码判断传递回值的 AbilitySlice
    if (requestCode != 10) {
        return;
    }
    // 从 Intent 对象中获取传递的数据
    String place = resultIntent.getStringParam("address");
    String distance = resultIntent.getStringParam("distance");
    // 进行赋值
    placeLabel.setText(place);
    distanceLabel.setText(distance);
}
```

至此，基本完成了店铺列表的开发及其与首页的交互逻辑工作，运行代码，效果如图 12.3 所示。

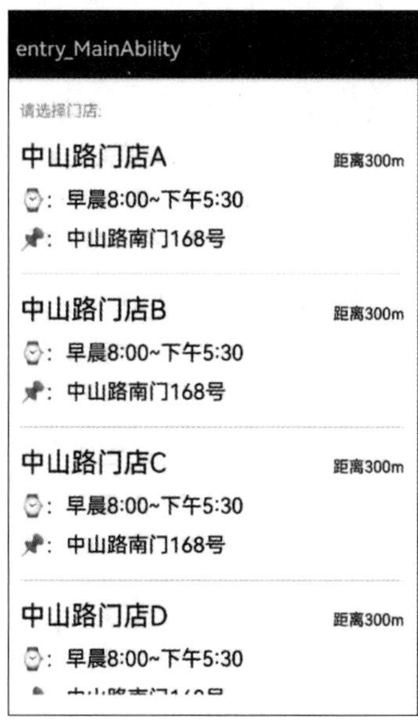

图 12.3　店铺列表页面

12.3.2 搜索页面开发

搜索页面能够提供餐品搜索功能。搜索出的餐品列表复用首页的餐品列表。首先在 layout 文件夹下新建一个命名为 search_slice.xml 的布局文件，编写代码如下：

```
<?xml version="1.0" encoding="utf-8"?>
<DirectionalLayout
    xmlns:ohos="http://schemas.huawei.com/res/ohos"
    ohos:height="match_parent"
    ohos:width="match_parent"
    ohos:orientation="vertical"
    ohos:padding="20vp">
    <!-- 搜索栏部分 -->
    <DirectionalLayout
        ohos:width="match_parent"
        ohos:height="match_content"
        ohos:orientation="horizontal">
        <TextField
            ohos:id="$+id:search_field"
            ohos:width="match_parent"
            ohos:height="40vp"
            ohos:hint="喝点什么呢？搜搜看 ..."
            ohos:text_size="20vp"
            ohos:text_alignment="vertical_center"
            ohos:left_padding="10vp"
            ohos:right_padding="10vp"
            ohos:right_margin="20vp"
            ohos:background_element="$graphic:background_search_bar"
            ohos:weight="1"
            />
        <Button
            ohos:id="$+id:search_button_real"
            ohos:width="60vp"
            ohos:height="30vp"
            ohos:text="搜索"
            ohos:text_size="20vp"
```

```
            ohos:background_element="$graphic:background_switch"
            ohos:text_color="#ffffff"/>
    </DirectionalLayout>
    <!-- 结果列表部分 -->
    <ListContainer
        ohos:id="$+id:searcg_result_list"
        ohos:width="match_parent"
        ohos:height="match_parent"
        ohos:top_margin="20vp"
        ohos:weight="1"/>
</DirectionalLayout>
```

搜索框的背景使用 background_search_bar.xml 文件来定义，此文件的实现如下：

```
<?xml version="1.0" encoding="utf-8" ?>
<shape xmlns:ohos="http://schemas.huawei.com/res/ohos"
       ohos:shape="rectangle">
    <solid
        ohos:color="#f1f1f1"/>
    <corners ohos:radius="24vp"/>
</shape>
```

核心的搜索结果列表复用首页的餐品列表，因此，Provider 类和数据模型类无须额外定义，在 DataMockManager 类中新增一个生成搜索结果数据的方法，如下：

```
// 生成搜索列表模拟数据
static public List<CoffeeItem> mockSearchResultList(String keyword) {
    List<CoffeeItem> list = new ArrayList<>();
    for (int i = 'A'; i <= 'Z'; i++) {
        list.add(new CoffeeItem(ResourceTable.Media_coffee, keyword + String.
                format("-%c 款", i), "18.8 ￥", "低糖 | 超好喝", "27.9 ￥"));
    }
    return list;
}
```

在 slice 包下新建一个命名为 SearchSlice 的类，核心代码如下：

```
public class SearchSlice extends AbilitySlice {
```

```
// 组件实例
private TextField searchTextField = null;
private Button searchButton = null;
private ListContainer resultList = null;
// 数据源
private List<CoffeeItem> dataList = null;
// Provider 对象
private ContentListDataProvider provider;
@Override
protected void onStart(Intent intent) {
    super.onStart(intent);
    setUIContent(ResourceTable.Layout_search_slice);
    // 初始化
    findComponent();
}
// 进行初始化
private void findComponent() {
    // 获取组件实例
    searchTextField = (TextField)  findComponentById(ResourceTable.Id_
                        search_field);
    searchButton = (Button)  findComponentById(ResourceTable.Id_search_
                    button_real);
    resultList = (ListContainer) findComponentById(ResourceTable.Id_searcg_
                  result_list);
    // 搜索按钮的单击交互事件监听
    searchButton.setClickedListener(new Component.ClickedListener() {
        @Override
        public void onClick(Component component) {
            // 单击搜索时，先收起键盘
            searchTextField.clearFocus();
            // 获取输入框的内容
            String keyString = searchTextField.getText();
            // 检查要搜索的关键字是否合法
            if (keyString != null && keyString.length() > 0) {
                // 生成模拟数据
```

```
                dataList = DataMockManager.mockSearchResultList(keyString);
                // 重设列表数据源
                provider.setDataList(dataList);
                // 刷新列表
                provider.notifyDataChanged();
            }
        }
    });
    // 创建列表 Provider 并绑定到列表
    provider = new ContentListDataProvider(dataList, this);
    resultList.setItemProvider(provider);
    // 预留列表的单击事件，后续处理跳转到详情页
    resultList.setItemClickedListener(new ListContainer.ItemClickedListener() {
        @Override
        public void onItemClicked(ListContainer listContainer, Component
                                 component, int i, long l) {
            // 处理跳转到详情页的逻辑
        }
    });
  }
}
```

最后，在 MainAbilitySlice 中添加跳转逻辑，为首页的搜索栏添加单击事件，代码如下：

```
searchButton = (Button) findComponentById(ResourceTable.Id_search_button);
searchButton.setClickedListener(new Component.ClickedListener() {
    @Override
    public void onClick(Component component) {
        present(new SearchSlice(), new Intent());
    }
});
```

运行代码，效果如图 12.4 与图 12.5 所示。

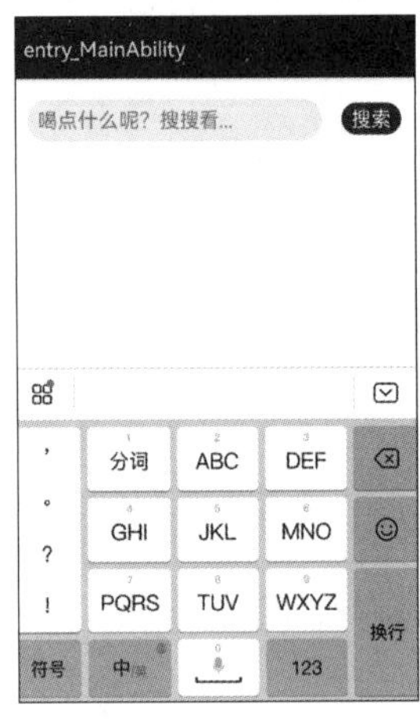

图 12.4　搜索页面示例

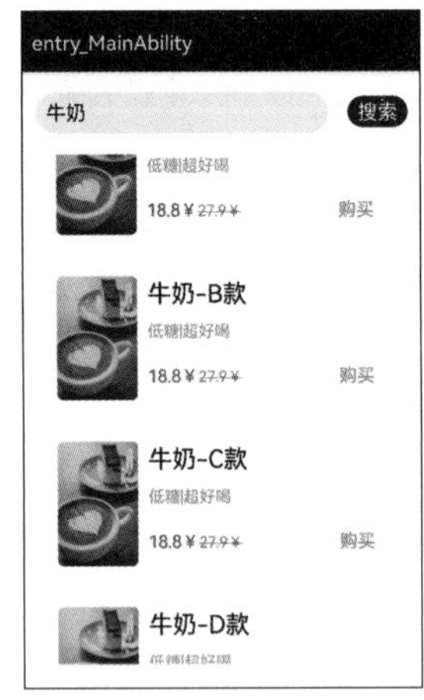

图 12.5　搜索结果示例

12.4　餐品详情页与订单页面开发

餐品详情页用来展示对应餐品的详细信息，并且提供一些配置项供用户在购买前进行个性化配置，如杯型、甜度等。当然，餐品详情页也要提供购买餐品的入口，通常支付操作会使用第三方的支付服务，在本项目中不再进行模拟，默认单击购买后就完成了支付流程。最终跳转到订单详情的页面，完成餐品的整个购买流程。

12.4.1　餐品详情页开发

首先在 layout 文件夹下新建一个命名为 detail_slice.xml 的布局文件，餐品详情页大致分为 3 部分，第 1 部分展示餐品的详情信息，如图片、名称、价格等；第 2 部分提供给用户进行定制化的配置；第 3 部分是购买操作的交互按钮。编写代码如下：

```
<?xml version="1.0" encoding="utf-8"?>
<StackLayout
    xmlns:ohos="http://schemas.huawei.com/res/ohos"
    ohos:height="match_parent"
    ohos:width="match_parent">
    <!-- 内容部分 -->
    <DirectionalLayout
        ohos:height="match_content"
```

```
ohos:width="match_parent"
ohos:orientation="vertical">
<!-- 顶部餐品图 -->
<Image
    ohos:id="$+id:detail_image"
    ohos:width="match_parent"
    ohos:height="200vp"
    ohos:scale_mode="center"/>
<!-- 名称与信息 -->
<Text
    ohos:id="$+id:detail_title"
    ohos:width="match_content"
    ohos:height="match_parent"
    ohos:text_size="25vp"
    ohos:left_margin="15vp"
    ohos:top_margin="20vp"/>
<Text
    ohos:id="$+id:detail_desc"
    ohos:width="match_content"
    ohos:height="match_parent"
    ohos:text_size="15vp"
    ohos:left_margin="15vp"
    ohos:top_margin="20vp"
    ohos:text_color="#717171"/>
<!-- 选项部分 -->
<DirectionalLayout
    ohos:width="match_parent"
    ohos:height="match_content"
    ohos:alignment="vertical_center"
    ohos:orientation="horizontal"
    ohos:left_margin="15vp"
    ohos:top_margin="15vp">
    <Text
        ohos:width="match_content"
        ohos:height="match_content"
```

```
                ohos:text=" 杯型 "
                ohos:text_size="20vp"/>
            <Text
                ohos:id="$+id:detail_op1_1"
                ohos:width="60vp"
                ohos:height="30vp"
                ohos:text=" 大杯 "
                ohos:text_size="20vp"
                ohos:left_margin="20vp"
                ohos:text_alignment="center"
                ohos:background_element="$graphic:background_option_normal"/>
            <Text
                ohos:id="$+id:detail_op1_2"
                ohos:width="60vp"
                ohos:height="30vp"
                ohos:text=" 小杯 "
                ohos:text_size="20vp"
                ohos:left_margin="20vp"
                ohos:text_alignment="center"
                ohos:background_element="$graphic:background_option_normal"/>
        </DirectionalLayout>
        <DirectionalLayout
            ohos:width="match_parent"
            ohos:height="match_content"
            ohos:alignment="vertical_center"
            ohos:orientation="horizontal"
            ohos:left_margin="15vp"
            ohos:top_margin="15vp">
            <Text
                ohos:width="match_content"
                ohos:height="match_content"
                ohos:text=" 温度 "
                ohos:text_size="20vp"/>
            <Text
                ohos:id="$+id:detail_op2_1"
```

```
            ohos:width="60vp"
            ohos:height="30vp"
            ohos:text=" 冷 "
            ohos:text_size="20vp"
            ohos:left_margin="20vp"
            ohos:text_alignment="center"
            ohos:background_element="$graphic:background_option_normal"/>
        <Text
            ohos:id="$+id:detail_op2_2"
            ohos:width="60vp"
            ohos:height="30vp"
            ohos:text=" 热 "
            ohos:text_size="20vp"
            ohos:left_margin="20vp"
            ohos:text_alignment="center"
            ohos:background_element="$graphic:background_option_normal"/>
    </DirectionalLayout>
    <DirectionalLayout
        ohos:width="match_parent"
        ohos:height="match_content"
        ohos:alignment="vertical_center"
        ohos:orientation="horizontal"
        ohos:left_margin="15vp"
        ohos:top_margin="15vp">
        <Text
            ohos:width="match_content"
            ohos:height="match_content"
            ohos:text=" 甜度 "
            ohos:text_size="20vp"/>
        <Text
            ohos:id="$+id:detail_op3_1"
            ohos:width="60vp"
            ohos:height="30vp"
            ohos:text=" 全糖 "
            ohos:text_size="20vp"
```

```
                ohos:left_margin="20vp"
                ohos:text_alignment="center"
                ohos:background_element="$graphic:background_option_normal"/>
            <Text
                ohos:id="$+id:detail_op3_2"
                ohos:width="60vp"
                ohos:height="30vp"
                ohos:text=" 半糖 "
                ohos:text_size="20vp"
                ohos:left_margin="20vp"
                ohos:text_alignment="center"
                ohos:background_element="$graphic:background_option_normal"/>
        </DirectionalLayout>
        <Text
            ohos:id="$+id:detail_price"
            ohos:width="match_content"
            ohos:height="match_content"
            ohos:left_margin="15vp"
            ohos:text_size="20vp"
            ohos:text_color="#ff1100"
            ohos:top_margin="20vp"/>
    </DirectionalLayout>
    <!-- 底部购买按钮 -->
    <Button
        ohos:id="$+id:detail_buy"
        ohos:width="300vp"
        ohos:height="50vp"
        ohos:text_alignment="center"
        ohos:text_size="20vp"
        ohos:text=" 立即购买 "
        ohos:layout_alignment="bottom|horizontal_center"
        ohos:bottom_margin="20vp"
        ohos:background_element="$graphic:background_thumb"/>
</StackLayout>
```


代码中有使用background_option_normal背景资源文件，对应地还需要实现一个

background_option_selected 背景资源文件。当用户对选项进行切换时，通过改变背景资源文件来切换选中状态。

background_option_normal.xml 文件的代码如下：

```
<?xml version="1.0" encoding="utf-8" ?>
<shape xmlns:ohos="http://schemas.huawei.com/res/ohos"
       ohos:shape="rectangle">
    <solid
        ohos:color="#f1f1f1"/>
    <corners ohos:radius="6vp"/>
</shape>
```

background_option_selected.xml 文件的代码如下：

```
<?xml version="1.0" encoding="utf-8" ?>
<shape xmlns:ohos="http://schemas.huawei.com/res/ohos"
       ohos:shape="rectangle">
    <solid
        ohos:color="#00cccc"/>
    <corners ohos:radius="6vp"/>
</shape>
```

之后，在 slice 包下新建一个命名为 DetailSlice 的类，用来渲染详情页的数据以及处理用户交互，实现代码如下：

```
// 包名及模块引入
package com.example.coffee.slice;
import com.example.coffee.ResourceTable;
import com.example.coffee.items.CoffeeItem;
import ohos.aafwk.ability.AbilitySlice;
import ohos.aafwk.content.Intent;
import ohos.agp.components.Button;
import ohos.agp.components.Component;
import ohos.agp.components.Image;
import ohos.agp.components.Text;
import ohos.agp.components.element.ShapeElement;
// 类实现
public class DetailSlice extends AbilitySlice {
```

```
// 详情页的餐品数据
private CoffeeItem coffeeItem = null;
// 用户的个性化配置
private String sizeOption = "";
private String temperatureOption = "";
private String sweetOption = "";
@Override
protected void onStart(Intent intent) {
    super.onStart(intent);
    // 从 intent 获取传递进来的餐品数据
    coffeeItem = new CoffeeItem(intent.getIntParam("image", 0), intent.
    getStringParam("name"), intent.getStringParam("price"), intent.
    getStringParam("description"), intent.getStringParam("originalPrice"));
    setUIContent(ResourceTable.Layout_detail_slice);
    setup();
}
// 初始化方法
private void setup() {
    // 设置餐品图片
    Image image = (Image) findComponentById(ResourceTable.Id_detail_image);
    image.setPixelMap(coffeeItem.getImageId());
    // 设置餐品名称
    Text nameText = (Text) findComponentById(ResourceTable.Id_detail_title);
    nameText.setText(coffeeItem.getName());
    // 设置餐品信息
    Text detailText = (Text) findComponentById(ResourceTable.Id_detail_desc);
    detailText.setText(coffeeItem.getDescription());
    // 设置餐品价格
    Text priceText = (Text) findComponentById(ResourceTable.Id_detail_price);
    priceText.setText("优惠价格: " + coffeeItem.getPrice());
    // 对个性化配置项进行处理
    Text op1_1 = (Text) findComponentById(ResourceTable.Id_detail_op1_1);
    Text op1_2 = (Text) findComponentById(ResourceTable.Id_detail_op1_2);
    Text op2_1 = (Text) findComponentById(ResourceTable.Id_detail_op2_1);
    Text op2_2 = (Text) findComponentById(ResourceTable.Id_detail_op2_2);
```

```
Text op3_1 = (Text) findComponentById(ResourceTable.Id_detail_op3_1);
Text op3_2 = (Text) findComponentById(ResourceTable.Id_detail_op3_2);
// 选中某个配置项后，修改选中项和互斥项的背景
op1_1.setClickedListener(new Component.ClickedListener() {
    @Override
    public void onClick(Component component) {
        op1_1.setBackground(new ShapeElement(getContext(),
        ResourceTable.Graphic_background_option_selected));
        op1_2.setBackground(new ShapeElement(getContext(),
        ResourceTable.Graphic_background_option_normal));
        sizeOption = "大杯";
    }
});
op1_2.setClickedListener(new Component.ClickedListener() {
    @Override
    public void onClick(Component component) {
        op1_2.setBackground(new ShapeElement(getContext(),
        ResourceTable.Graphic_background_option_selected));
        op1_1.setBackground(new ShapeElement(getContext(),
        ResourceTable.Graphic_background_option_normal));
        sizeOption = "小杯";
    }
});
op2_1.setClickedListener(new Component.ClickedListener() {
    @Override
    public void onClick(Component component) {
        op2_1.setBackground(new ShapeElement(getContext(),
        ResourceTable.Graphic_background_option_selected));
        op2_2.setBackground(new ShapeElement(getContext(),
        ResourceTable.Graphic_background_option_normal));
        temperatureOption = "冷";
    }
});
op2_2.setClickedListener(new Component.ClickedListener() {
    @Override
```

```
        public void onClick(Component component) {
            op2_2.setBackground(new ShapeElement(getContext(),
            ResourceTable.Graphic_background_option_selected));
            op2_1.setBackground(new ShapeElement(getContext(),
            ResourceTable.Graphic_background_option_normal));
            temperatureOption = "热";
        }
    });
    op3_1.setClickedListener(new Component.ClickedListener() {
        @Override
        public void onClick(Component component) {
            op3_1.setBackground(new ShapeElement(getContext(),
            ResourceTable.Graphic_background_option_selected));
            op3_2.setBackground(new ShapeElement(getContext(),
            ResourceTable.Graphic_background_option_normal));
            sweetOption = "全糖";
        }
    });
    op3_2.setClickedListener(new Component.ClickedListener() {
        @Override
        public void onClick(Component component) {
            op3_2.setBackground(new ShapeElement(getContext(),
            ResourceTable.Graphic_background_option_selected));
            op3_1.setBackground(new ShapeElement(getContext(),
            ResourceTable.Graphic_background_option_normal));
            sweetOption = "半糖";
        }
    });
    // 购买按钮的交互
    Button button = (Button) findComponentById(ResourceTable.Id_detail_buy);
    button.setClickedListener(new Component.ClickedListener() {
        @Override
        public void onClick(Component component) {
            // 购买逻辑
        }
    });
```

```
    }
}
```

需要注意，餐品详情页的数据依赖前一个页面的传入，在首页实现单击某个餐品列表项的回调方法如下：

```
contentList.setItemClickedListener(new ListContainer.ItemClickedListener() {
    @Override
    public void onItemClicked(ListContainer listContainer, Component
                              component, int i, long l) {
        CoffeeItem item = coffeeItems.get(i);
        // 创建 intent 进行数据传递
        Intent intent = new Intent();
        intent.setParam("image", item.getImageId());
        intent.setParam("name", item.getName());
        intent.setParam("description", item.getDescription());
        intent.setParam("price", item.getPrice());
        intent.setParam("originalPrice", item.getOriginalPrice());
        present(new DetailSlice(), intent);
    }
});
```

搜索列表页的餐品项单击事件的处理也是类似，这里不再赘述。现在，尝试运行代码，从首页的搜索列表页单击某个餐品，会跳转到餐品详情页，如图 12.6 所示。

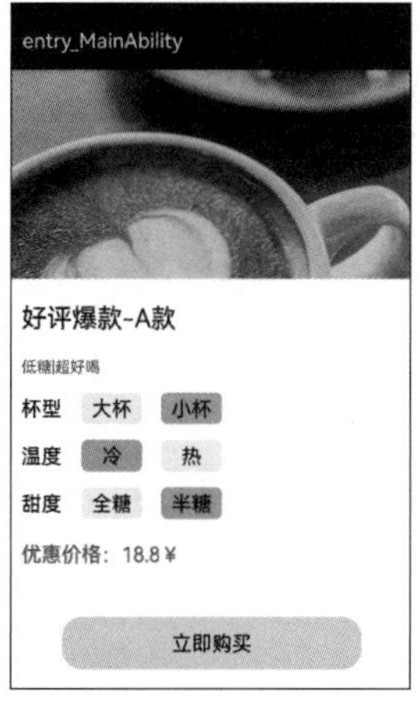

图 12.6　餐品详情页示例

12.4.2 订单详情页开发

本小节将完成点餐应用的最后一部分。当用户在餐品详情页中单击“立即购买”按钮后，默认为已经完成了支付操作并跳转到订单页面。通常在订单创建时会自动生成订单编号，然后通过订单编号来获取订单的详细信息。

首先，在 layout 文件夹下新建一个命名为 order_slice.xml 的布局文件，编写代码如下：

```
<?xml version="1.0" encoding="utf-8"?>
<DirectionalLayout
    xmlns:ohos="http://schemas.huawei.com/res/ohos"
    ohos:height="match_parent"
    ohos:width="match_parent"
    ohos:orientation="vertical"
    ohos:background_element="#e1e1e1">
    <!-- 订单状态部分 -->
    <DirectionalLayout
        ohos:height="100vp"
        ohos:width="match_parent"
        ohos:orientation="vertical"
        ohos:alignment="center"
        ohos:top_margin="10vp"
        ohos:background_element="#ffffff">
        <Text
            ohos:width="match_content"
            ohos:height="match_content"
            ohos:text=" 订单状态 "
            ohos:text_size="15vp"
            ohos:text_color="#999999"
            ohos:top_margin="5vp"/>
        <Text
            ohos:id="$+id:order_status"
            ohos:width="match_content"
            ohos:height="match_content"
            ohos:text=""
            ohos:text_size="25vp"/>
```

```
</DirectionalLayout>
<!-- 餐品信息部分 -->
<DirectionalLayout
    ohos:height="205vp"
    ohos:width="match_parent"
    ohos:orientation="vertical"
    ohos:alignment="top"
    ohos:top_margin="10vp"
    ohos:background_element="#ffffff"
    ohos:padding="15vp">
    <Text
        ohos:id="$+id:order_id"
        ohos:width="match_parent"
        ohos:height="match_content"
        ohos:text_size="15vp"
        ohos:text_color="#777777"/>
    <DirectionalLayout
        ohos:width="match_parent"
        ohos:height="match_content"
        ohos:orientation="horizontal"
        ohos:top_margin="10vp">
        <Image
            ohos:id="$+id:order_image"
            ohos:width="80vp"
            ohos:height="120vp"
            ohos:scale_mode="inside"/>
        <DirectionalLayout
            ohos:orientation="vertical"
            ohos:width="match_content"
            ohos:height="match_content"
            ohos:alignment="top"
            ohos:left_margin="20vp"
            ohos:top_margin="10vp">
            <Text
                ohos:id="$+id:order_p_name"
```

```
                ohos:width="match_content"
                ohos:height="match_content"
                ohos:text_size="18vp"
                ohos:top_margin="5vp"/>
            <Text
                ohos:id="$+id:order_p_desc"
                ohos:width="match_content"
                ohos:height="match_content"
                ohos:text_size="15vp"
                ohos:text_color="#777777"
                ohos:top_margin="10vp"/>
        </DirectionalLayout>
        <Text
            ohos:id="$+id:order_p_price"
            ohos:width="match_parent"
            ohos:height="match_content"
            ohos:text_alignment="right"
            ohos:top_margin="20vp"
            ohos:right_margin="10vp"
            ohos:text_color="#ff0000"
            ohos:text_size="30vp"
            ohos:weight="1"/>
    </DirectionalLayout>
    <Text
        ohos:id="$+id:order_total"
        ohos:width="match_parent"
        ohos:height="match_content"
        ohos:text_size="15vp"
        ohos:top_margin="10vp"/>
</DirectionalLayout>
<!-- 附加信息部分 -->
<DirectionalLayout
    ohos:height="70vp"
    ohos:width="match_parent"
    ohos:orientation="vertical"
    ohos:alignment="top"
```

```
        ohos:top_margin="10vp"
        ohos:padding="15vp"
        ohos:background_element="#ffffff">
        <Text
            ohos:id="$+id:order_time"
            ohos:width="match_parent"
            ohos:height="match_content"
            ohos:text_size="15vp"
            ohos:text_color="#777777"/>
        <Text
            ohos:id="$+id:order_phone"
            ohos:width="match_parent"
            ohos:height="match_content"
            ohos:text_size="15vp"
            ohos:text_color="#777777"/>
    </DirectionalLayout>
</DirectionalLayout>
```

在 items 包下新建一个命名为 OrderItem 的模型类，在其中定义一些属性为订单页面提供数据支持。代码如下：

```
public class OrderItem {
    // 订单中的餐品
    private CoffeeItem coffeeItem;
    // 订单总价
    private String totalPrice;
    // 订单 ID
    private String orderId;
    // 订单状态
    private String status;
    // 订单创建时间
    private String createTime;
    // 商家电话
    private String phoneNumber;
    // 自定义构造方法
    public OrderItem(CoffeeItem coffeeItem, String totalPrice, String orderId,
                    String status, String createTime, String phoneNumber) {
```

12

```
        this.coffeeItem = coffeeItem;
        this.totalPrice = totalPrice;
        this.orderId = orderId;
        this.status = status;
        this.createTime = createTime;
        this.phoneNumber = phoneNumber;
    }
    // 对应的 getter 方法
    public CoffeeItem getCoffeeItem() {
        return coffeeItem;
    }
    public String getTotalPrice () {
        return totalPrice;
    }
    public String getOrderId() {
        return orderId;
    }
    public String getStatus() {
        return status;
    }
    public String getCreateTime() {
        return createTime;
    }
    public String getPhoneNumber() {
        return phoneNumber;
    }
}
```

对应地，在 DataMockManager 类中定义一个提供订单信息模拟数据的方法，如下：

```
// 生成订单信息模拟数据
static public OrderItem mockOrderDetail(String orderId) {
    return new OrderItem(new CoffeeItem(ResourceTable.Media_coffee, "咖啡A", "9.9￥",
                    "低糖|超好喝", "27.9￥"), "9.9￥", orderId, "商家已接单",
                    "2023-05-07 12:00:00", "131********");
}
```

在 slice 包下新建一个命名为 OrderSlice 的类，其主要处理两部分工作，分别是数据的获取和将数据绑定到对应的组件上。核心代码如下：

```
public class OrderSlice extends AbilitySlice {
    // 订单数据
    OrderItem orderItem;
    @Override
    protected void onStart(Intent intent) {
        super.onStart(intent);
        setUIContent(ResourceTable.Layout_order_slice);
        // 获取数据
        requestData(intent.getStringParam("id"));
        // 渲染数据
        setup();
    }
    // 从 DataMockManager 类获取模拟数据
    private void requestData(String id) {
        orderItem = DataMockManager.mockOrderDetail(id);
    }
    // 将数据填充到组件
    private void setup() {
        Text statusText = (Text) findComponentById(ResourceTable.Id_order_status);
        statusText.setText(orderItem.getStatus());
        Image image = (Image) findComponentById(ResourceTable.Id_order_image);
        image.setPixelMap(orderItem.getCoffeeItem().getImageId());
        image.setCornerRadius(20);
        Text idText = (Text) findComponentById(ResourceTable.Id_order_id);
        idText.setText("订单编号：" + orderItem.getOrderId());
        Text nameText = (Text) findComponentById(ResourceTable.Id_order_p_name);
        nameText.setText(orderItem.getCoffeeItem().getName());
        Text descText = (Text) findComponentById(ResourceTable.Id_order_p_desc);
        descText.setText(orderItem.getCoffeeItem().getDescription());
        Text priceText = (Text) findComponentById(ResourceTable.Id_order_p_price);
        priceText.setText(orderItem.getCoffeeItem().getPrice());
        Text totalPriceText = (Text) findComponentById(ResourceTable.Id_order_total);
        totalPriceText.setText("总计：" + orderItem.getTotalPrice());
```

```
        Text timeText = (Text) findComponentById(ResourceTable.Id_order_time);
        timeText.setText("订单时间：" + orderItem.getCreateTime());
        Text phoneText = (Text) findComponentById(ResourceTable.Id_order_phone);
        phoneText.setText("商家电话：" + orderItem.getPhoneNumber());
    }
}
```

最后，在餐品详情页实现购买逻辑，代码如下：

```
Button button = (Button) findComponentById(ResourceTable.Id_detail_buy);
button.setClickedListener(new Component.ClickedListener() {
    @Override
    public void onClick(Component component) {
        // 购买逻辑
        Intent intent = new Intent();
        intent.setParam("id", "123456789");
        present(new OrderSlice(), intent);
    }
});
```

此例设计的餐品购买流程中，一次只能购买一款餐品。但在实际的应用场景中，通常还有购物车的概念，其支持一个订单可以购买多个餐品。请尝试修改这部分的逻辑，让订单页面支持展示一组餐品。运行代码，效果如图 12.7 所示。

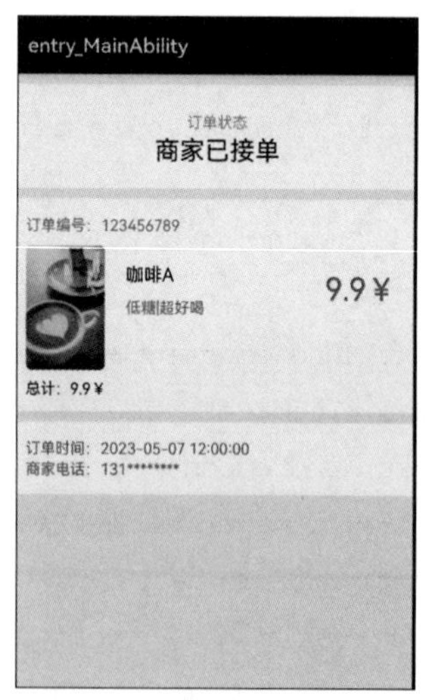

图 12.7 订单详情页面示例

至此，点餐应用的核心流程页面已经基本开发完成，当然完成的项目并不完整，因为在商业应用中，用户端只是整个完整项目的一部分，数据支持和商家服务逻辑还需要由后端服务开发者来实现。也就是说，模拟数据部分本应该通过网络技术从后端服务获取，当然为了关联用户的数据，完整的项目还需要有用户体系，对应客户端还要有用户的登录注册流程等内容。

12.5　内容回顾

本章从客户端的角度相对编写完成了一款点餐类应用。通过实战编码练习，综合应用了本书前面各章节所介绍的内容，并对应用开发的整体流程有了更深入的理解。本章完成的示例项目还有许多细节要完善，请尝试在此基础上开发更多的扩展功能吧。

1. 请尝试提供一个配套的智能手表应用模块，能够在智能手表上接收下单的通知。

> **温馨提示：** 参考第 11 章介绍的穿戴设备开发和通知应用。

2. 请尝试存储下单的数据，并提供一个查看历史订单的功能。

> **温馨提示：** 在实际的点餐应用中，历史订单由服务端进行维护，这里可以使用本地的数据持久化技术来尝试记录历史订单。